网络空间安全专业规划教材

总主编 杨义先　　执行主编 李小勇

云计算数据安全

黄勤龙　杨义先　编著

北京邮电大学出版社
www.buptpress.com

内 容 简 介

针对迅速发展的存储云、移动云、社交云、健康云、物联云和车联云等典型云计算平台中的数据安全问题,本书首先介绍了云计算环境的安全问题和数据安全需求,然后重点介绍了云计算平台中数据安全的前沿技术,包括基于属性密码的数据加密存储和高效访问控制技术、基于代理重加密的数据安全共享技术、基于同态加密的加密数据分类技术、基于可搜索加密的密文搜索技术、基于洋葱模型的云数据库加密和访问控制技术,最后介绍了云计算中数据完整性、密文去重和确定性删除等技术,有助于读者了解各种云计算复杂应用场景下的数据安全技术。本书可作为高校网络空间安全相关专业本科生和研究生的教材,也可作为云计算数据安全研究人员的参考资料。

图书在版编目(CIP)数据

云计算数据安全 / 黄勤龙,杨义先编著. -- 北京 : 北京邮电大学出版社,2018.1(2023.11 重印)
ISBN 978-7-5635-4384-7

Ⅰ.①云… Ⅱ.①黄… ②杨… Ⅲ.①云计算—网络安全 Ⅳ.①TP393.08

中国版本图书馆 CIP 数据核字(2017)第 227395 号

书 名:云计算数据安全	
著作责任者:黄勤龙 杨义先 编著	
责任编辑:毋燕燕 孙宏颖	
出版发行:北京邮电大学出版社	
社 址:北京市海淀区西土城路 10 号(邮编:100876)	
发 行 部:电话:010-62282185 传真:010-62283578	
E-mail:publish@bupt.edu.cn	
经 销:各地新华书店	
印 刷:北京虎彩文化传播有限公司	
开 本:787 mm×1 092 mm 1/16	
印 张:11	
字 数:267 千字	
版 次:2018 年 1 月第 1 版 2023 年 11 月第 3 次印刷

ISBN 978-7-5635-4384-7 定价:28.00 元

Prologue 序

Prologue

作为最新的国家一级学科,由于其罕见的特殊性,网络空间安全真可谓是典型的"在游泳中学游泳"。一方面,蜂拥而至的现实人才需求和紧迫的技术挑战,促使我们必须以超常规手段,来启动并建设好该一级学科;另一方面,由于缺乏国内外可资借鉴的经验,也没有足够的时间纠结于众多细节,所以,作为当初"教育部网络空间安全一级学科研究论证工作组"的八位专家之一,我有义务借此机会,向大家介绍一下2014年规划该学科的相关情况;并结合现状,坦诚一些不足,以及改进和完善计划,以使大家有一个宏观了解。

我们所指的网络空间,也就是媒体常说的赛博空间,意指通过全球互联网和计算系统进行通信、控制和信息共享的动态虚拟空间。它已成为继陆、海、空、太空之后的第五空间。网络空间里不仅包括通过网络互联而成的各种计算系统(各种智能终端)、连接端系统的网络、连接网络的互联网和受控系统,也包括其中的硬件、软件乃至产生、处理、传输、存储的各种数据或信息。与其他四个空间不同,网络空间没有明确的、固定的边界,也没有集中的控制权威。

网络空间安全,研究网络空间中的安全威胁和防护问题,即在有敌手对抗的环境下,研究信息在产生、传输、存储、处理的各个环节中所面临的威胁和防御措施,以及网络和系统本身的威胁和防护机制。网络空间安全不仅包括传统信息安全所涉及的信息保密性、完整性和可用性,同时还包括构成网络空间基础设施的安全和可信。

网络空间安全一级学科,下设五个研究方向:网络空间安全基础、密码学及应用、系统安全、网络安全、应用安全。

方向1,网络空间安全基础,为其他方向的研究提供理论、架构和方法学指导;它主要研究网络空间安全数学理论、网络空间安全体系结构、网络空间安全数据分析、网络空间博弈理论、网络空间安全治理与策略、网络空间安全标准与评测等内容。

方向2,密码学及应用,为后三个方向(系统安全、网络安全和应用安全)提供密码机制;它主要研究对称密码设计与分析、公钥密码设计与分析、安全协议设计与分析、侧信道分析与防护、量子密码与新型密码等内容。

方向 3,系统安全,保证网络空间中单元计算系统的安全;它主要研究芯片安全、系统软件安全、可信计算、虚拟化计算平台安全、恶意代码分析与防护、系统硬件和物理环境安全等内容。

方向 4,网络安全,保证连接计算机的中间网络自身的安全以及在网络上所传输的信息的安全;它主要研究通信基础设施及物理环境安全、互联网基础设施安全、网络安全管理、网络安全防护与主动防御(攻防与对抗)、端到端的安全通信等内容。

方向 5,应用安全,保证网络空间中大型应用系统的安全,也是安全机制在互联网应用或服务领域中的综合应用;它主要研究关键应用系统安全、社会网络安全(包括内容安全)、隐私保护、工控系统与物联网安全、先进计算安全等内容。

从基础知识体系角度看,网络空间安全一级学科主要由五个模块组成:网络空间安全基础、密码学基础、系统安全技术、网络安全技术和应用安全技术。

模块 1,网络空间安全基础知识模块,包括:数论、信息论、计算复杂性、操作系统、数据库、计算机组成、计算机网络、程序设计语言、网络空间安全导论、网络空间安全法律法规、网络空间安全管理基础。

模块 2,密码学基础理论知识模块,包括:对称密码、公钥密码、量子密码、密码分析技术、安全协议。

模块 3,系统安全理论与技术知识模块,包括:芯片安全、物理安全、可靠性技术、访问控制技术、操作系统安全、数据库安全、代码安全与软件漏洞挖掘、恶意代码分析与防御。

模块 4,网络安全理论与技术知识模块,包括:通信网络安全、无线通信安全、IPv6 安全、防火墙技术、入侵检测与防御、VPN、网络安全协议、网络漏洞检测与防护、网络攻击与防护。

模块 5,应用安全理论与技术知识模块,包括:Web 安全、数据存储与恢复、垃圾信息识别与过滤、舆情分析及预警、计算机数字取证、信息隐藏、电子政务安全、电子商务安全、云计算安全、物联网安全、大数据安全、隐私保护技术、数字版权保护技术。

其实,从纯学术角度看,网络空间安全一级学科的支撑专业,至少应该平等地包含信息安全专业、信息对抗专业、保密管理专业、网络空间安全专业、网络安全与执法专业等本科专业。但是,由于管理渠道等诸多原因,我们当初只重点考虑了信息安全专业,所以,就留下了一些遗憾,甚至空白,比如,信息安全心理学、安全控制论、安全系统论等。不过幸好，学界现在已经开始着手，填补这些空白。

　　北京邮电大学在网络空间安全相关学科和专业等方面，在全国高校中一直处于领先水平；从 20 世纪 80 年代初至今，已有 30 余年的全方位积累，而且，一直就特别重视教学规范、课程建设、教材出版、实验培训等基本功。本套系列教材，主要是由北京邮电大学的骨干教师们，结合自身特长和教学科研方面的成果，撰写而成。本系列教材暂由《信息安全数学基础》《网络安全》《汇编语言与逆向工程》《软件安全》《网络空间安全导论》《可信计算理论与技术》《网络空间安全治理》《大数据服务与安全隐私技术》《数字内容安全》《量子计算与后量子密码》《移动终端安全》《漏洞分析技术实验教程》《网络安全实验》《网络空间安全基础》《信息安全管理（第 3 版）》《网络安全法学》《信息隐藏与数字水印》等 20 余本本科生教材组成。这些教材主要涵盖信息安全专业和网络空间安全专业，今后，一旦时机成熟，我们将组织国内外更多的专家，针对信息对抗专业、保密管理专业、网络安全与执法专业等，出版更多、更好的教材，为网络空间安全一级学科，提供更有力的支撑。

杨义先

教授、长江学者、杰青

北京邮电大学信息安全中心主任

灾备技术国家工程实验室主任

公共大数据国家重点实验室主任

2017 年 4 月，于花溪

前言

Foreword

云计算是近年来迅速发展的一种新型计算模式,它以服务的形式为用户提供丰富的计算和存储等资源,通过将计算任务分布在由大量计算机构成的资源池上,使各种应用系统能够根据需要获取计算能力、存储空间和各种软件服务。这种全新的应用模式,成为解决高速数据处理、海量信息存储、资源动态扩展、数据安全与实时共享等问题的有效途径,向人们展示了其强大而又独具特色的发展优势。因此,自 2006 年云计算概念诞生以来,得到了人们的高度关注,各种新概念、新观点、新技术和新产品层出不穷。

云存储正是在云计算概念上延伸和发展出来的一个新概念,其通过集群、分布式等技术将海量异构存储设备通过网络和应用软件等结合起来协同工作,并以按需访问的形式通过网络对外提供大规模的数据存储和访问服务。云存储一方面使用集群技术解决了传统技术的性能瓶颈问题,支持性能和容量的动态线性扩展,适用于海量数据的存储;另一方面为用户提供按需计费,缩减了用户对存储资源的投入,降低了管理成本。

云计算与云存储的透明性分离了数据与基础设施的关系,对用户屏蔽了底层的具体实现细节,但其服务模式也带来了安全隐患:云计算的服务模式允许用户将数据上传到云存储平台并共享给他人,同样也使得半可信的云平台能够访问到用户的数据,甚至能够在不经用户允许的情况下篡改用户的数据。此外,未授权的用户也有可能假冒合法用户访问云存储平台中的数据。传统的数据加密方案虽然可以保护云存储平台中数据的机密性,但却要求用户通过复杂的计算来解密数据,而且缺乏对密文修改权限的控制。另外,云计算平台中数据的加密也带来了分类、搜索、透明使用(如云数据库)等难题,数据的持有性和可恢复证明、密文去重和确定性删除等也是云计算数据使用过程中用户关心的安全问题。

本书针对云计算中数据的安全问题,介绍了数据的加密存储、访问控制、安全共享、密文分类、密文搜索和完整性验证等技术,防止云平台恶意泄露和修改用户的隐私数据,保护数据在上传、存储、共享等过程中的安全性,满足数据分类和搜索、云数据库等复杂应用场景。本书共分为 9 章,各章的具体安排如下。

第 1 章介绍了云计算的基本概念、基础架构,以及私有云、公有云和混合云 3 种部署模式。针对云计算的应用现状,介绍了存储云、移动云、社交云、健康云、物联云和车联云等典型的应用场景。

第2章介绍了云存储的基本概念和体系架构,以及用户和云存储提供商面临的主要安全问题。通过引入云安全的基本需求,重点介绍了云存储中的数据安全需求,包括数据机密性、访问控制、授权修改和可用性等。

第3章介绍了安全的基本理论,包括双线性对、困难问题、身份加密和广播加密算法,以及树形访问结构、秘密共享访问结构等。

第4章介绍了云计算数据访问控制的含义、属性加密的基本概念,以及基于属性加密的访问控制方案。接着介绍了基于属性加密的安全外包和基于属性加密的改进方案,后者包括层次化属性加密方案、支持策略更新的属性加密方案。最后介绍了结合属性签名、属性广播加密的访问控制方案。

第5章介绍了云计算数据安全共享的含义、代理重加密的基本概念,以及属性代理重加密的方案。重点介绍了条件代理重加密方案,包括基于关键字、基于访问策略和时间控制的条件代理重加密方案,以及代理重加密的综合应用方案。

第6章介绍了云计算加密数据分类的含义,以及典型的数据分类算法,包括朴素贝叶斯分类、K 最近邻分类和支持向量机分类算法。重点介绍了基于同态加密的隐私数据分类方法,包括基于朴素贝叶斯分类、K 最近邻分类和支持向量机的隐私数据分类。

第7章介绍了云计算加密数据搜索的含义,包括对称可搜索加密和公钥可搜索加密两类。分别介绍了基于线性扫描算法、倒排索引算法、布隆过滤器、模糊关键词检索以及可验证对称可搜索加密算法,单关键字、多关键字和连接关键词的公钥可搜索加密算法。

第8章介绍了云计算中数据库安全的含义,以及云数据库加密的分析。基于洋葱加密模型,重点介绍了基于同态加密、保序加密的云数据库透明加密方案,以及基于属性加密的云数据库密文访问控制方案。

第9章介绍了云计算的其他数据安全技术,包括数据持有性证明、数据可恢复证明、数据密文去重、数据确定性删除等,以及云计算数据安全的未来发展。

作者对参与本书编写的人员一并表示感谢,最后由北京邮电大学云计算与智能安全实验室(http://www.buptcsc.com)统稿和校对。本书的编写得到了国家自然科学基金面上项目"移动云存储中面向多用户共享的数据安全技术研究"(批准号:61572080)、国家重点研发计划网络空间安全专项"网络空间数字虚拟资产保护基础科学问题研究"(批准号:2016YFB0800605)、CCF-启明星辰鸿雁科研资助计划"移动云存储中数据访问控制关键技术研究"(批准号:2016012)的资助,特此表示感谢。

由于作者水平有限,书中不妥之处在所难免,恳请读者提出宝贵意见。

作 者

目录

Contents

第 1 章

云计算概述

1.1　云计算的概念

1.1.1　云计算定义

随着高速网络和移动网络的衍生,高性能存储、分布式计算、虚拟化等技术的发展,云计算服务正日益演变为新型的信息基础设施,并得到各国政府的高度重视。近年来,各国纷纷制定云计算国家战略和行动计划[1],云计算在我国也得到了快速发展。2009 年以来,我国云计算开始进入实质性发展阶段,整个"十二五"期间,我国云计算一直保持超过 30%的年均增长力,成为全球增速最快的市场之一,云计算也成为国家"十三五"重点发展项目和战略性新兴产业。

提出云计算概念前,网格计算已有十多年的研究历史[2],受到广泛关注。网格计算是一种分布式计算模式,将分散在网络中的空闲服务器、存储系统连接在一起,形成一个整合系统,为用户提供功能强大的计算及存储能力来处理特定的任务。对于使用网格的最终用户或应用程序来说,网格就像是一个拥有超强性能的虚拟计算机,其本质在于以高效的方式来管理各种加入了该分布式系统的异构松耦合资源,并通过任务调度来协调这些资源,合作完成一项特定的计算任务。云计算与网格计算的差别在于,网格计算由多台计算机构成网格,服务于一个特定的大型计算;云计算依托网络在互联网上由一个个集约化、专业化的云计算平台形成规模化的服务[3,4]。

云计算(Cloud Computing)的概念是由谷歌前 CEO 施密特在 2006 年 8 月举行的搜索引擎大会上最先提起的。此概念一经提出,即带来极具产业远景的计算模型架构的广泛探讨和热烈追捧,各国政府也纷纷投入了相当大的财力和物力用于云计算的部署,交通运输、电力、电信、石油石化等行业也启动了相应的云计算发展计划,以促进产业信息化。"云计算"目前仍是一个不断发展的词汇,不同领域的专家、学者对云计算研究的出发点各异,云计算的定义也不尽相同[5]。比较典型的定义如下。Salesforce 认为云计算是一种更友好的业务运行模式。在这种模式中,用户的应用程序运行在共享的数据中心,用户只需要通过登录和个性化定制就可以使用这些数据中心的应用程序,从而免除了软件购买、部署和维护的困扰和费用,降低了企业管理成本。IBM 认为云计算是一种共享的网络交付信息服务的模式,云服务的使用者看到的只有服务本身,而不用关心相关基础设施的具体实现[6]。云计算是一种革新的 IT 运用模式,这种运用模式的主体是所有连接着互联网的实体,可以是人、设备和程序。这种运用方式的客体就是 IT 本身,包括我们现在接触到的,以及会在不远的将来出现的各种信息服务。而这种运用方式的核心原则是:硬件和软件都是资源并被封装为服务,用户可以通过互联网按需进行访问和使用。迄今为止,美国国家标准与技术研究院(NIST)对云计算给出的定义[7],是目前接受度较高的定义,其具体描述是:"云计算是一种模式。计算资源(包括网络、服务器、存储、应用软件及服务等)存储在可配置的资源共享池中,云计算通过便利的、可用的、按需的网络访问计算资源。计算资源能够被快速提供并发布,最大化地减少管理资源的工作量或与服务提供商的交互。"

1.1.2　云计算特征

云计算是分布式计算、网格计算、并行计算、效用计算、虚拟化、网络存储、负载均衡等传统计算机和网络技术发展融合的产物,是一种利用大规模低成本运算单元通过网络连接,以提供各种计算和存储服务的技术,也是需求推动、技术进步和商业模式转变共同促进的结果。云计算是一种基于因特网的超级计算模式,在远程的数据中心,几万甚至几千万台计算机和服务器连接成一片。因此,云计算甚至可以让用户体验每秒超过万亿次的运算能力,如此强大的运算能力几乎无所不能。用户通过台式计算机、笔记本式计算机、手机等方式接入数据中心,按各自的需求进行存储和运算。同时,云计算还是一个可以动态伸缩的弹性模型,这样可以根据应用和用户数量的不同,分配相当的计算资源。云计算平台里的硬件设施可以随时更新,这样可以保证云平台的可持续发展性。用户可以从各种终端设备随时随地获取相应的云服务,用户所得到的资源服务全部来自云平台,但是用户不知道这些服务具体运行在哪个位置,只要有一台计算机或一部手机,就可以通过互联网来得到我们想要的服务,甚至是超级计算这样的服务。由于云计算具有高容错性,这样就保障了服务的高可靠性,甚至比我们使用自己的计算机还可靠。云计算不针对特定的应用,在云平台的支撑下可以构造出千变万化的应用,同一个云可以同时支撑不同的应用运行。云平台是一个庞大的资源池,用户可以按需付费获取服务。云的特殊容错措施就决定了云可以用廉价的节点来组成,用户不用负担云平台的维护管理费用,就可以享受低成本的服务。

云计算的基本特征主要体现在以下 6 个方面[8]。

① 虚拟化。云计算将传统的计算、网络和存储资源通过提供虚拟化、容错和并行处理的软件,转化成可以弹性伸缩的服务。

② 弹性伸缩。云计算运用网络整合众多的计算机资源,构成技术存储模式,实现多种功能,包括并行计算、网格计算、分布式计算、分布式存储等。云具有漫无边际的属性,云计算则在构建基础设施的设备、信息基地、信息服务范围和信息用户方面具有超大规模的特点。云计算能够无缝地扩展到大规模的集群之上,甚至包含数千个节点同时处理。在用户看来,云的规模可以实现动态伸缩,满足不同用户不同时期的服务需要。

③ 提高工作效率。与原有的工作站单独计算的模式相比,云计算模式能在很短的时间内完成,实现效率的提升。

④ 资源使用计量。云计算的服务是可计量的,付费标准是根据用户的用量收费。在存储和网络宽带技术中,已广泛使用了这种即付即用的方式。

⑤ 按需自助服务。用户使用云计算平台上的服务就像使用生活的自来水、电和天然气一样,不受时空限制。享受云平台服务时,不受访问平台和系统的制约,只需拥有 Internet 和通过访问验证即可。

⑥ 经济性。在达到同样性能的前提下,组建一个超级计算机所消耗的资金很多,而云计算通过采用大量商业机组成集群的方式,所需要的费用与之相比要少很多。

1.2　云计算的基础架构

云计算其实是分层的,这种分层的概念也可视为其不同的服务模式。根据 NIST 的权威定义,云的服务模式包含基础设施即服务(Infrastructure as a Service,IaaS)、平台即服务(Platform as a Service,PaaS)和软件即服务(Software as a Service,SaaS)3 个层次[9]。基础设施即服务在最下端,平台即服务在中间,软件即服务在顶端,如图 1-1 所示。

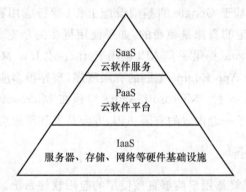

图 1-1　云计算基础架构

1.2.1　基础设施即服务

基础设施即服务在服务层次上是最底层服务,接近物理硬件资源,首先将处理、计算、存储和通信等具有基础性特点的计算资源进行封装后,再以服务的方式面向互联网用户提供处理、存储、网络以及其他资源方面的服务,以便用户能够部署操作系统和运行软件。这样用户就可以自由部署、运行各类软件(包括操作系统),完成用户个性需求。底层的云基础设施此时独立在用户管理和控制之外,通过虚拟化的相关技术实现,用户可以控制操作系统,进行应用部署、数据存储,以及对个别网络组件(如主机、防火墙)进行有限的控制。

这一层典型的服务如亚马逊的弹性计算云(Elastic Compute Cloud,EC2)和 Apache 的开源项目 Hadoop。EC2 与 Google 提供的云计算服务不同。Google 只为在互联网上的应用提供云计算平台,开发人员无法在这个平台上工作,因此只能转而通过开源的 Hadoop 软件的支持来开发云计算应用。而 EC2 给用户提供一个虚拟的环境,使得可以基于虚拟的操作系统环境运行自身的应用程序。同时,用户可以创建镜像(AMI),镜像包括库文件、数据和环境配置,通过弹性计算云的网络界面去操作在云计算平台上运行的各个实例(Instance),同时用户需要为相应的简单存储服务(S3)和网络流量付费。Hadoop 是一个开源的基于 Java 的分布式存储和计算项目,其本身实现的是分布式文件系统(HDFS)以及计算框架 MapReduce。此外,Hadoop 包含一系列扩展项目,包括了分布式文件数据库 HBase、分布式协同服务 ZooKeeper 等[10]。Hadoop 有一个单独的主节点,主要负责 HDFS 的目录管理(NameNode),以及作业在各个从节点的调度运行(JobTracker)。

1.2.2　平台即服务

平台即服务是构建在 IaaS 之上的服务,把开发环境对外向客户提供。PaaS 为用户提供了基础设施及应用双方的通信控制。具体来讲,用户通过云服务提供的基础开发平台运用适当的编程语言和开发工具,编译运行应用云平台的应用,以及根据自身需求购买所需应用。用户不必控制底层的网络、存储、操作系统等技术问题,底层服务对用户是透明的,这一层服务是软件的开发和运行环境,是一个开发、托管网络应用程序的平台。

典型的 PaaS 有谷歌公司大规模数据处理系统编程框架 MapReduce 和应用程序引擎 Google App Engine、微软提出的 Microsoft Azure 等。基于 Google App Engine,用户将不再需要维护服务器,用户基于 Google 的基础设施上传、运行应用程序软件。目前,Google App Engine 用户使用一定的资源是免费的,如果使用更多的带宽、存储空间等需要另外收取费用。Google App Engine 提供一套 API 使用 Python 或 Java 来方便用户编写可扩展的应用程序,但仅限 Google App Engine 范围的有限程序,现存很多应用程序还不能很方便地运行在 Google App Engine 上。Microsoft Azure 构建在 Microsoft 数据中心内,允许用户开发应用程序,同时提供了一套内置的有限 API,方便开发和部署应用程序。

1.2.3　软件即服务

软件即服务是指提供终端用户能够直接使用的应用软件系统。服务提供商提供应用软件给互联网用户,用户使用客户端界面通过互联网访问服务提供商所提供的某一应用,但用户只能运行具体的某一应用程序,却不能试图控制云基础设施。常见的 SaaS 应用包括 Salesforce 公司的在线客户关系管理系统 CRM 和谷歌公司的 Google Docs、Gmail 等应用。SaaS 是一种软件交付模式,将软件以服务的形式交付给用户,用户不再购买软件,而是租用基于 Web 的软件,并按照对软件的使用情况来付费。SaaS 由应用服务提供发展而来,应用服务提供仅对用户提供定制化的服务,是一对一的,而 SaaS 一般是一对多的。SaaS 可基于 PaaS 构建,也可直接构建在 IaaS 上。SaaS 具有如下特性[11]。

① 互联网特性。SaaS 应用一般通过互联网交互,用户仅需要浏览器或者联网终端设备就可以访问应用。

② 多租户特性。通过多租户模式实现多种使用方式,以满足不同用户的个性化需求。

③ 按需服务特性。支持可配置型和按使用付费。

④ 规模效应特性。一般面向大量用户提供服务,以取得规模效应。

SaaS 的典型代表有 Salesforce、Google Apps 或微软提供的在线办公软件。目前,成熟的服务提供商多采用一对多的软件交付模式,也称为单实例多租赁,即一套软件为多个租户服务。应用中一个客户通常是指一个企业,也被称为租户,一个租户内可以有多个用户。在数据库实现上,对应 3 种设计方式,每个租户独享一个数据库,或多租户共享数据库独立结构,或多租户共享数据库共享结构,从成本运营角度考虑,几乎所有服务提供商都选择后两种方案,也就是说所有租户共享一个数据库,从而降低了成本。由于模式的应用特点是"单实例多租赁",成千上万个租户共享一个应用,业务数据存储在服务提供商的共享数据库中,应用数据库应支持租户自定制或自定义技术,包括数据模式、数据权限、事务一致性要求等多个方面,通过可配置的定制描述信息来给每一个客户提供不同的用户体验和功能,同时可配置的权限控制和安全策略确保了每一个客户的数据被单独存放且与其他客户的数据相隔离,以满足不同租户的多元化需求及隔离需求。从最终用户的角度出发,将感受不到所使用的实例在同一时间也为其他客户所共享。数据定制及隔离技术的不断进步,大大推动了应用模式的发展。

1.2.4　3 种云服务的对比

IaaS 的主要作用是提供虚拟机或者其他资源作为服务提供给用户;PaaS 的主要作用是将一个开发和运行平台作为服务提供给用户;SaaS 的主要作用是将应用作为服务提供给用户。它们之间的关系主要可以从两个角度进行分析:其一是用户体验角度,从这个角度而言,它们之间的关系是独立的,因为它们面对不同类型的用户;其二是技术角度,从这个角度而言,它们并不是简单的继承关系(SaaS 基于 PaaS,而 PaaS 基于 IaaS),因为首先 SaaS 可以基于 PaaS 或者直接部署于 IaaS 之上,其次 PaaS 可以构建于 IaaS 之上,也可以直接构建在物理资源之上。它们之间的对比如表 1-1 所示。

表 1-1　3 种云服务的对比

对比项 云服务	服务内容	服务对象	使用方式	关键技术	案　例
IaaS	提供基础设施部署服务	需要硬件资源的用户	使用者上传数据、代码、环境配置	数据中心管理技术、虚拟化技术	Amazon EC2
PaaS	提供应用程序部署与管理服务	程序开发者	使用者上传数据、代码	海量数据处理技术、资源管理与调度技术	Google App Engine
SaaS	提供基于互联网的应用程序服务	需要软件应用的用户	使用者上传数据	Web 服务技术、互联网应用开发技术	Salesforce

1.3　云计算的部署模式

1.3.1　私有云

私有云(Private Cloud)是指企业自己使用的云,它所有的服务不是供别人使用,而是供自己内部人员或分支机构使用。它一般由有众多分支机构的大型企业或政府部门组建,是政府、企业部署 IT 系统的主流模式。相对于公有云,私有云因为私有,它独有的优势是统一管理计算资源,动态分配计算资源。它的建立要购买基础设施,以及构建数据中心,要有人力、物力来进行运维,增加了 IT 成本。因其针对固定、有限内部环境提供良好的云服务,本身的云规模有限,在几种云部署模式中,所遭受的攻击及安全风险小。

私有云的网络、计算以及存储等基础设施都是为单独机构所独有的,并不与其他机构分享(如为企业用户单独定制的云计算)。由此,私有云出现了多种服务模式[12]。

① 专用的私有云运行在用户拥有的数据中心或者相关设施上,并由内部 IT 部门操作。

② 团体的私有云位于第三方位置,在定制的服务水平协议(SLA)及其他安全与合规的条款约束下,由供应商拥有、管理并操作云计算。

③ 托管的私有云的基础设施由用户所有,并托管给云计算服务提供商。

大体上,在私有云计算模式下,安全管理以及日常操作是划归到内部 IT 部门或者基于 SLA 合同的第三方的。这种直接管理模式的好处在于,私有云用户可以高度掌控及监管私有云基础设施的物理安全和逻辑安全层面。这种高度可控性和透明度,使得企业容易实现其安全标准、策略以及合规。

1.3.2 公有云

公有云(Public Cloud)指为外部客户提供服务的云,它所有的服务都是供别人使用的。目前,公有云的建立和运维多为大型运营组织,他们拥有大量计算资源对外提供云计算服务,使用者可节省大量成本,无须自建数据中心,不需自行维护,只需要按需租用付费即可。典型的公有云包括微软的 Windows Azure,亚马逊的 AWS、Salesforce,以及国内的阿里云、腾讯云、百度云等。

公有云模式具有较高的开放性,对于使用者而言,公有云的最大优点是其所应用的程序、服务及相关数据都存放在公共云的提供者处,自己无须做相应的投资和建设。而最大的缺点是,由于数据不存储在自己的数据中心,用户几乎不对数据和计算拥有控制权,可用性不受使用者控制,其安全性存在一定风险。故和私有云相比,公有云所面临的数据安全威胁更为突出[13]。

1.3.3 混合云

混合云(Hybrid Cloud)由两种以上的云组成,指供自己和客户共同使用的云,它所提供的服务既可以供别人使用,也可以供自己使用。混合云模式中,每种云保持独立,相互间又紧密相连,每种云之间又具有较强的数据交换能力,考虑其组成云的特性不同,用户会把私密数据存储到私有云,将重要性不高、保密性不强的数据和计算存放到公有云。当计算和处理需求波动时,混合云使企业能够将其本地基础结构无缝扩展到公有云以处理任何溢出,而无须授予第三方数据中心访问其整个数据的权限。组织可获得公有云在基本和非敏感计算任务方面的灵活性和计算能力,同时配置防火墙保护关键业务应用程序和本地数据的安全。

通过使用混合云,不仅允许企业扩展计算资源,还消除了进行大量资本支出以处理短期需求高峰的需要,以及企业释放本地资源以获取更多敏感数据或应用程序的需要[14]。企业将仅就其暂时使用的资源付费,而不必购买、计划和维护可能长时间闲置的额外资源和设备。混合云提供云计算的所有优势,包括灵活性、可伸缩性和成本效益,同时尽可能降低了数据暴露的风险。

1.3.4　私有云、公有云和混合云的对比

总结起来,公有云、私有云和混合云主要表现为以下 4 个方面。

① 私有云安全性好,将成为云计算的主流。数据安全对于企业来说是至关重要的,公有云服务存在较大的安全隐患,公有云平台只适合那些非关键性业务。企业,尤其是大型企业,会更多地倾向于选择私有云计算平台。对于中小企业来说,传统 IT 服务足以满足现有需求,并且随着技术的进步,传统 IT 服务与云计算服务的成本差距会越来越小,未来私有云的发展会超过公有云。

② 公有云更符合云计算规模经济效益,云计算的未来是公有云。云计算的最大优势就是其规模经济效益,大多数企业选择云计算方案是出于成本考虑。并且随着技术的进步,公有云安全问题会逐渐得到解决。服务提供商与企业之间会逐渐建立信任关系。在这种情况下,私有云会失去原有的竞争力。

③ 混合云集成公有云、私有云双重优势,将成未来趋势。混合云既可以尽可能多地发挥云计算系统的规模经济效益,同时又可以保证数据安全性。那些不是很敏感的非关键业务可以由混合云中的公有模块实现,而对那些安全性要求较高的应用则可以迁移到私有模块实现。混合云可以引入更多诸如身份认证、数据隔离、加密等安全技术来保证数据的安全,同时保留云计算系统的规模经济效益。

④ 公有云、私有云、混合云共同发展、相互补充。不同企业、不同需求需要不同的解决方案,因此公有云、私有云、混合云会长期共存,优势互补,共同服务于企业用户。

1.4　云计算典型应用场景

1.4.1　存储云

云计算中基础设施即服务的一种重要形式是云存储,即其将存储资源作为服务通过网络提供给用户使用。云存储将是未来几年内增长比重最快的云计算服务之一。借助并行计算和分布式存储等技术,云存储可以将不同厂商和结构的存储设备进行整合,构建成统一的存储资源池。用户可以根据实际需求向云平台申请使用存储资源池内的资源,而不需要了解硬件配置、数据备份等底层细节。同时,云存储的基础设施一般由专业的人员来维护,不仅可以保证更高的系统稳定性,而且可以从技术上为用户数据提供更好的服务[15]。

存储云与传统存储系统相比,一方面具有低成本投入的优势:传统存储服务需要建立专有存储系统,不仅需要在硬件和网络等资源上投入较高的成本,而且需要较高的技术和管理成本。传统存储服务,如某一个独立的存储设备,用户必须非常清楚这个存储设备的型号、接口和传输协议,必须清楚地知道存储系统中有多少块磁盘,分别是多大容量,必须清楚存储设备和服务器之间采用什么样的连接线缆。为了保证数据安全和业务的连续性,用户还需要建立相应的数据备份系统和容灾系统。除此之外,对存储设备进行定期的状态监控、维

护、软硬件更新和升级也是必须的。如果采用存储云,那么上面所提到的一切对使用者来讲都不需要了,存储云中虽然包含了许许多多的交换机、路由器、防火墙和服务器,但对具体的互联网用户来讲,这些都是透明的。存储云系统由专业的云平台来建立和维护,用户只需要按需租用这些资源,就能获得与专有存储系统一样的存储服务,省去了硬件投入和维护开销。另一方面存储云具有灵活访问控制的优势。传统存储系统为了保证对外的安全性,往往位于内部网络,这样使得外界对存储系统的访问很不便捷。而存储云系统通常提供不同网络条件下的接口,用户在任何地方都可以通过网络,使用自己的用户名和密码便捷地访问存储云中的资源,而且还可以根据使用情况灵活扩展,甚至量身定制[16]。

存储云的服务就如同云状的广域网和互联网一样,存储云对使用者来讲,不是指某一个具体的设备,而是指一个由许许多多个存储设备和服务器所构成的集合体。使用者使用存储云,并不是使用某一个存储设备,而是使用整个存储云系统带来的一种数据访问服务。所以严格来讲,存储云不是存储,而是一种服务。存储云的核心是应用软件与存储设备相结合,通过应用软件来实现存储设备向存储服务的转变。

1.4.2　移动云

自 2008 年以来,云计算和移动互联网飞速发展,智能移动设备日渐普及,基于 iOS 和 Android 平台的移动应用也迅速增加,移动云成为一种新的应用模式,逐渐成为全新的研究热点。在移动云中,终端的移动性要求在任何时间、任何地点都能进行安全的数据接入,以便用户在移动云环境中,通过移动设备使用应用程序以及访问信息时,有更好的用户体验。

移动云是基于云计算的概念提出来的。移动云计算的主要目标是应用云端的计算、存储等资源优势,突破移动终端的资源限制,为移动用户提供更加丰富的应用,以及更好的用户体验。其定义一般可以概括为移动用户/终端通过无线网络,以按需、易扩展的方式从云端获得所需的基础设施、平台、软件等资源或信息服务的使用与交付模式[17,18]。因此,移动云是指云计算服务在移动生态系统中的可用性,这包含了很多元素,如用户、企业、家庭基站、转码、端到端的安全性、家庭网关和移动宽带服务等。

移动云作为云计算的一种应用模式,能够提供给移动用户云平台上的数据存储和处理服务[19]。移动云计算的体系架构如图 1-2 所示。移动用户通过基站等无线网络接入方式连接到 Internet 上的公有云。公有云的数据中心部署在不同的地方,为用户提供可扩展的计算、存储等服务。内容提供商也可以将视频、游戏和新闻等资源部署在适当的数据中心上,为用户提供更加丰富、高效的内容服务。对安全性、网络延迟和能耗等方面要求更高的用户,可以通过局域网连接本地微云,获得具备一定可扩展性的云服务。本地云也可以通过 Internet 连接公有云,以进一步扩展其计算、存储能力,为移动用户提供更加丰富的资源。

目前,移动云计算已广泛应用于生产、生活的众多领域,如在线游戏、电子商务、移动教育等。然而,随着移动云计算应用的日趋复杂,移动云计算资源的需求日渐强烈,移动设备存在的电池续航有限、计算能力低、内存容量小、网络连接不稳定等问题逐渐暴露,这都导致许多应用无法平行迁移到移动设备上运行。借助于云计算技术,移动云计算有望在一定程度上改善和解决当前遇到的移动设备资源瓶颈难题。

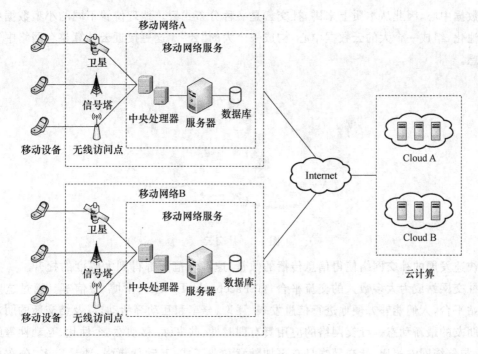

图 1-2   移动云

1.4.3   社交云

社交网络早在 2003 年就已经引起充分的重视,社交网络主要基于"六度分割理论",该理论最早由美国著名社会心理学家教授提出。理论认为世界上相互之间没有关系的人建立起联系只需不超过 6 个人就能实现。近年来,社交网络呈现很迅速的增长趋势,它为人与人之间的交流提供了良好的互动平台,使得信息的交互更加方便、快捷。社交网络较好地反映了社会的结构和动态性,并促进了网络与人及技术之间的交互。社交网络是人或者组织团体的集合,集合中的人或组织团体之间有着某种联系或者交互。广义地讲,社交网络是一种社会结构,这种社会结构由个体或者组织团体组成,而这些个体或者组织团体之间有着某种关系,如朋友关系、有共同兴趣、信任关系等。狭义地讲,人们常说的社交网络是指在线社交网络。在社交网络分析方法中,可以将个体或者组织团体看成节点,将个体或者组织团体之间的关系看成边,这样就将社交网络抽象成为一个社交关系图。

社交网络中的关系通常是基于现实生活中的人与人之间的关系的,所以社交网络中的朋友之间存在着一定的信任关系。这种信任关系可以使社交网络中信息的交互、资源的共享变得更加便捷。而传统的云计算环境中,资源消费者和资源提供者没有这种信任关系,或者信任关系为单向信任,或者信任关系比较薄弱。如果将社交网络中用户之间具有信任关系的特性,与云计算方便快捷的资源交易平台相结合,那么就能解决社交用户的交易需求问题,同时给用户带来一定的安全保障。因此可以将社交网络与云计算技术相结合,构成了社交云。社交云是一种资源和服务的共享平台,它利用了社交网络成员之间的关系构建而成。如图 1-3 所示,社交云中的用户分布在地理位置不同的区域,可以将每个提供者看作一个小型的数据中心,因此从本质上来讲,社交云是一种分布式云。地理位置不同的小型数据中也通过池化,组成一个大的云数据中心,构成一个大的"云"。这更接近云计算整合网络中资源的思想。

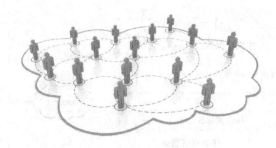

图 1-3　社交云

快速发展的社交网络使得信息传播的数量、速度和范围都得到大幅度的提升。一些著名的社交网站成为大多数人的交流平台,如 Facebook、Twitter、微博、微信等。通过这些社交网站平台,人们能够方便地进行信息发表、评论、分享和互动等活动,以及结交新的朋友和关注朋友的最新动态。社交网络的应用具有即时性、共享性、移动性、个性化、互动性等鲜明特点,与传统网站相比,社交网络具有更加随意和非正式、互动性更强、数量更多、分布更广以及信息量更丰富多彩等特点。

社交网络往往拥有海量用户,每天产生数以拍字节(PB)级的数据,数据不仅包括使用者的个人信息,还包括互动数据、分享和查询的内容等,这些数据渗透到了网民日常生活的方方面面。这些数据量和用户数成正比,不断增长的用户量在带来无限机遇的同时,伴随而来的巨大数据量也给数据的存储和集成带来巨大的挑战。同时,这海量数据处于一个散乱的状态,不便于对数据进行分析、处理。因此,超大规模的社交数据对网络信息管理带来了挑战,如何实时高效地处理这些海量数据,从中发现深层次的有用信息,需要新的技术手段和方法[20]。伴随着云计算技术的发展,社交云平台应运而生,它是一种数据密集型计算平台,为海量网络数据的在线处理提供了新的方法与技术。

1.4.4　健康云

健康云是以云计算为基础,建立在远程医疗体系上的一种服务方式,旨在提高诊断与医疗水平、降低医疗开支、满足广大人民群众健康需求的一项全新的医疗云服务,如图 1-4 所示。医生通过传统互联网或移动互联提供在线服务,病人只要通过一个专业的自助终端就能够实现医生选择,并以诊断结果上传、诊断信息交互、动态或静态图像提供等方式向医生提供病情特征,实现跨地域的诊疗,不受时间、场所的限制。健康云将各种健康和医疗服务部署在云计算平台上,通过将多种医疗服务和健康数据进行集成和重新整合,从而实现以健康云平台为核心的智慧云服务生态系统[21]。

健康云平台主要包括 3 种角色,即健康云服务消费者、健康云服务提供者、健康云服务开发者。健康云服务消费者包括普通用户和健康卫生组织。普通用户通过各种智能终端快捷地获取平台上的健康服务,同时通过智能可穿戴设备,将用户的个人健康数据上传到云平台并进行存储和分析。而健康卫生组织则可以利用云平台积累的健康数据进行分析、挖掘。健康云服务的提供者可以是医生、医院、科研机构、政府卫生部门等。医护人员通过平台向用户提供包括医疗诊断在内的健康服务,医疗卫生组织通过平台监管医院及医护人员,并发布公共医疗卫生信息。健康云服务开发者依托健康云平台的开放接口、开放数据等开发符合市场需求的健康服务,并向平台用户发布。综合来说,依托云计算平台的健康服务模式相对传统的服务有如下新的特点[22]。

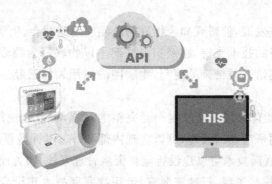

图 1-4 健康云

① 健康数据的跨域共享。在传统的信息化中,各个医院掌握和保存各自用户的健康信息,包括健康档案、电子病历等,这就形成了健康数据的"信息孤岛"。以上这些情况给跨区域医疗带来困难,而通过云计算平台,所有的健康数据按照统一约定协议存储,并进行统一的存储和管理,使得健康数据方便地实现跨区域的共享,并使得医生可以获取尽可能多的历史健康数据,提高诊断的准确性,进而变相地提高了资源的利用率。

② 健康服务的多样性。传统健康信息服务提供的服务品种单一,服务更新缓慢。作为一个完善的健康云生态系统,云平台本身提供了基础的健康服务,如远程健康诊断、个人健康档案等。通过开放策略,使得第三方的开发者可以利用平台的服务接口和数据来开发更多个性化、满足细分市场需求的健康应用,并发布到平台上,从而极大地丰富平台中的健康应用,用户根据自身需求按需选择并订购所需健康服务。

③ 健康服务的个性化、可配置。健康云服务平台提供了丰富多样的服务,服务消费者可以根据自身需求灵活配置、按需付费。平台用户在个人服务管理中配置所需要的服务种类,平台记录用户配置,根据用户配置提供个性化的服务组合,并按用户使用情况计费,由此实现了健康服务的按需配置、定量计费。

④ 健康数据的可利用性高。随着时间的推移,平台会积累大量的健康档案、日常健康数据。通过对这些数据进行挖掘分析,为宏观决策、健康研究、个人健康预警提供了丰富的研究数据,而且随着时间的推移、数据量的累积,其价值也越来越高。与之相反,传统的健康数据分散、格式标准不统一,难以提取进行有效的分析和挖掘。

⑤ 健康服务的高可用性。鉴于云计算的优点,部署在云平台的健康服务应用可根据访问量需求,按需扩容,服务不会因为系统处理能力不足而无法服务。由此,不但避免了购置大量硬件资源的成本,还使得服务在任何时间段内都能保证其可用性。另外,在传统健康信息系统中,用户的健康数据由医院保存,由于缺乏专业的信息技术人才和完善的管理机制,

一旦发生自然灾害、黑客入侵等意外,数据必然遭到丢失或泄露,而云计算强大的灾备功能使得存储在云平台的健康数据获得了有效的保护。

此外,物联时代还将赋予健康云新的意义:通过基于传感器技术的可穿戴健康设备,用户可将健康信息实时上传到平台,从而实现就近就医,并可由专家通过远程健康系统进行远程会诊,实现真正意义上的实效医疗。因此,健康云服务是将来发展的必然趋势。

1.4.5 物联云

物联网技术的迅速发展,使得现如今物联网已经应用到社会、生活、工作的多方面领域。通过基础的智能化设备的技术支持,已经初步构架了以物联网为核心的智能化世界。现阶段已经能够看到物联网给人类带来的便利,物联网的应用领域已经逐渐深入人类生活的方方面面。

① 智能家庭。智能化家居是家庭内一套完整的系统,可以方便用户的日常生活,其中的智能化表现在物联网所应用的系统,可以实现内部和外部共同数据的交换和融合。

② 资源管理。物联网技术可以建设智能化资源管理系统,多方面综合管理资源调配和高效使用。如水资源、煤炭资源、石油资源等,运用物联网技术建设合适的系统节约资源和合理利用,都会对资源实施完善的保护。

③ 科研实验。物联网技术可以很好地应用到科学领域进行科学实验,协助科研人员完成许多高危任务。通过这些物联网的高端技术,可以将所需要的信息传送至科研实验室进行分析处理,解决许多科研难题。

④ 军事领域。物联网技术可以给军事研究提供完善的技术支持,在合理调度队伍、研究新式军事装备等方面都发挥着巨大作用。

随着技术的不断演变,计算的范围在不断地扩展,计算变得无处不在。万物智能互联将是新一轮技术发展的方向,而物联云作为万物互联的一种最新实现及交付模式,不断地缩小数字世界和物理世界的鸿沟。物联云是云计算和物联网的结合,其特征在于将传统物联网中传感设备感知的信息和接收的指令连入互联网中,真正实现网络化,并通过云计算技术实现海量数据的存储和运算[23],如图 1-5 所示。物联云其实是物联网迅速发展的需要。自从物联网技术的提出到如今的初步应用,物联网技术的更新和进步都是应用商的迫切需要,不断追求创新的新时代物联网模型能够自动进行数据处理和交换操作,在保证计算能力和存储能力十分高效的同时,还可以保证数据安全。除此之外,还需要具备明显的成本优势。云计算技术恰恰满足了上述许多的优势,所以物联网技术彻底有效的实施和应用必然不能缺少云计算。

云计算与物联网都具备许多优势,若把两者结合,则可以发挥很好的作用。做一个简单的比方,在结合了云计算的物联网中,云计算就是整个物联网云的控制中心,它就相当于整个中心的大脑。这样协调工作才能使得物联网云发挥应有的作用。物联云主要可分为以下几个模式。

① 单中心多终端模式。此类模式分布范围很小,该模式下的物联网终端都是把云中心作为数据处理中心,终端所获得的信息和数据都是由云中心处理和存储的,云中心通过提供统一的界面给用户操作和查看。这类应用的云中心可提供海量存储、统一界面和分级管理

等功能。这种模式主要应用在小区及家庭的监控、某些公共基础设施等方面。

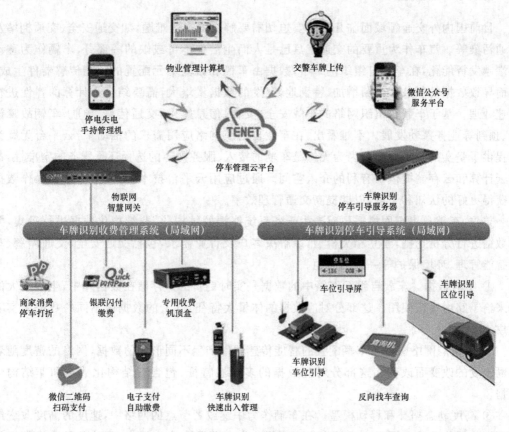

图 1-5 物联云

② 多中心多终端。多中心多终端的模式主要适合区域跨度大的企业和单位,另外有些数据和信息需要实时共享给所有终端的用户也可采取该方式。这个模式的应用前提是云中心必须包括公共云和私有云两种形式,并且它们之间的网络互联没有任何障碍。这样对于安全性要求高的信息和数据,就可以较好地达到安全要求,而不影响其他数据和信息的传播。

③ 信息和应用分层处理,海量终端。这种模式可以针对用户范围广、信息及数据种类多、安全性要求高等特征来建造。对需要大量数据传送,但是安全性要求不高的,如视频数据、游戏数据等,可以采取本地云中心处理存储;对于计算要求高,数据量不大的,可以存储在专门负责高速运算的云中心里;而对于数据安全要求非常高的信息和数据,可以存储在具有安全能力的云中心。

物联云平台打破了原有物联网"传感器+数据采集终端+服务器软件"的组合模式,使得传感器可以通过智能物联网网关直接将数据上传至云平台,由云平台的物联云平台进行存储、分析、发布和共享。目前其广泛应用于智能交通、城市公共管理、安全监控、现代物流等领域,为金融、交通、物流、城市基础建设、公共事业服务等行业提供物联云技术应用服务和智慧解决方案。

1.4.6　车联云

目前国内外交通领域面临几个需要迫切需要解决的交通难题,如交通安全、交通拥堵及交通污染等。汽车作为重要的交通工具已是人们生活中不可或缺的一部分,车辆作为移动终端越发智能化,在车载自组织网络中,数据由车辆和路侧单元配置的智能传感器件生成,从而导致数据的复杂度不断增加,特别地,突发的数据量增大,需要结合云计算的弹性进行快速处理。基于车载自组织网络的车载安全、安保、信息娱乐、交通信息、导航、车辆故障诊断、预判等业务蓬勃发展。不难看出,在车载自组织网络应用需求的推动下,云平台无疑为其提供了坚实的技术后盾。因为无论是车辆的接入、服务内容的选择还是服务的精准性,都为云计算和云存储提供了有利的介入空间。通过应用云平台技术,可以从巨量的操作数据中获得更好的认知和了解,以期提高交通管理效率。

首先,车载自组织网络需要对产生于各系统终端的结构化、非结构化数据进行采集,并对数据进行分析挖掘,建立相关模型,以解决客户及行业需求,包括交通安全、交通堵塞、车辆智能管理、环境保护等一系列问题。

① 实时数据。车载自组织网络中的数据是实时更新的并存储在数据库中,生成很大的表来给予路由决策使用。这部分对应数据的体量大特征,巨量的数据由不同的数据源实时生成。

② 变化的网络密度。车辆配置的智能传感器件产生不同形式的数据,网络的密度随着车辆密度的改变而改变。这部分对应数据的多样性特征,包含有结构化数据和非结构化数据。

③ 高度动态拓扑和移动模型。在车辆作为中继或者节点的网络中,速度的高度改变影响频繁的网络分片和网络密度的变化。这部分吻合数据快速化特征,不单单是生成数据的速率很快,而且也要求处理输入数据的耗时更短。

④ 大规模网络和超强计算能力。大规模网络中汽车配置的智能传感期间增强了节点的计算能力,这要求抽取数据的价值来预测路由决策。这部分对应于数据的价值密度特征,在对节点进行分析和预测行为的时候很重要。

⑤ 海量数据。城市交通网络承载着大量的数据,以一个较大的城市为例,有每天海量的公共交通刷卡数据,每天数以万计的车辆行驶数据及千变万化的路况信息,有大量的GPS、GIS、监控、RFID 等多类型传感器信息,以及各交通系统换乘接驳等交互信息。如何有效组织并加以整合利用交通信息来服务于城市交通管理,如何对海量的车辆数据信息进行收集、处理、分析和挖掘,是急需解决的关键问题。

在此背景下,建设面向智能交通的车联云(Vehicular Cloud)平台,对交通大数据集中进行采集分析,将会显著提高城市交通智能化水平,切实惠及社会和广大市民。如图 1-6 所示,车联云主要由路边的 RSU(Road Side Unit)、车内的 OBU(On Board Unit)及云计算网络组成,实现车车协同(Vehicle to Vehicle, V2V)和车路协同(Vehicle to Infrastructure, V2I)等应用。车联云平台有助于改善交通系统、供应链管理及物流,通过 GPS、RFID、传感器、摄像头处理等装置获取与道路、汽车和驾驶员有关的成千上万的变量参数,车辆可完成自身环境和状态信息的采集,实时了解道路的交通流量、本地天气情况、驾驶员的操作习惯以及突发情况。

　　车联云可以简单理解为车联网和云计算的结合[24]，通过汽车的车载终端收集，处理与分享各类交通信息，从而实现车与车、车与路、车与城市交通网络、车与互联网之间的相互连接，实现舒适、安全、顺畅的驾驶体验。通过汽车采集到的数据十分庞大，可通过云计算技术对交通信息数据进行收集和分析，然后在数秒之间回传给用户，满足使用者对响应时间和信息种类的要求。车联云平台对提高交通安全、减少道路拥堵、提升市民对城市交通管理水平的满意度等都有显著效果。

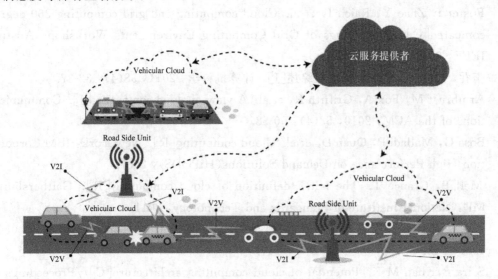

图 1-6　车联云

1.5　小　结

　　作为一种与传统互联网模式不同的新型计算模式，云计算带来的是一场改变 IT 格局的划时代变革，颠覆性地改变着当今信息与通信产业的发展方式，其弹性快速伸缩、极低成本、高资源利用率、按需自助服务、促进业务创新等优势，更为个人和企业带来了突破性创新和跨越式的发展机遇，使得云计算成为 IT 领域里一颗引领潮流的耀眼新星。

　　云计算以互联网为载体，利用虚拟化等手段整合大规模分布式可配置的网络、计算、存储、数据、应用等计算资源，使其以服务的方式提供给用户，满足用户按需使用的计算模式。随着云计算的快速发展，各种以云计算为基础的应用得到广泛应用。目前已发展出存储云、移动云、社交云、健康云、物联云和车联云等云计算典型应用场景。经过近 10 年的发展，云计算已从概念导入进入广泛普及、应用繁荣的新阶段，已成为提升信息化发展水平、打造数字经济新动能的重要支撑。2019 年，我国云计算的产业规模将达到 4 300 亿元的发展目标。虽然我国云计算的发展势头迅猛，但依然面临诸多挑战，特别是云计算的安全性仍存在一定顾虑。

本章参考文献

[1] 张为民，唐剑峰. 云计算：深刻改变未来[M]. 北京：科学出版社，2009.

[2] 洪学海，许卓群，丁文魁. 网格计算技术及应用综述[J]. 计算机科学，2003，30(8)：1-5.

[3] Foster I, Zhao Y, Raicu I, et al. Cloud computing and grid computing 360-degree compared[C]//Proceedings of Grid Computing Environments Workshop. Austin：IEEE, 2008：1-10.

[4] 李乔，郑啸. 云计算研究现状综述[J]. 计算机科学，2011，38(4)：32-37.

[5] Armbrust M, Fox A, Griffith R, et al. A view of cloud computing[J]. Communications of the ACM, 2010, 53(4)：50-58.

[6] Boss G, Malladi P, Quan D, et al. Cloud computing[R]. New York：IBM Corporation High Performance on Demand Solutions(HiPODS)，2007.

[7] Mell P, Grance T. The NIST definition of cloud computing[R]. Gaithersburg, MD：National Institute of Standards and Technology, 2011.

[8] 陈康，郑纬民. 云计算：系统实例与研究现状[J]. 软件学报，2009，20(5)：1337-1348.

[9] Saira B, Khan M K. Potential of cloud computing architecture[C]//Proceedings of 2011 International Conference on Information and Communication Technologies (ICICT). Karachi：IEEE, 2011：1-5.

[10] Lu A S, Cai J J, Jin W, et al. Research and Practice of Cloud Computing Based on Hadoop[J]. Applied Mechanics & Materials, 2014, 644/650：3387-3389.

[11] Benlian A, Hess T, Buxmann P. Software-as-a-Service[M]. [S. l.：s. n.]，2010.

[12] 徐雷，张云勇，吴俊. 云计算环境下的网络技术研究[J]. 通信学报，2012(s1)：216-221.

[13] 刘川意，林杰，唐博. 面向云计算模式运行环境可信性动态验证机制[J]. 软件学报，2014，25(3)：662-674.

[14] 卢亮. 混合云存储架构的研究与设计[D]. 北京：北京邮电大学，2015.

[15] 张兴. 基于 Hadoop 的云存储平台的研究与实现[D]. 成都：电子科技大学，2013.

[16] 李晖，孙文海，李凤华. 公共云存储服务数据安全及隐私保护技术综述[J]. 计算机研究与发展，2014，51(7)：1397-1409.

[17] Ba H, Heinzelman W, Janssen C A. Mobile computing—a green computing resource[C]//Proceedings of Wireless Communications & Networking Conference. Shanghai：IEEE, 2013：4451-4456.

[18] Fan X, Cao J, Ma H. A survey of mobile cloud computing[J]. ZTE Communications, 2011, 9(1)：4-8.

[19] Al-Bar A, Wakeman I. A survey of adaptive applications in mobile computing

[C]//Proceedings of International Conference on Distributed Computing Systems. Mesa：IEEE，2001：246-246.

[20]　毛严奇. 社交云平台下用户行为分析的研究[D]. 湖南：湖南师范大学，2013.

[21]　Wei N，Shu M L，Zhang C Q，et al. Intelligent Health Perception System Based on Cloud Computing[C]//Proceedings of International Conference on Computational Intelligence & Communication Networks. Jabalpur：IEEE，2015：894-897.

[22]　谢天均. 智慧医疗云服务平台研究与服务[D]. 北京：北京工业大学，2015.

[23]　董新平. 物联网及其产业成长研究[M]. 北京：中国社会科学出版社，2015.

[24]　Bitam S，Mellouk A，Zeadally S. VANET-cloud：a generic cloud computing model for vehicular Ad Hoc networks[J]. IEEE Wireless Communications，2015，22(1)：96-102.

第 2 章

云存储与数据安全

2.1 云存储概述

云存储是在云计算概念上延伸和发展出来的一个新概念,可将其看作一种新兴的网络应用模式,其通过集群、虚拟化、分布式计算与存储等技术将海量廉价的异构存储设备通过网络和应用软件等整合为一个存储资源池,进行协同工作,并以按需访问的形式通过网络对用户提供大规模的数据存储和访问服务,并向用户屏蔽了存储硬件配置、分布式处理、容灾与备份等细节[1]。云存储将存储的基础设施交由专业的云平台来维护,可以保证更好的系统稳定性,因为专业云平台一般具有普通用户无法比拟的技术和管理水平。云存储一方面使用集群技术解决了传统技术的性能瓶颈问题,支持性能和容量的动态线性扩展,适用于海量数据的存储;另一方面它为用户提供按需计费,缩减了用户对存储资源的投入和管理,降低了管理成本。云存储凭借这些优势能够有效地解决数据爆发式增长带来的 IT 资源需求扩张问题,因此其在学术界和商业应用中都得到了高度重视。MIT、CMU、中科院等科研单位也提出了自己的云存储研究成果,并且 SIGCOMM、FAST 等顶级会议也持续关注云存储领域的相关研究。学术界将云存储的形式分为两类[2]。

① 文件存储。由于云中的资源是基于虚拟化的并且有强大的扩展能力,所以云存储中没有传统的分区概念,商业的云存储服务一般都采用租户(tenant)或者容器(container)的概念来隔离用户数据,一个租户或者容器只属于一个用户,里面存放这个用户上传的文件。

② 数据库存储。与传统的数据库相比,云数据库在数据库的高并发读写、海量数据的存储访问,还有数据的高可扩展性和可用性方面有着特殊的需要,常见的云数据库包括关系型数据库和 NoSQL 数据库两种。其中,NoSQL 数据库对数据的读写和海量数据的存储关注度较高,最重要的特点是数据表没有 Schema,表中任意两行的属性可以不相同。

云存储具有灵活多变、易于使用和共享的优势,因此越来越受到企业用户和个人用户的青睐。目前云存储的应用领域主要包括个人云存储和企业云存储等。Amazon 是最早推出云存储服务的公司,从 2006 年开始,Amazon 就对外提供存储服务 S3,以充分利用其闲置的硬件资源[3]。国外目前主要的云存储服务有 Microsoft SkyDrive、Apple iCloud、Google Drive、Dropbox 等。在国内,云存储市场也引起了广泛的重视,国内的互联网公司也都推出了自己的云存储产品,典型的有百度云网盘、360 云盘等。但是随之而来的是云存储环境下的数据安全问题[4]。事实上,Google Docs、The Linkup 等多家著名云平台都曾出现过各种安全问题,并导致了严重后果。如何保护用户敏感数据的机密性和合法访问成为用户最为关注的问题。传统的存储系统通常假设数据所有者和服务器存储的数据都位于同一个可信域中,而在云存储环境下,数据存储于云服务端,数据处于用户不可控域中,数据通过互联网在各层之间传输并存储,用户存储敏感数据时,无法对风险进行直接控制,导致了相较于传统存储系统更多的安全问题[5]。

2.2 云存储体系架构

云存储是一种通过集群、网格技术或分布式文件系统等功能,将网络中大量各种不同类型的存储设备通过应用软件集合起来协同工作,并通过应用接口或客户端软件向用户提供数据存储、管理和访问等在线服务。它可以方便地根据需求调整系统规模,能够快速/重新配置、部署和提供存储资源,为用户提供一种按需分配的存储消费模式;云存储服务提供商则依据存储容量、存储时间和访问带宽等指标向用户收取费用。

与传统的存储设备相比,云存储不仅仅是一个硬件,而是一个由网络设备、存储设备、服务器、应用软件、公用访问接口、接入网和客户端程序等部分组成的复杂系统。各部分以存储设备为核心,通过应用软件来对外提供数据存储和业务访问等服务。云存储系统的一般架构可分为存储层、基础设施管理层、应用接口层和访问层四部分[6,7],如图 2-1 所示。

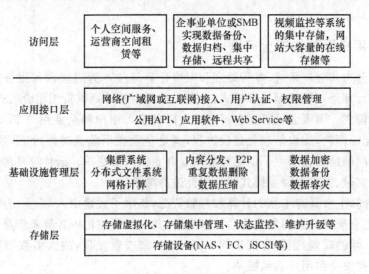

图 2-1 云存储的结构模型

（1）存储层

存储层是云存储最基础的部分。存储设备可以是 FC 光纤通道存储设备,可以是 NAS 和 iSCSI 等 IP 存储设备,也可以是 SCSI 或 SAS 等 DAS 存储设备。云存储中的存储设备往往数量庞大且分布于不同地域。彼此之间通过广域网、互联网或者 FC 光纤通道网络连接在一起。存储设备之上是一个统一存储设备管理系统,可以实现存储设备的逻辑虚拟化管理、多链路冗余管理,以及硬件设备的状态监控和故障维护等。

（2）基础设施管理层

基础设施管理层是云存储最核心的部分,也是云存储中最难以实现的部分。基础管理层通过集群、分布式文件系统和网格计算等技术，实现云存储中多个存储设备之间的协同工作，使多个存储设备可以对外提供同一种服务，并提供更大、更强、更好的数据访问性能。CDN 内容分发系统、数据加密技术保证云存储中的数据不会被未授权的用户所访问。同时，通过各种数据备份与容灾技术和措施可以保证云存储中的数据不会丢失，保证云存储自身的安全和稳定。

（3）应用接口层

应用接口层是云存储最灵活多变的部分。不同的云存储运营单位可以根据实际业务类型，开发不同的应用服务接口，提供不同的应用服务，如视频监控应用平台、视频点播应用平台、网络硬盘应用平台、远程数据备份应用平台等。

（4）访问层

任何一个授权用户都可以通过标准的公用应用接口来登录云存储系统，享受存储云服务。存储云运营单位不同，云存储提供的访问类型和访问手段也不同，如用户可以通过访问应用接口层提供的公用 API 来使用云存储系统提供的数据存储、共享和完整性验证等服务。

2.3　云存储面临的安全威胁

2.3.1　用户面临的安全问题

云计算是分布式处理系统、并行处理和网格计算等技术为适应现代服务需求而发展的必然结果。云计算是一种新型计算模式，也是一种新型的计算机资源组合模式，更代表着一种创新的业务模式。引入云计算平台可以极大降低个人用户和企业用户 IT 建设和运维成本，同时降低能源消耗，加快信息化建设进程，满足企业在后危机时代对 IT 的需求。此外，云计算与互联网的结合也催生了信息服务产业商业模式的变革。云计算是传统信息技术和通信技术不断交融、需求和商业模式驱动与促进的结果。

然而，云计算平台具有丰富的计算和存储资源，集中了大量个人/企业用户的隐私数据。同时，云计算拥有规模巨大的网络化系统和应用，其面临着比传统计算系统更为复杂的安全威胁。在 2009 年的时候，国际咨询机构 Gartner 的调查就发现，绝大多数用户担心云计算平台带来的数据安全和用户隐私威胁。

云计算的服务计算模式和多用户共享使用模式等特点给数据安全带来了新的挑战[8]。虽然云平台承诺不会主动破坏数据安全，并且尽可能防范来自内部的安全漏洞。但是，云平台并不能完全保证数据的安全性。近年来，越来越多的云计算安全事件被曝光。

2011 年 3 月，谷歌 Gmail 邮箱发生大规模的用户数据丢失事件，数十万 Gmail 用户的邮件内容和聊天记录被删除，部分用户发现自己的账户被重置，谷歌表示受到该问题影响的用户约为用户总数的 0.08%。

2013 年 6 月，棱镜门事件更是曝光了大型数据中心存储的大量用户数据，包括通话记录、网络活动（如邮件）、即时消息、视频、照片等，都有可能被泄露或者挖掘分析，甚至被用于监控用户的隐私。

2014 年 9 月,黑客疑似利用苹果公司的 iCloud 系统漏洞,非法窃取用户的隐私资料。无论黑客是否发现了 iCloud 的漏洞,最为重用的是用户的信息确实泄露了。iCloud 信息泄露事件的爆发再次引发了用户对云存储环境中数据安全问题的担忧。

2.3.2 云存储提供商面临的安全问题

随着越来越多的组织以各种方式将工作负载迁移到云中,除了数据机密性是其关注的重点问题,云平台自身的安全性也是其关注的中心之一,并成为其选择云平台的主要参考依据。云存储提供商一方面将会遭遇网络攻击;另一方面可能会遭受漏洞型攻击,以进入云计算的数据中心[9]。

目前腾讯和阿里是最为著名的云平台,但他们依旧面临网络安全问题。自腾讯云宙斯盾成功抵御流量峰值高达 200 GB 的 DDoS 攻击后,腾讯云业务遭受外部攻击的历史最高纪录再度被刷新:2015 年 5 月腾讯云 CDN 业务遭遇最大规模 DDoS 攻击。此次攻击波及 24 个地区的 CDN 节点,流量峰值最高达 400 GB,持续 105 分钟。阿里云的安全防护产品云盾曾成功帮助用户抵御了一场攻击,时长 14 个小时,攻击峰值流量达到每秒 453.8 GB,但阿里云的不少中小型用户依旧时常遭遇外部攻击,造成企业业务崩溃。

2012 年,黑客窃取了在线云存储平台 Dropbox 超过 6 000 万个账户的信息,数据里面包含 Dropbox 用户的邮箱地址和哈希密码,幸运的是其中超过 3 200 万的密码经过了强加密算法进行加密,未能被获取。2017 年 2 月,知名云安全服务商 Cloudflare 被爆泄露用户 HTTPS 网络会话中的加密数据长达数月,受影响的网站预计至少 200 万之多,其中涉及 Uber、1Password 等多家知名互联网公司的服务。

2.4 云安全概述

2.4.1 云安全定义

目前任何以互联网为基础的应用都潜在具有一定的安全性问题,云计算即便在应用方面优势多多,也依然面临着很严峻的安全问题。随着越来越多的软件包、客户和企业把数据迁移到云计算中,云计算将出现越来越多的网络攻击和诈骗活动[10]。维基百科定义的云计算的安全性(有时也简称为"云安全")是一个演化自计算机安全、网络安全,甚至是更广泛的信息安全的子领域,而且还在持续发展中。云安全是指一套广泛的政策、技术与被部署的控制方法,用来保护数据、应用程序以及云计算的基础设施。另外,还有其他相关的云安全定义。

IBM Smart Cloud。在传统 IT 安全要求的基础上评估与云计算相关的风险,如身份管理、数据完整性、数据恢复、隐私保护和租户隔离,保护数据完整性和隐私安全,支持数据和服务的可用性,并证明合规性,以实现用户在云设施上的可视可控。

Accenture 管理咨询公司。从商业化公司的角度出发,云服务提供商在以下方面面临如下风险:多租户、安全评估、分布式中心、物理安全、安全编码、防数据泄露、政策与审计。云计算安全就是综合应用各种技术及措施降低云服务运营商及其存储的用户数据程序面临的威胁。

中科院冯登国等人。云计算安全就是综合利用各种信息技术保证在云平台中运行的各类云基础设施的安全,实现数据安全与隐私保护,同时统一规划部署安全防护措施,保证多租户的共享资源和运行安全[11]。

与云计算安全性问题有关的讨论或疑虑有很多,但总体来说可将其分为两大类:云平台(提供软件即服务、平台即服务或基础设施即服务的组织)必须面对的安全问题,以及这些提供商的客户必须面对的安全问题。在大部分情况下,一方面,云平台必须确认其云基础设施是安全可靠的,客户的数据与应用程序能够被妥善地保存处理和不会丢失;另一方面,客户必须确认云平台已经采取了适当的措施,以保护他们的信息安全,这样才能放心地将他们的数据(包括各种敏感数据)交给云平台保存和处理[12]。

为了确保数据是安全的(不能被未授权的用户访问,或单纯地丢失),以及数据隐私是有被保护的,云平台必须致力于以下事项。

① 数据保护:为了妥善保护数据,来自于某一用户的数据必须要适当地与其他用户的数据隔离;无论数据存储在何方,都必须确保它们的安全。云平台必须有相关的系统,以防止数据外泄或被第三方任意访问。适当的职责分权以确保审核与监控不会失效,即便是云平台中有特权的用户也一样。

② 身份管理:每一家企业都有自己用来控管计算资源与信息访问的身份管理系统,云平台可以用 SSO 等技术来集成客户的身份管理系统到其基础设施上,或是提供自己的身份管理方案。

③ 实体与个体安全:云平台必须确保实体机器有足够的安全防护,并且当访问这些机器中所有与客户相关的数据时,不只会受到限制,而且还要留下访问的记录文件。

④ 可用性:云平台必须确保客户可以定期地,或者如预期地访问它们的数据和应用程序。

⑤ 应用程序安全:云平台必须确保通过提供的应用程序服务是安全的,代码必须通过测试与可用性的验收程序。它还需要在正式运营环境中创建适当的应用层级安全防护措施(分散式网站应用层级防火墙)。

⑥ 隐私:云平台必须确保所有敏感性数据(如信用卡号码)都被保护,仅允许被授权的用户访问。此外,包括数字凭证和身份识别,以及服务提供商在云中针对客户活动所收集或产生的数据,都必须受到保护。

我们通过对云安全的认识,认为云安全总体应该包括以下"五朵云"。

① 安全的云:用以保护云以及云的用户不会受到外来的攻击和损害,如恶意软件感染、数据破坏、中间人攻击、会话劫持和假冒用户等。

② 可信的云:表示云本身不会对租户构成威胁,即云中用户的数据或者程序不会被云所窃取、篡改或分析;云提供者不会利用特权来伤害租户等。

③ 可靠的云:表示云能够提供持续可靠的服务,即不会发生服务中断,能够持续为租户提供服务;不会因故障给租户带来损失,具有灾备能力等。

④ 可控的云:保证云不会被用来作恶,即不会用云发动网络攻击,不会用云散布恶意舆论,以及不会用云进行欺诈等。

⑤ 服务于安全的云:用强大的云计算能力来进行安全防护,如进行云查杀、云认证、云

核查等。

　　云计算的主要目标是提供高效的计算服务,云计算的基础设施之一是提供可靠、安全的数据存储中心。因此,云的存储安全是云计算的安全话题之一。

2.4.2　云安全需求

1. CSA 云安全需求

　　云安全联盟(CSA)发布的 2013 年云计算九大威胁报告中[13],确定了 9 种云安全的严重威胁,其中就包括了数据破坏、数据丢失、恶意的内部用户、滥用和恶意使用等。

　　① 数据泄露。为了表明数据泄露对企业的危害程度,CSA 在报告中提到了黑客如何利用边信道时间信息,通过侵入一台虚拟机来获取同一服务器上的其他虚拟机所使用的私有密钥。不过,其实不怀好意的黑客未必需要如此煞费苦心。要是多租户云服务数据库设计不当,哪怕某一个用户的应用程序只存在一个漏洞,都可以让攻击者获取这个用户的数据,而且还能获取其他用户的数据。而且如果用户决定对数据进行异地备份以减小数据丢失风险,则又加大了数据泄露的概率。

　　② 数据丢失。CSA 认为,云计算环境的第二大威胁是数据丢失。用户有可能会眼睁睁地看着数据消失得无影无踪,但是却对此毫无办法,不怀好意的黑客也会删除攻击对象的数据,粗心大意的服务提供商或者灾难(如大火、洪水或地震)也可能导致用户的数据丢失。报告特别指出,数据丢失带来的问题不仅仅可能影响企业与客户之间的关系。按照法规,企业必须存储某些数据存档以备核查,然而这些数据一旦丢失,企业由此有可能陷入困境。

　　③ 数据劫持。第三大云计算安全风险是账户或服务流量被劫持。CSA 认为,云计算在这方面增添了一个新的威胁。如果黑客获取了企业的登录资料,其就有可能窃听相关活动和交易,并操纵数据、返回虚假信息,将企业客户引到非法网站。报告表示:"账户或服务实例可能成为攻击者新的大本营,黑客进而会利用你的良好信誉,对外发动攻击。"CSA 在报告中提到了 2010 年亚马逊曾遭遇的跨站脚本攻击。要抵御这种威胁,关键在于保护好登录资料,以免被偷窃。CSA 认为:"企业应考虑禁止用户与云服务提供商之间共享账户登录资料,可能的话企业应该尽量采用安全性高的双因子验证技术。"

　　④ 不安全的接口。第四大安全威胁是不安全的接口(API)。通常,管理员们会利用 API 对云服务进行配置、管理、协调和监控,因此 API 对一般云服务的安全性和可用性来说极为重要。企业和第三方因而经常在这些接口的基础上进行开发,并提供附加服务。CSA 在报告中表示:"这为接口管理增加了复杂度。由于这种做法会要求企业将登录资料交给第三方,以便相互联系,因此其也加大了风险。"CSA 在此给出的建议是,企业要明白使用、管理、协调和监控云服务会在安全方面带来什么影响,因为安全性差的 API 会让企业面临涉及机密性、完整性、可用性和问责性的安全问题。

　　⑤ 拒绝服务攻击。分布式拒绝服务(DDoS)被列为云计算面临的第五大安全威胁。多年来,DDoS 一直都是互联网的一大威胁,而在云计算时代,许多企业会需要一项或多项服务保持 7×24 小时的可用性,在这种情况下 DDoS 威胁显得尤为严重。DDoS 引起的服务停用会让服务提供商失去客户,还会给按照使用时间和磁盘空间为云服务付费的用户造成惨重损失。虽然攻击者可能无法完全摧垮服务,但是"还是可能让计算资源消耗大量的处理时间,以至于对提供商来说运行成本大大提高,只好被迫自行关掉服务"。

⑥ 不怀好意的内部人员。第六大威胁是不怀好意的内部人员,这些人可能是在职或离任的员工、合同工或者业务合作伙伴。他们会不怀好意地访问网络、系统或数据。在云服务设计不当的场景下,不怀好意的内部人员可能会造成较大的破坏。从基础设施即服务、平台即服务到软件即服务,不怀好意的内部人员拥有比外部人员更高的访问级别,因而得以接触到重要的系统,最终访问数据。在云平台完全对数据安全负责的场合下,权限控制在保证数据安全方面有着很大作用。CSA 方面认为:"就算云计算服务商实施了加密技术,如果密钥没有交由客户保管,那么系统仍容易遭到不怀好意的内部人员攻击。"

⑦ 滥用云服务。第七大安全威胁是云服务滥用,如坏人利用云服务破解普通计算机很难破解的加密密钥。另一个例子是,恶意黑客利用云服务器发动分布式拒绝服务攻击、传播恶意软件或共享盗版软件。这其中面临的挑战是:云平台需要确定哪些操作是服务滥用,并且确定识别服务滥用的最佳流程和方法。

⑧ 贸然行事。第八大云计算安全威胁是调查不够充分,也就是说企业还没有充分了解云计算服务商的系统环境及相关风险,就贸然采用云服务。因此,企业进入到云平台需要与服务提供商签订合同,明确责任和透明度方面的问题。此外,如果企业的开发团队对云技术不够熟悉,就把应用程序贸然放到云平台,可能会由此出现运营和架构方面的问题。CSA的基本忠告是企业要确保自己有足够的资源准备,而且进入到云平台之前进行了充分的调查工作。

⑨ 共享隔离问题。CSA 将共享技术的安全漏洞列为云计算所面临的第九大安全威胁。云平台经常共享基础设施、平台和应用程序,并以一种灵活扩展的方式来交付服务。CSA在报告中表示:"共享技术的安全漏洞很有可能存在于所有云计算的交付模式中,无论构成数据中心基础设施的底层部件(如处理器、内存和 GPU 等)是不是为多租户架构(IaaS)、可重新部署的平台(PaaS)或多用户应用程序(SaaS)提供了隔离特性。"

为此,云安全联盟在《云计算关键领域安全指南》第 2 版中将云计算中的安全问题及其措施概括为以下几个方面。

① 身份认证和访问控制。在云计算平台下,用户可以将数据保存到云服务器中,导致云平台也可以访问用户的数据。因此需要通过加密技术等手段保证数据的安全,并且制订访问策略保证只有认证用户才能访问数据。

② 数据一致性和完整性。为了保证数据的可用性,云平台通常会备份用户的数据。因此需要保证云服务器中的备份数据的一致性,并能够实现数据的完整性验证。

③ 应用安全。云计算提供了丰富的网络业务应用,允许用户通过浏览器或者客户端来获取相应的服务。因此需要建立应用的安全架构,并在应用的整个生命周期内考虑其安全性。

④ 虚拟机安全。云计算的关键技术之一是虚拟化技术,其主要通过虚拟机来实现。因此,为了避免虚拟机软件存在的潜在安全威胁,需要采取技术手段保护虚拟机的运行环境。

2. 美国联邦云安全需求

早在 2009 年 1 月,美国行政管理和预算局(OMB)就开始关注云计算和虚拟化,并启动了联邦云计算倡议,成立了专门管理组织,确定了联邦政府云计算发展目标,明确提出要开展云计算示范项目,通过优化云计算平台来优化通用的服务和解决方案,要求联邦政府对数据中心进行整合,实施"云首选"的策略等。美国联邦政府大力推进云计算的同时,美国政府大力研究和制定云计算安全策略。

① 高度重视云计算安全和隐私、可移植性和互操作性,对云服务实施基于风险的管理。美国联邦政府认为,对于云服务要实施基于风险的安全管理,在控制风险的基础上,充分利用云计算高效、快捷、利于革新等重要优势,并启动了联邦风险和授权管理项目(FedRAMP)。

② 加强云计算安全管理,明确安全管理相关方及其职责。首先需要明确云计算安全管理的政府部门角色及其职责;其次明确 FedRAMP 项目相关方的角色和职责;最后明确第三方评估组织的职责。

③ 注重云计算安全管理的顶层设计。美国联邦政府注重对云计算安全管理的顶层设计。在政策法规的指导下,以安全控制基线为基本要求,以评估和授权以及监视为管理抓手,同时提供模板、指南等协助手段,建立了云计算安全管理的立体体系。

④ 丰富已有安全措施规范,制订云计算安全基线要求。在《推荐的联邦信息系统和组织安全措施》的基础上,针对信息系统的不同等级(低影响级和中影响级),制订了云计算安全基线要求《FedRAMP 安全控制措施》。云计算环境下需增强的安全控制措施包括如下几个方面。

a. 访问控制:要求定义非用户账户(如设备账户)的存活期限,采用基于角色的访问控制,供应商提供安全功能列表,确定系统使用通知的要素,供应商实现的网络协议要经过同意等。

b. 审计和可追踪:供应商要定义审计的事件集合,配置软硬件的审计特性,定义审计记录类型并经过同意,服务商要实现合法的加密算法,审计记录 90 天有效等。

c. 配置管理:要求供应商维护软件程序列表,建立变更控制措施和通知措施,建立集中网络配置中心且配置列表符合或兼容安全内容自动化协议,确定属性可追踪信息等。

d. 持续性规划:要求服务商确定关键的持续性人员和组织要素的列表,开发业务持续性测试计划,确定哪些要素需要备份,备份如何验证和定期检查,至少保留用户级信息的 3 份备份等。

e. 标识和鉴别:要求供应商确定抗重放的鉴别机制,提供特定设备列表等。

f. 事件响应:要求每天提供演练计划、事件响应人员和组织要素的列表等。

g. 维护:要确定关键的安全信息系统要素或信息技术要素、获取维护的期限等。

h. 介质保护:确定介质类型和保护方式等。

i. 物理和环境保护:要确定紧急关闭的开关位置,测量温湿度,确定可替代的工作节点的管理、运维和技术信息系统安全控制措施等。

j. 系统和服务获取:对所有外包的服务要记录在案并进行风险评估,对开发的代码提供评估报告,确定供应链威胁的应对措施列表等。

k. 系统和通信保护:确定拒绝服务攻击类型列表,使用可信网络连接传输联邦信息,通信网络流量通过经鉴别的服务器转发,使用隔离措施。

l. 系统和信息完整性:在信息系统监视时要确定额外的指示系统遭到攻击的指标。其他方面如意识和培训、评估和授权、规划、人员安全、风险评估则与传统差别不大。

⑤ 主抓评估和授权,加强安全监视。安全授权越来越变为一种高时间消耗的过程,其成本也不断增加。政府级的风险和授权项目通过"一次授权,多次应用"的方式加速政府部

门采用云服务的过程,节约云服务采用费用,实现在政府部门内管理目标的开放和透明。

⑥ 提供 SLA、合同等指导,为云服务安全采购提供指南。有效的 SLA 内容将会为云服务采购及其使用过程提供充分的安全保障,同时 SLA 设计要考虑 SLA 背景、服务描述、测量与关键性能指标、连续性或业务中断、安全管理、角色与责任、支付与赔偿及奖励、术语与条件、报告指南与需求、服务管理、定义/术语表。

2.5　云存储中数据安全需求

当今社会,数据是一种非常宝贵的资源,因此数据的安全相关问题就显得尤其重要。随着云存储时代的到来,用户数据将会从分散的客户端全部集中存储在云提供商中,这显然给黑客进行攻击活动提供了便利的条件。黑客会想尽方法利用系统的漏洞,入侵系统内部,窃取用户的有经济利用价值的数据和敏感数据,而用户却对此无法察觉[14]。当计算机信息产业从以计算为中心逐渐转变为以数据为中心后,数据的价值就显得尤为重要。用户最关心的问题就是他们的数据存储在云中是否能够保证信息安全。尽管云服务提供商宣称,他们的团队是最专业的,设备和软件也是最专业的,足够能保证用户数据的安全性。然而事实上,就连谷歌这样的世界顶级公司也曾经发生过 Gmail 服务器被黑客攻击导致用户数据信息泄露的事件。另外一旦云服务提供商的存储服务出现人为问题或自然灾害导致的设备损坏等,用户存储在云平台的数据会面临巨大危险,最严重的情况会导致数据的丢失。而数据丢失可能会给用户造成巨大的损失。因此数据的机密性、隐私性以及可靠性问题是云存储过程中面临的一个巨大挑战。

结合上述云存储的特点及存在的安全问题,我们总结出云存储数据面临的主要安全威胁和相应的解决思路。

① 云平台可能窃取和篡改用户存储的数据。云计算的透明性分离了数据与平台基础设施的关系,也对用户屏蔽了底层的具体细节。云计算的服务模式允许用户将数据上传到云服务器,从而使得云平台能够访问用户的数据,甚至半可信的云平台能够在不经用户允许的情况下窃取或者篡改用户的数据。此外,云平台的内部人员失职以及系统故障等安全威胁,也会导致用户的数据被恶意篡改。

② 未授权的用户可能访问到用户存储的数据。由于用户的大量数据都集中在云服务器中,因此,如果云计算平台没有严格合理的身份验证机制,那么恶意用户就有可能假冒合法用户,进行各种非法操作。例如,恶意用户采用攻击手段获取合法用户信息,访问云计算平台中合法用户的数据,甚至窃取、修改用户的数据,公开用户的隐私信息等,从而给用户带来巨大损失。因此,用户的身份认证是云计算平台下用户访问数据的重要前提,也是云计算平台需要解决的关键技术之一。云平台应该提供严格的身份认证机制,确保只有通过认证的授权用户才能访问云计算平台下的数据。

③ 云平台可能在内容使用过程中收集用户的隐私。Pearson 将用户隐私信息定义为以下 3 种:个人识别信息,包括姓名、地址等;个人敏感信息,如工作、宗教等;个人数据信息,包括用户的照片、文件等。在一些典型的云计算服务中,如云海量数据分析、云信息搜索以及云健康系统等,用户在使用过程中很容易对外暴露身份、泄露使用行为习惯及其他信息。另

外,云平台在为用户提供内容服务的同时,不仅会主动获取用户的身份信息,而且往往通过技术手段收集用户的使用记录,挖掘并分析出用户隐私数据。因此,云计算平台应该通过技术手段防止云平台收集用户的身份和使用记录等敏感信息,保护用户的隐私。

2.5.1 数据机密性

对于个人用户来说,云计算平台中存储的数据可能涉及个人隐私。对企业用户来讲,存储的数据一般都是机密性的数据,其中包括很多商业机密。因此,数据安全是云计算服务中重点关注的问题,也是用户最关心的问题。然而,云计算平台提供的服务要求用户把数据交给云平台,带来的影响是云平台也可以管理和维护用户的数据。一旦云平台窃取用户的数据,将会导致用户的隐私被泄露。另外,由于云计算平台的数据往往具有很高的价值,恶意用户也会想方设法通过云服务器的漏洞或者在传输过程中窃取用户的机密数据,对用户造成严重的后果。因此,数据的机密性必须得到保证,否则将会极大地限制云计算的发展与应用。

2.5.2 数据访问控制

随着云存储技术的快速发展,数据安全问题得到了产业界和学术界的广泛关注。绝大部分用户希望在不损害数据原有安全性的前提下使用云存储服务。针对云存储中数据保护需求,数据的访问控制机制逐渐成为保护数据在存储和共享过程中安全的重要手段之一[15]。访问控制技术通过用户身份、资源特征等属性对系统中的资源操作添加限制,来允许合法用户的访问,阻止非法用户进入系统。传统访问控制模型所管理的都是明文数据,但在云存储系统中由于云平台的不完全可信性,密码学方法的访问控制方案成为目前安全性相对较高的方法,对数据的机密性具有更强的保护力度。访问控制的粒度是衡量访问控制方案优劣的一个关键指标之一,越细粒度的访问控制机制越能够满足云存储中海量用户的访问控制需求。同时由于在服务器不可信的情况下,身份信息的泄露也有可能为服务提供商内部恶意员工或外部攻击者所利用。因此,访问控制中的隐私保护方案也是需要重点关注的问题。另外,在针对密文的访问控制中,访问策略通过密钥的分配来实现,但是当发生用户撤销的情况时,为防止已撤销用户再次访问数据,就要对密钥进行更新,这就需要对数据进行重新加密,对未撤销用户重新分配密钥。这无疑带来了巨大的计算负担,特别是在用户流动性较大的情况下,计算量大,影响用户的正常访问[16]。因此,一个可用性较强的访问控制方案还要对用户撤销的情况予以充分考虑,尽量降低用户撤销时的计算需求,减少处理用户撤销问题的时间。

2.5.3 数据授权修改

在实际的云存储应用中,密文类型信息的动态可修改性具有广泛的应用场景。数据所有者为节省本地存储开销,或方便数据在不同终端的灵活使用,将加密数据存储于云服务器,然后数据所有者希望只有自己或者部分已授权的用户才能够修改这些数据,修改后的数据被重新加密后再次上传到云存储平台[17]。该需求极为常见,例如,在团队协同工作的移动办公场景中,项目经理会率先成立一个项目,项目组的人员均有权对该项目进行维护,即对项目数据执行增加、删除、修改等操作,然而这些权限却不能对项目组之外的人员开放。又如,在对用户进行多方会诊的健康云环境中,用户希望将自己的健康数据及历史诊断数据共享给某几个特定的专家或者医生，以便进行病情诊断，被授权的专家或医生有权力查看病患的数据并修改诊断信息，而其余未授权的医生则无法进行这些操作。因此，云存储中的数据修改需求不仅要求只有授权用户才能解密访问数据，还要求云平台能够验证授权用户的身份以接收修改后的密文。

2.5.4 数据可用性

用户数据泄露在给用户带来严重损失的同时，也带来了糟糕的用户体验，使得用户在选择云存储服务时更加看重数据安全，以及个人隐私是否能得到有效保护。于是越来越多的云平台将用户数据加密，以密文存储的方式来保护用户数据的安全以及隐私。但用户有对存储在云平台的数据随时进行搜索的需求，这就会遇到对密文进行搜索的难题[18]。传统的加密技术虽然可以保证数据的安全性和完整性，却无法支持搜索的功能。一种简单的解决方法是用户将存储在云平台的加密数据下载到本地，再经过本地解密之后对解密后的明文进行搜索，这种方法的缺点是网络开销和计算开销太大，成本高且效率低。另一种方法是将用户的密钥发送给云服务器，由云服务器解密后，再对解密后的明文进行搜索，然后将搜索结果加密后返回给用户，这种方法的缺点是我们不能保证云平台服务器是安全的，用户将密钥发送给云平台服务器的同时就已经将自己的隐私完全暴露，将数据安全完全托付给了云平台服务器。因此，为了保护云存储平台中数据的机密性，同时提高数据的可用性，可搜索加密技术的概念被提出。可搜索加密技术允许用户在上传数据之前对数据进行加密处理，使得用户可以在不暴露数据明文的情况下对存储在云平台上的加密数据进行检索，其典型的应用场景包括云数据库和云数据归档。可搜索加密技术以加密的形式保存数据到云存储平台中，所以能够保证数据的机密性，使得云服务器和未授权用户无法获取数据明文，即使云存储平台遭遇非法攻击，也能够保护用户的数据不被泄露。此外，云存储平台在对加密数据进行搜索的过程中，所能够获得的仅仅是哪些数据被用户检索，而不会获得与数据明文相关的任何信息。

2.6 小 结

云存储是云计算中最重要的一种形式，本章详细介绍了云存储的体系架构，并分析了云存储中面临的安全威胁。从近年来发生的安全事件来看，云存储中数据安全问题一直阻碍着云存储的快速发展。用户将数据存储在云平台服务器，虽然节省了开销和提高了使用效率，但数据脱离了用户的物理控制，所以云存储中用户数据的安全性问题是用户十分关注的问题。

从用户的角度来看安全问题，不同类型的用户关注的安全角度不同，但是无论是个人用户还是企业用户，在选择云平台之前都会考虑数据安全问题。个人用户一般使用云服务进行数据存储，比较关注个人隐私是否能得到保障；而企业用户除了使用云服务存储大量重要数据外，一般还要基于云计算架构建设自己的服务平台，向自己的客户提供服务，因此更加关注敏感数据安全和云平台自身的安全性，即云服务的可持续性。同时，在保证数据安全性和用户隐私的情况下，还存在数据访问控制、数据修改和数据可用性等需求，这些需求也在很大程度上影响了云存储的发展和普及。

本章参考文献

[1] 李烨. 云计算的发展研究[D]. 北京：北京邮电大学，2011.

[2] 于洋洋. 云存储数据完整性验证方法[D]. 上海：华东理工大学，2012.

[3] Palankar M R，Iamnitchi A，Ripeanu M，et al. Amazon S3 for science grids：a viable solution? [C]//Proceedings of the 2008 International Workshop on Data-aware Distributed Computing. Boston：ACM，2008：55-64.

[4] 侯清铧，武永卫，郑纬民. 一种保护云存储平台上用户安全数据私密性的方法[J]. 计算机研究与发展，2011，48(7)：1146-1154.

[5] Lee N Y，Chang Y K. Hybrid provable data possession at untrusted stores in cloud computing[C]//Proceedings of 2011 IEEE 17th International Conference on Parallel and Distributed Systems (ICPADS). Taiwan：IEEE，2011：638-645.

[6] Strunk A，Mosch M，Gross S，et al. Building a flexible service architecture for user controlled hybrid clouds[C]//Proceedings of International Conference on Availability. Prague：IEEE，2012：149-154.

[7] 黄勤龙. 云计算平台下数据安全与版权保护技术研究[D]. 北京：北京邮电大学，2014.

[8] Chen Y，Paxson V，Katz R H. What's new about cloud computing security? [R]. California：University of California，2010.

[9] Kaufman L M. Data security in the word of cloud computing[J]. IEEE Security & Privacy，2009，7(4)：61-64.

[10] Subashini S，Kavitha V. A survey on security issues in service delivery models of cloud computing[J]. Journal of Network & Computer Applications，2011，34(1)：1-11.

[11] 冯登国，张敏，张妍. 云计算安全研究[J]. 软件学报，2011，22 (1)：71-83.

[12] 海佳佳. 云环境下用户数据存储安全问题研究[D]. 哈尔滨：黑龙江大学，2015.

[13] Krutz R L，Vines R D. 云计算安全指南[M]. 北京：人民邮电出版社，2013.

[14] Almorsy M，Grundy J，Muller I. An analysis of the cloud computing security problem[C]//Proceedings of the 17th Asia-Pacific Software Engineering Conference (APSEC 2010) Cloud Workshop. Sydney：IEEE，2010：1-10.

[15] 王于丁，杨家海，徐聪. 云计算访问控制技术研究综述[J]. 软件学报，2015，26 (5)：1129-1150.

[16] 韩司. 基于云存储的数据安全共享关键技术研究[D]. 北京：北京邮电大学，2015.

[17] 张新鹏. 云数据完整性与可用性研究[D]. 成都：电子科技大学，2016.

[18] Tang Q，Chen L. Public-Key encryption with registered keyword search[C]//Proceedings of the Public Key Infrastructures，Services and Applications. Pisa：Springer，2010：163-178.

第 3 章

安全基础理论

3.1 双线性对

假设 G_0 和 G_T 是两个阶为素数 p 的循环群，双线性映射 $e:G_0 \times G_0 \rightarrow G_T$ 满足以下 3 个性质[1,2]。

① 双线性性：对所有的 $g,h \in G_0$ 和 $a,b \in \mathbf{Z}_p^*$，$e(g^a,h^b)=e(g,h)^{ab}$ 均成立。

② 非退化性：存在 $g,h \in G_0$，使得 $e(g,h) \neq 1_{G_T}$ 成立。

③ 可计算性：对任意 $g,h \in G_0$，均存在有效的算法计算 $e(g,h)$ 的值。

3.2 困难问题

① 离散对数问题（DLP）。设 G_0 是阶为素数 p 的循环群，g 是 G_0 的生成元，给定随机的元素 $h \in G_0$，计算 $a \in \mathbf{Z}_p$，使其满足 $h=g^a$ 是困难的。

② 计算 Diffie-Hellman（CDH）问题。对于随机的元素 $a,b \in \mathbf{Z}_p$，已知 (g,g^a,g^b)，计算 $g^{ab} \in G_0$ 是困难的。

③ 判定 Diffie-Hellman（DDH）问题。对于随机的元素 $a,b,c \in \mathbf{Z}_p$，已知 (g,g^a,g^b,g^c)，判断 $c=ab \bmod p$ 是困难的。

④ 双线性 Diffie-Hellman（BDH）问题。设 G_0 和 G_T 是阶为素数 p 的循环群，g 是 G_0 的生成元，双线性映射 $\hat{e}:G_0 \times G_0 \rightarrow G_T$，对于随机的元素 $a,b,c \in \mathbf{Z}_p$，已知 (g,g^a,g^b,g^c)，计算 $\hat{e}(g,g)^{abc} \in G_T$ 是困难的。

⑤ 判定双线性 Diffie-Hellman（DBDH）问题。对于随机的元素 $a,b,c \in \mathbf{Z}_p$ 和 $Z \in G_T$，已知 (g,g^a,g^b,g^c,Z)，判断 $\hat{e}(g,g)^{abc}=Z$ 是困难的。

3.3 秘密共享

秘密共享是一种重要的密码学思想，它的基本理念是将一个秘密信息分解成许多不同的秘密份额并将其发送给多个不同的参与者，并且规定当大于等于某一确定人数的参与者一起协作时才能够正确地恢复出完整的秘密，而少于这一限定人数的参与者则不能正确地恢复出秘密信息[3]。最早的经典秘密共享方案是由 Shamir 提出的[4]，一个 (t, n) 门限方案是将秘密信息 s 在 n 个参与者中进行共享，即将 s 秘密分割成 n 份发送给不同的参与者，任意大于等于 t 个持有秘密份额参与者共同合作即可正确地恢复出秘密信息 s，少于 t 个参与者则不能正确地恢复信息。

3.4　身份加密算法

基于身份加密(Identity-Based Encryption, IBE)的概念于 1984 年由 Shamir 提出[5]，他试图寻找一个公开密钥机制使得公钥是任意的字符串，直到 2001 年才分别由 Boneh 和 Franklin 提出第一个实用的 IBE 解决方案[6]。

设 $I = \{ID_1, ID_2, \cdots, ID_n\}$ 为身份的集合，M 为待加密的明文消息，C 表示明文加密后的密文。下面给出一个 IBE 方案的一般化形式描述，通常由 Setup、KeyGen、Encrypt 和 Decrypt 4 个步骤组成，构成了一个关于算法的四元组，具体描述如下。

① 系统初始化(Setup)算法，输入为一个安全参数 k，输出系统参数 params。

② 密钥提取(KeyGen)算法，输入为一个身份 $ID \in I$，输出对应于该身份的公钥 PK 和私钥 SK。

③ 加密(Encrypt)算法，输入为待加密消息 M、公钥 PK 和系统参数 params，输出关于 M 的加密后的密文 C。

④ 解密(Decrypt)算法，输入为加密后的密文 C、私钥 SK 和系统参数 params，输出密文 C 所对应的明文消息 M。

3.5　广播加密算法

广播加密(Broadcast Encryption)应用于将密文发给一组用户的场合，其核心思想是广播者将消息加密，通过不安全信道以广播方式发送给大量用户，只有拥有授权的合法用户才可以解密出信息[7]。广播加密有着广泛的实用背景，如社交网络等，因此也成了近年来的一个研究热点。

随着 IBE 的应用和发展，研究者提出了基于身份的广播加密(Identity-Based Broadcast Encryption)方案[8,9]。在基于身份的广播加密方案中，包括一个密钥管理机构和一个数据广播中心。当一个新用户加入到授权用户中时，密钥管理机构会使用他的身份生成一个私钥。这个私钥可以被用来解密加密信息。数据广播中心会加密信息，并将这些信息通过广播信道来满足所有授权用户的需求。基于身份的广播加密算法一般由系统初始化、密钥提取、加密和解密 4 个算法构成。

① 系统初始化算法。输入安全参数 k 和最大接收者的数目 N，输出系统公钥 PK 和系统主密钥 MK。

② 密钥提取算法。输入系统主密钥 MK 和用户身份 ID_i，输出用户的私钥 SK_i。

③ 加密算法。输入系统公钥 PK，用户集合 $S = \{ID_1, \cdots, ID_n\}$。广播者首先生成密文

头部 Hdr 和会话密钥 DK,然后使用会话密钥 DK 加密数据明文 M 得到广播体 C_M,并将 (Hdr, C_M)广播给每个用户。

④ 解密算法。输入用户集合 S、密文头部 Hdr、广播体 C_M、用户的身份 ID_i 和私钥 SK_i。如果用户的身份 $ID_i \in S$,用户首先使用私钥 SK_i 从 Hdr 中解密出会话密钥 DK,然后解密 C_M 恢复出数据明文 M。

3.6 访问结构

访问结构是用于描述数据使用者访问权限的一种逻辑结构,主要定义了授权访问集合和非授权访问集合。假设 $\{P_1,\cdots,P_n\}$ 是 n 个参与者组成的集合,访问结构 A 是集合 $\{P_1,\cdots,P_n\}$ 的非空子集组成的集合,即 $A \subseteq 2^{\{P_1,\cdots,P_n\}}$。如果 A 满足单调性,那么对任意的集合 B 和 C,如果 $B \in A$ 且 $B \subseteq C$,那么 $C \in A$。在 A 中的元素被称为授权集合,不在 A 中的集合被称为非授权集合。

在基于属性加密的方案中,参与者的角色往往由可用于描述用户身份信息的属性代表[10],如年级、院系、性别等。不同的方案会采用不同的技术来表示访问结构,如树形访问结构、秘密共享访问结构等。

3.6.1 树形访问结构

树形访问结构 T 中,所有非叶子节点都是带有阈值的门限方案[11-13]。对于节点 x,设 num_x 表示子节点的数量,k_x 表示节点的门限值。当 $k_x=1$ 时,节点 x 的门限门是一个"或"门,当 $k_x=num_x$ 时,节点 x 的门限门是一个"与"门。设 $attr_x$ 表示节点 x 的属性,$parent(x)$ 表示节点 x 的父节点。设 T_x 表示以 x 为根节点的 T 的子树,对 x 的子节点从 1 到 num_x 排序,$index(x)$ 表示节点 x 的序号。如果属性集合 r 满足子树 T_x,记为 $T_x(r)=1$。递归计算如下:如果 x 是非叶子节点,那么对于节点 x 的所有子节点 x',计算 $T_{x'}(r)$,如果有 k_x 个子节点 x' 返回 1,即 $T_{x'}(r)=1$,那么设置 $T_x(r)=1$;如果 x 是叶子节点,当且仅当节点 x 的属性属于属性集合,设置 $T_x(r)=1$。因此,给定一个访问树 T 和属性集合,就可以按照上述算法判断是否满足访问树 T。

3.6.2 秘密共享访问结构

线性秘密共享方案(Linear Secret Sharing Scheme, LSSS)是一种常见的访问结构表达形式[14,15]。设 M 是一个 l 行 n 列的矩阵,又称为共享生成矩阵,ρ 是一个将 $\{1,\cdots,l\}$ 映射到参与者集合 P 的函数。对于所有的 $i=1,\cdots,l$,M 中的第 i 行代表集合 P 中的参与者 $\rho(i)$。对于秘密 s,随机选择 $r_2,\cdots,r_n$ 并构造向量 $v=(s,r_2,\cdots,r_n)$,则 $\lambda_i=M \cdot v$ 就是属于参与者的秘密份额 $\rho(i)$。当一组用户能够重构秘密 s 时,一定存在一组 ω_i,使得 $\omega_i M_{\rho(i)}=\{1,0,\cdots,0\}$,亦即可以通过 $\omega_i \lambda_i=\{s,0,\cdots,0\}$ 恢复秘密 s。

3.7 小 结

密码技术是实现云计算环境下数据安全的关键和核心技术,是各种安全方案构造的基础。本章意在介绍密码学和网络安全领域中必不可少的数学理论与实用算法，为后面章节中的云计算安全方案的详细构造奠定数学基础。

本章首先介绍了双线性对的基础知识，着重介绍了密码理论中的困难问题，描述了秘密共享、身份加密算法、广播加密算法等典型的密码机制，同时介绍了访问结构的基础知识，以及典型的树形访问结构和秘密共享访问结构。

本章参考文献

[1] 贾春福，钟安鸣，赵源超. 信息安全数学基础[M]. 北京：清华大学出版社，2010.

[2] 任伟. 信息安全数学基础——算法、应用与实践[M]. 北京：清华大学出版社，2016.

[3] 田有亮，马建峰，彭长根. 椭圆曲线上的信息论安全的可验证秘密共享方案[J]. 通信学报，2011，32(12)：96-102.

[4] Shamir A. How to share a secret[J]. Communications of the ACM，1979，22(11)：612-613.

[5] Shamir A. Identity-based cryptosystems and signature schemes[C]//Proceedings of CRYPTO 84 on Advances in Cryptology. California：ACM，1984：47-53.

[6] Boneh D，Franklin M K. Identity-based encryption from the weil pairing[J]. Society for Industrial and Applied Mathematics，2003，632(3)：213-229.

[7] Fiat A，Naor M. Broadcast encryption[C]//Proceedings of Advances in Cryptology-CRYPTO'93 (Extended abstract).[S. l. :s. n.]，1994：480-491.

[8] Lai J，Mu Y，Guo F，et al. Anonymous identity-based broadcast encryption with revocation for file sharing[C]//Proceedings of Australasian Conference on Information Security & Privacy.[S. l. :s. n.]，2016：223-239.

[9] Kim J，Susilo W，Man H A，et al. Adaptively secure identity-based broadcast encryption with a constant-sized ciphertext[J]. IEEE Transactions on Information Forensics & Security，2015，10(3)：679-693.

[10] 闫琳英. 面向云存储的属性加密访问控制研究[D]. 西安：西安工业大学，2016.

[11] Huang Q，Ma Z，Yang Y，et al. EABDS：attribute-based secure data sharing with efficient revocation in cloud computing[J]. Chinese Journal of Electronics，2015，24(4)：862-868.

[12] Ruj S，Stojmenovic M，Nayak A. Decentralized access control with anonymous authentication of data stored in clouds[J]. IEEE Transactions on Parallel and Distributed Systems，2014，25(2)：384-394.

[13] 马春光，石岚，汪定. 基于访问树的属性基签名算法[J]. 电子科技大学学报，2013，42(3)：410-414.

[14] Beimei A. Secure schemes for secret sharing and key distribution[D].[S. l.]：Techinion-Israel Institute of Technology，1996.

[15] 应作斌. 基于属性加密的策略机制关键问题研究[D]. 西安：西安电子科技大学，2016.

第 4 章

...

云计算数据访问控制

4.1 云计算数据访问控制概述

随着云计算的飞速发展,企业和个人用户在云中存储的数据量急速增长,云计算所提供的服务已经直接或间接地影响所有互联网用户。对于企业和个人而言,其私有数据往往涉及很多私密敏感信息(如个人健康记录、企业财务报表等),一旦发生数据泄露事件将会给用户带来难以估量的损失。由于云计算提供服务的透明性,用户将数据上传至云平台后,将会失去对数据存储设备的直接控制权[1]。用户有理由担忧云服务提供商可能会基于商业利益非法使用云存储中的数据(如广告营销),或将数据泄露给未授权的用户访问。用户既希望享受到便捷的云服务,但又并非完全信任云服务提供商。因此,数据的所有者必须在半可信的云平台实现一种可靠的数据保护机制来保证云中数据的安全。

传统的访问控制技术往往基于完全可信的服务器来制订和实施数据的访问控制策略,因此难以适用于云计算环境[2]。为适应云计算中数据存储服务器半可信的限制,基于密码学的访问控制方案应运而生,它既可为授权用户提供灵活的数据共享服务,同时又能阻止包括云服务提供商在内的未授权用户的非法访问。

目前,基于属性加密的访问控制方案被认为可有效地解决云计算中数据机密性和细粒度访问控制的难题,它允许数据所有者在加密数据的过程中通过灵活的访问策略指定能够解密密文的授权用户集合[3]。在现有不同的安全模型下,基于属性加密的访问控制方案已经能够实现不同粒度的访问控制功能,并可提供一些实用的特性,如支持多属性授权机构、支持密文策略动态更新等。如何基于属性加密技术为用户提供可靠、高效、适用于云环境中的数据访问控制方案,成为云计算环境中数据安全问题的热点。

4.2 属性加密概念

属性加密是用形式化的证明技术来构造安全且支持一对多加密特性的密码学方案,以属性为公钥,将密文和用户私钥与属性关联,并且灵活地表示访问策略。当用户的私钥与密文的访问策略相互匹配时,该用户才能解密密文。

根据密文、密钥关联访问结构或者用户属性集方式的不同,可以将基于属性的加密方案分为两种:密文策略的基于属性的加密(CP-ABE)方案和密钥策略的基于属性的加密

（KP-ABE）方案。前者的密钥关联访问结构，密文关联用户属性集；后者相反，密文关联访问结构，而密钥关联用户属性集。当用户属性集满足访问结构时，接收用户方可根据自己的私钥对密文进行解密，得到明文消息。因为 CP-ABE 方案中，访问结构是加密方来决定的，因此加密方可以根据实际情况来决定接收用户需拥有的属性集，从而实现访问控制，因此密文策略的基于属性的加密方案更适合云计算环境下访问控制类的加密方案。

4.2.1　密文策略属性加密算法

2007 年，Bethencourt 等人首次给出了 CP-ABE 的具体实现[4]，方案中允许数据所有者采用树形访问结构来描述密文的访问策略，当且仅当用户密钥中属性集合与密文中访问结构相匹配时，用户才能成功解密并恢复明文。这使得数据所有者可以直接决定共享数据的访问控制策略，从而便于构造安全灵活的访问控制方案。

在 CP-ABE 中，用户的私钥是根据属性集合生成的，当且仅当用户的属性集合满足密文的访问策略时，用户才能解密密文，如图 4-1 所示。

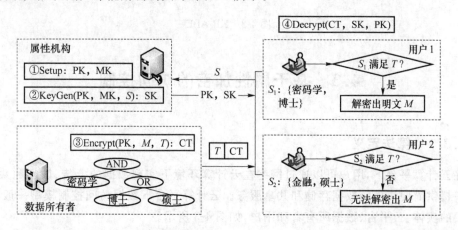

图 4-1　CP-ABE

CP-ABE 算法主要由以下 4 个算法构成。

① 系统初始化算法：输入安全参数 λ，输出系统公钥 PK 和主密钥 MK。

② 密钥生成算法：输入系统主密钥 MK 和用户属性集合 S，为用户生成私钥 SK。

③ 加密算法：输入系统公钥 PK、明文 M 和访问策略 T，生成密文 CT。

④ 解密算法：输入密文 CT 和私钥 SK，如果用户的属性满足访问策略 T，则解密出明文 M。

4.2.2　密钥策略属性加密算法

在 KP-ABE 中[5]，用户的属性私钥与访问策略相关，而密文与一组属性相关。如果密文中的属性集合可以和密钥中的访问策略相匹配，那么用户可以解密得到明文，反之，则无法解密。

KP-ABE 算法主要由以下 4 个算法构成，如图 4-2 所示。

① 系统初始化算法：输入安全参数 λ，输出系统公钥 PK 和主密钥 MK。

② 密钥生成算法：输入系统主密钥 MK 和访问策略 T，为用户生成私钥 SK。

③ 加密算法：输入系统公钥 PK、明文 M 和属性集合 S，生成密文 CT。

④ 解密算法：输入密文 CT 和私钥 SK，如果密文中的属性满足访问策略 T，则解密出明文 M。

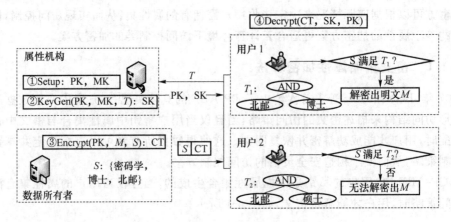

图 4-2　KP-ABE

4.3　基于属性加密的访问控制

4.3.1　算法定义

在云计算平台下，用户可以通过网络在云计算环境下实现数据的上传、访问和共享等，为用户提供简便快捷的数据存储和共享服务。云计算平台下数据访问控制模型一般具有 3 类主要的实体：云平台、数据所有者和用户，如图 4-3 所示。

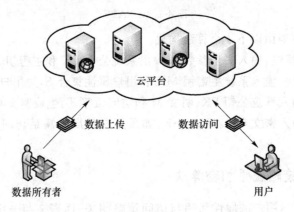

图 4-3　基于属性加密的访问控制

基于 Bethencourt 等人的 CP-ABE 算法，设计的模型包含如下算法。

① Setup(k)：输入安全参数 k，中央机构生成公钥 PK 和私钥 MK。

② KeyGen(PK，MK，S)：中央机构输入公钥 PK 和私钥 MK、用户的属性集合 S，生成属性密钥 SK。

③ Encrypt(PK, M, T)：数据所有者输入中央机构的公钥 PK、数据明文 M、访问策略树 T，输出加密的数据 CT。算法首先基于对称加密算法，使用随机的数据密钥 DK 加密数据明文 M，然后基于 CP-ABE 算法，使用访问策略树 T 加密 DK。

④ Decrypt(CT, SK)：用户输入部分密文 CT、用户的属性密钥 SK。如果用户的属性满足密文 CT 的访问策略，首先解密出 DK，然后使用 DK 解密出数据明文 M。

4.3.2　算法描述

（1）系统初始化

中央机构运行 Setup 算法，构造一个阶为素数 p 的双线性群 G_0，记 G_0 的生成元为 g，对应的双线性映射为 $e:G_0 \times G_0 \rightarrow G_T$。定义散列函数 $H:\{0,1\}^* \rightarrow G_0$。中央机构随机选择 $\alpha \in \boldsymbol{Z}_p$，生成的公钥和私钥如下：

$$PK = (e(g,g)^\alpha, g^\beta), \quad MK = (g^\alpha, \beta)$$

（2）密钥生成

中央机构运行 KeyGen 算法，随机选择 $\gamma \in \boldsymbol{Z}_p$，为用户的每个属性 $a_j \in S$ 随机选择 $\gamma_j \in \boldsymbol{Z}_p$，生成并保存属性密钥 SK。

$$SK = (D = g^{(\alpha+\gamma)/\beta}, \{D_j = g^\gamma H(j)^{\gamma_j}, D'_j = g^{\gamma_j}\}_{j \in S})$$

（3）数据加密

数据所有者运行 Encrypt 算法，设置访问策略树 T，对数据 M 进行加密，输出密文 CT。例如，访问策略树 T 为（（（博士 AND 密码学）OR（博士后 AND 网络安全））OR（教授）），如图 4-4 所示。

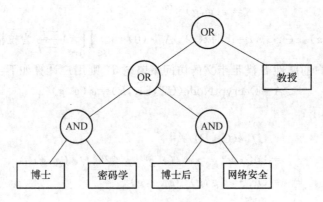

图 4-4　访问策略树

首先，数据所有者随机选择 $DK \in \boldsymbol{Z}_p$，基于对称加密算法 SE 使用 DK 加密数据 M。然后，构造访问策略树 T，以自顶向下的方式为树上的每个节点 x 定义一个 $k_x - 1$ 次多项式 q_x，并且随机选择 $s \in \boldsymbol{Z}_p$。对于树 T 的根节点 R，令 $q_R(0) = s$。对于树 T 的其他节点 x，定义 $q_x(0) = q_{\text{parent}(x)}(\text{index}(x))$，并选择随机的参数完成 q_x 的定义。

假设 Y 表示访问策略树 T 中叶子节点对应的属性集合，构造密文如下：

$$CT = (T, C = SE_{DK}(M), \tilde{C} = DK \cdot e(g,g)^{as}, C_0 = g^{\beta s},$$
$$\{C_y = g^{q_y(0)}, C'_y = H(\text{attr}_y)^{q_y(0)}\}_{y \in Y})$$

数据所有者将密文 CT 上传到云服务提供商。

（4）数据解密

用户从云服务提供商处获取密文后，使用属性密钥 SK 解密密文。解密过程采用递归算法实现，定义递归算法 DecryptNode(CT,SK,x)，输入密文 CT、属性密钥 SK 和访问策略树 T 中的节点 x。如果 x 是叶子节点，令 $i=\mathrm{attr}_x$。如果 $i\in S$，计算如下：

$$\mathrm{DecryptNode(CT,SK},x)=\frac{e(D_i,C_x)}{e(D_i',C_x')}$$

$$=\frac{e(g^\gamma H\,(i)^{\gamma_i},g^{q_x(0)})}{e(g^{\gamma_i},H\,(i)^{q_x(0)})}$$

$$=e(g,g)^{\gamma_i q_x(0)}$$

如果 $i\notin S$，则定义 $\mathrm{DecryptNode(CT,SK},x)=\perp$。

如果 x 不是叶子节点，运行 DecryptNode 算法直至根节点：所有 x 的孩子节点 z，都运行 DecryptNode(CT,SK,z)算法，并把结果保存在 F_x 中。令 S_x 为任意 k_x 个节点 z 的集合，并且满足 DecryptNode(CT,SK,z)，计算如下：

$$F_x=\prod_{z\in S_x}F_z^{\Delta_{i,S_x'}(0)}$$

$$=\prod_{z\in S_x}(e\,(g,g)^{\gamma_z(0)})^{\Delta_{i,S_x'}(0)}$$

$$=\prod_{z\in S_x}(e\,(g,g)^{\gamma_{\mathrm{parent}(z)}(\mathrm{index}(z))})^{\Delta_{i,S_x'}(0)}$$

$$=\prod_{z\in S_x}(e\,(g,g)^{\gamma_x(i)})^{\Delta_{i,S_x'}(0)}$$

$$=e(g,g)^{\gamma_x(0)}$$

其中，$S_x'=\{\mathrm{index}(z):z\in S_x\}$，$i=\mathrm{index}(z)$，$\Delta_{i,S_x'}(0)=\prod_{j\in S_x',j\neq i}\dfrac{-j}{i-j}$ 为拉格朗日系数。

因此，如果用户的属性 S 满足密文的访问策略树 T，则用户计算如下：

$$A=\mathrm{DecryptNode(CT,SK},R)=e\,(g,g)^{\gamma s}$$

用户解密出 DK 如下：

$$\tilde{C}/[e(C_0,D)/A]$$

$$=\mathrm{DK}\cdot e\,(g,g)^{\alpha s}/(e(g^{\beta s},g^{(\alpha+\gamma)/\beta})/e\,(g,g)^{\gamma s})$$

$$=\mathrm{DK}\cdot e\,(g,g)^{\alpha s}/e\,(g,g)^{\alpha s}$$

$$=\mathrm{DK}$$

最后，用户使用 DK 解密出数据明文 M。

4.4 基于属性加密的安全外包

4.4.1 方案定义

在属性加密中，密文和用户私钥的计算量都与属性个数线性相关，解密过程通常涉及大量的双线性对运算和指数运算，这无疑会给计算资源受限的用户造成巨大的计算负担[6]。

因此,研究具有安全高效的加密或者解密外包算法具有实际的价值。不失一般性,安全外包方案包括 4 个阶段[7]。

阶段 1:系统设置。

Setup(l^κ):中央机构输入安全参数 κ,输出系统公钥 PK 和系统主密钥 MK。

阶段 2:密钥生成。

KeyGen(PK,MK,S):中央机构输入系统公钥 PK 和系统主密钥 MK、属性集合 S,输出用户属性私钥 AK。

阶段 3:数据加密。

① Cloud.Encrypt(PK,T_a):云平台输入系统公钥 PK、访问结构 T_a,输出外包加密密文 CT′。

② Owner.Encrypt(PK,M,CT′):数据所有者输入系统公钥 PK、数据明文 M、外包加密密文 CT′,随机选择数据加密密钥 DK′并输出完整密文 CT。

阶段 4:数据解密。

① Cloud.Decrypt(PK,CT,AK′):用户首先生成外包密钥 AK′并交由云平台,云平台输入系统公钥 PK、密文 CT 和外包密钥 AK′。如果外包密钥中的属性满足访问结构 T_a,输出外包解密密文 CT″。

② User.Decrypt(CT″,AK):用户输入外包解密密文 CT″和属性私钥 AK,恢复出数据加密密钥 DK,并输出数据明文 M。

可以看到,原来的数据加密操作分为两个步骤完成,分别是云平台的加密操作和数据所有者的加密操作,而原来的数据解密操作也分为两个步骤完成,分别是云平台的解密操作和用户的解密操作,试图减少用户端的计算开销。

4.4.2　方案构造

1. 系统设置

中央机构运行 Setup 算法,选择阶为素数 p 的双线性群 G_0 和 G_T,生成元是 g,以及双线性映射 $e:G_0 \times G_0 \rightarrow G_T$。随机选择 $h \in G_0$ 和 $\alpha,\beta \in Z_p^*$,哈希函数 $H_1:\{0,1\}^* \rightarrow Z_p^*$ 和 $H_2:\{0,1\}^* \rightarrow G_0$,生成公钥 PK=$(g,h,g^\alpha,g^\beta,h^\beta,e(g,g)^{\alpha\beta})$。系统主密钥设定为 MK=$(\alpha,\beta)$。

2. 密钥生成

中央机构运行 KeyGen 算法,为用户随机选择 $\gamma,\varepsilon \in Z_p$,并对用户属性集合 S 中的每个属性 $j \in S$ 随机选择 $r_j \in Z_p$,生成用户的属性密钥:

$$\text{AK}=(D=g^{(\alpha+\gamma)\beta},\ D_1=g^\gamma h^\varepsilon,\ D_2=g^\varepsilon,\ \{\tilde{D}_j=g^{\gamma\beta}H_1(j)^{r_j},\ \tilde{D}'_j=g^{r_j}\}_{j \in S})$$

3. 数据加密

针对数据 M,数据所有者定义数据的访问结构 T_a,随机选择对称密钥 DK$\in Z_p$,并使用对称加密算法 SE 加密数据 M,结果为 $C=\text{SK}_{\text{DK}}(M)$。

云平台运行 Cloud.Encrypt 算法,针对访问结构树 T_a 以自顶向下的方式为每个节点 x 选择 k_x-1 次多项式 p_x。对于访问结构树的根节点 R,随机选择 $s \in Z_p$ 并令 $p_R(0)=s$。对于访问结构树中的其他节点 x,定义 $p_x(0)=p_{\text{parent}(x)}(\text{index}(x))$。设 Y 表示访问结构树 T_a 中的叶子节点集合,输出外包加密密文 CT′:

$$CT'=(T_a,C_3'=g^{\beta s},C_4'=h^{\beta s},C_5=\{\widetilde{C}_y=g^{p_y{}^{(0)}},\widetilde{C}_y'=H_1(\text{attr}_y)^{p_y{}^{(0)}}\}_{y\in Y})$$

基于外包加密密文,数据所有者运行 Owner. Encrypt 算法,随机选择 $t\in \mathbf{Z}_p$,并基于 DK 计算 $C_1=\text{DK}\cdot e(g,g)^{\alpha\beta t}$,以及 $C_2=g^t,C_3=C_3'\cdot g^{\beta t},C_4=C_4'\cdot h^{\beta t}$。最后,输出完整密文:

$$CT=(T_a,T_u,C=\text{SE}_{DK}(M),C_1=\text{DK}\cdot e(g,g)^{\alpha\beta t},C_2=g^t,C_3=g^{\beta(s+t)},$$
$$C_4=h^{\beta(s+t)},C_5=\{\widetilde{C}_y=g^{p_y{}^{(0)}},\widetilde{C}_y'=H_1(\text{attr}_y)^{p_y{}^{(0)}}\}_{y\in Y})$$

4. 数据解密

基于用户的外包密钥 $AK'=(D_1,D_2,\{\widetilde{D}_1,\widetilde{D}_j'\}_{j\in S})$,云平台运行 Cloud. Decrypt 算法解密。首先,云平台运行 DecryptNode 递归算法。$\text{DecryptNode}(CT,AK',x)$ 输入密文 CT、外包密钥 AK' 和访问结构树 T_a 中的节点 x。如果该节点是叶子节点,令 $z=\text{attr}_x$。如果 $z\in S$,计算:

$$\begin{aligned}\text{DecryptNode}(CT,AK',x)&=\frac{e(\widetilde{D}_z,\widetilde{C}_x)}{e(\widetilde{D}_z',\widetilde{C}_x')}\\&=\frac{e(g^{r\beta}H_1(z)^{r_z},g^{p_x{}^{(0)}})}{e(g^{r_z},H_1(\text{attr}_x)^{p_x{}^{(0)}})}\\&=e(g,g)^{r\beta p_x{}^{(0)}}\end{aligned}$$

否则,返回 $\text{DecryptNode}(CT,AK',x)=\perp$。

如果 x 是非叶子节点,针对 x 的所有孩子节点 n,计算 $\text{DecryptNode}(CT,AK',n)$ 并输出结果 F_n。令 S_x 是任意 k_x 个孩子节点 n 的集合,每个节点 n 都满足 $F_n\neq\perp$。如果成立,则计算结果如下:

$$\begin{aligned}F_x&=\prod_{n\in S_x}F_n^{\Delta_j,S_x'{}^{(0)}}\\&=\prod_{n\in S_x}(e(g,g)^{r\beta\cdot p_{\text{parent}(n)}(\text{index}(n))})^{\Delta_j,S_x'{}^{(0)}}\\&=\prod_{n\in S_x}e(g,g)^{r\beta\cdot p_x(j)\cdot\Delta_j,S_x'{}^{(0)}}\\&=e(g,g)^{r\beta\cdot p_x{}^{(0)}}\end{aligned}$$

其中,$j=\text{index}(n),S_x'=\{\text{index}(n):n\in S_x\}$。因此,如果 AK' 对应的属性集合 S 满足整个访问结构树 T_a,可以计算得到递归计算结果为 $F=\text{DecryptNode}(CT,AK',R)=e(g,g)^{r\beta p_R{}^{(0)}}=e(g,g)^{r\beta s}$。基于此,云平台计算:

$$\begin{aligned}B&=\frac{e(D_1,C_3)}{e(D_2,C_4)}\\&=\frac{e(g^\gamma h^\varepsilon,g^{\beta(s+t)})}{e(g^\varepsilon,h^{\beta(s+t)})}\\&=e(g,g)^{r\beta(s+t)}\end{aligned}$$

以及

$$A=B/F=e(g,g)^{r\beta(s+t)}/e(g,g)^{r\beta s}=e(g,g)^{r\beta t}$$

最后,云平台输出外包解密结果 $CT''=(T_a,C=\text{SE}_{DK}(M),C_1=\text{DK}\cdot e(g,g)^{\alpha\beta t},C_2=g^t,A=e(g,g)^{r\beta t})$。

用户运行 User. Decrypt 算法,计算出数据加密密钥 DK:

$$DK = \frac{C_1 \cdot A}{e(C_2, D)} = \frac{DK \cdot e(g,g)^{\alpha\beta t} \cdot e(g,g)^{\gamma\beta t}}{e(g^t, g^{(\alpha+\gamma)\beta})}$$

最后,用户基于对称解密算法解密出数据明文 M。

4.4.3　方案分析

在计算开销方面,方案在加密时的计算量为 2 个 G_0 上的指数运算和 2 个 G_T 上的指数运算,解密时的计算量为 1 个配对运算,与标准的 CP-ABE 方面相比,其加密和解密的计算开销均为常量,与访问策略的属性个数无关。

4.5　基于属性加密的改进方案

4.5.1　层次化属性加密方案

传统的单一授权中心的 ABE 方案能很好地解决小数量情况下的访问控制,但是在海量数据和海量用户的情况下,其加密效率和加密安全性都有进一步提升的空间。在海量用户情况下,用户申请属性私钥以及中央机构分发私钥的交互过程会非常频繁,这会给中央机构和整个系统带来极大的负担。一旦系统崩溃,所有的交互都不能正常进行[8,9]。

层次化属性加密方案被提出来实现可伸缩的密钥管理[10],由中央机构负责系统参数生成和分发,并负责管理第一级属性机构(AA)。下级 AA 分部负责管理用户的一部分属性,并由上一级 AA 授权,如图 4-5 所示。层次化属性加密方案的构造过程如下。

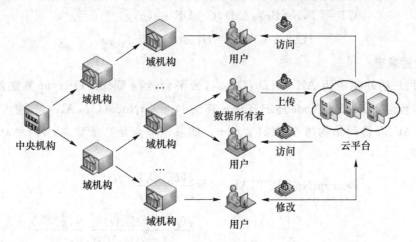

图 4-5　层次化属性加密方案

1. 系统设置

中央机构运行 Setup 算法,选择阶为素数 p 的双线性群 G_0 和 G_T,生成元是 g,以及双线性映射 $e: G_0 \times G_0 \to G_T$。随机选择 $\alpha, \beta \in \mathbf{Z}_p^*$,哈希函数 $H_1, H_2: \{0,1\}^* \to G_0$,生成公钥 $PK = (g^\alpha, g^\beta)$。系统主密钥设定为 $MK_0 = (\alpha, \beta)$。

2. 域机构设置

针对最顶层的域机构，中央机构运行 CreateDM 算法选择随机的 δ_l，并对域机构 AA 管理的 $A=\{a_1,a_2,\cdots,a_m\}$ 中的每个属性随机选择 $\delta_{l,i}\in Z_p$，生成机构主密钥 MK_l：

$$MK_l=(A,\overline{D}_l=g^{(a+\delta_l)\beta},\{\overline{D}_{l,i}=g^{\delta_l\beta}H_1(i)^{\delta_{l,i}},\overline{D}'_{l,i}=g^{\delta_{l,i}}\}_{i\in A})$$

同理，上层的域机构 AA 运行 CreateDM 算法选择随机的 ε_l，并对下层域机构 AA 管理的 $A'=\{a_1,a_2,\cdots,a_n\}$ 中的每个属性随机选择 $\varepsilon_{l,i}\in Z_p$，生成下层域机构 AA 主密钥 MK_{l+1}：

$$MK_{l+1}=(A',\overline{D}_{l+1}=\overline{D}_l\cdot g^{\varepsilon_l\beta}=g^{(a+\delta_l+\varepsilon_l)\beta},$$

$$\{\overline{D}_{l+1,i}=\overline{D}_{l,i}\cdot g^{\varepsilon_l\beta}H_1(i)^{\varepsilon_{l,i}}=g^{(\delta_l+\varepsilon_l)\beta}H_1(i)^{\delta_{l,i}+\varepsilon_{l,i}},\ \overline{D}'_{l+1,i}=\overline{D}'_{l,i}\cdot g^{\varepsilon_{l,i}}=g^{\delta_{l,i}+\varepsilon_{l,i}}\}_{i\in A'})$$

3. 密钥生成

针对管理的用户，域机构 AA 运行 KeyGen 算法，随机选择 $\gamma\in Z_p$，并对用户属性集合 S 中的每个属性 $a_i\in S$ 随机选择 $\gamma_i\in Z_p$，生成用户的属性密钥：

$$AK=(S,D=\overline{D}_l\cdot(g^\beta)^\gamma=g^{(a+\delta_l+\gamma)\beta},$$

$$\{D_i=\overline{D}_{l,i}\cdot g^{\gamma\beta}H_1(i)^{\gamma_i}=g^{(\delta_{li}+\gamma)\beta}H_1(i)^{\delta_{li}+\gamma_i},\ D'_i=\overline{D}'_{l,i}\cdot g^{\gamma_i}=g^{\varepsilon_{l,i}+\gamma_i}\}_{i\in S})$$

4. 数据加密

针对数据 M，数据所有者定义数据的访问结构 T，运行 Encrypt 算法加密。首先，随机选择对称密钥 $DK\in Z_p$，并使用对称加密算法 SE 加密数据 M。针对访问结构树 T 以自顶向下的方式为每个节点 x 选择 k_x-1 次多项式 p_x。对于访问结构树的根节点 R，随机选择 $s\in Z_p$ 并令 $p_R(0)=s$。对于访问结构树中的其他节点 x，定义 $p_x(0)=p_{\text{parent}(x)}(\text{index}(x))$。设 Y 表示访问结构树 T 中的叶子节点集合，输出密文 CT：

$$CT=(T,E=SE_{DK}(M),\widetilde{C}=DK\cdot e(g,g)^{a\beta s},C=g^s,$$

$$\{C_y=g^{p_y(0)},C'_y=H_1(\text{attr}_y)^{p_y(0)}\}_{y\in Y})$$

5. 数据解密

基于用户的外包密钥 $AK'=\{D_i,D'_i\}_{i\in S}$，云平台运行 Cloud.Decrypt 算法解密密文。首先，云平台运行 DecryptNode 递归算法。算法 DecryptNode(CT,AK',x) 输入密文 CT、外包密钥 AK' 和访问结构树 T 中的节点 x。如果该节点是叶子节点，令 $z=\text{attr}_x$。如果 $z\in S$，计算：

$$\text{DecryptNode}(CT,AK,y)=\frac{\hat{e}(D_i,C_y)}{\hat{e}(D'_i,C'_y)}$$

$$=\frac{\hat{e}(g^{(\delta_l+\gamma)\beta}H_1(i)^{\delta_{l,i}+\gamma_i},g^{p_y(0)})}{\hat{e}(g^{\delta_{l,i}+\gamma_i},H_1(i)^{p_y(0)})}$$

$$=\hat{e}(g,g)^{(\delta_l+\gamma)\beta p_y(0)}$$

否则，返回 DecryptNode$(CT,AK',x)=\perp$。

如果 x 是非叶子节点，针对 x 的所有孩子节点 n，计算 DecryptNode(CT,AK',n) 并输出结果 F_n。令 S_x 是任意 k_x 个孩子节点 n 的集合，每个节点 n 都满足 $F_n\neq\perp$。如果成立，则计算结果如下：

$$F_x = \prod_{n \in S_x} F_n^{\Delta_{j,S_x'}(0)}$$

$$= \prod_{n \in S_x} (\hat{e}(g,g)^{(\delta_l+\gamma)\beta p_n(0)})^{\Delta_{j,S_x'}(0)}$$

$$= \prod_{n \in S_x} (\hat{e}(g,g)^{(\delta_l+\gamma)\beta p_{\mathrm{parent}(n)}(\mathrm{index}(n))})^{\Delta_{j,S_x'}(0)}$$

$$= \prod_{n \in S_x} (\hat{e}(g,g)^{(\delta_l+\gamma)\beta p_x(j)})^{\Delta_{j,S_x'}(0)}$$

$$= \hat{e}(g,g)^{(\delta_l+\gamma)\beta p_x(0)}$$

其中,$S_x'=\{\mathrm{index}(n):n\in S_x\}$,$j=\mathrm{index}(n)$。因此,如果 AK$'$对应的属性集合 S 满足整个访问结构树 T,可以计算得到递归计算结果为 $A=\mathrm{DecryptNode}(\mathrm{CT},\mathrm{AK}',R)=\hat{e}(g,g)^{(\delta_l+\gamma)\beta s}$。最后,云平台输出解密结果 $\mathrm{CT_P}=(E,\tilde{C},C,A)$。

用户运行 User. Decrypt 算法,计算出数据加密密钥 DK:

$$\tilde{C}/(\hat{e}(C,D)/A)$$
$$=\mathrm{DK}\cdot\hat{e}(g,g)^{\alpha\beta s}/(\hat{e}(g^s,g^{(\alpha+\delta_l+\gamma)\beta})/\hat{e}(g,g)^{(\delta_l+\gamma)\beta s})$$
$$=\mathrm{DK}\cdot\hat{e}(g,g)^{\alpha\beta s}/\hat{e}(g,g)^{\alpha\beta}$$
$$=\mathrm{DK}$$

最后,用户基于对称解密算法解密出数据明文 M。

4.5.2　支持策略更新的方案

基于属性加密算法中访问策略的更新直接对应着访问控制方案中数据或用户访问权限的更新。访问策略的动态更新技术是在基础 CP-ABE 方案之上提供的扩展功能特性,是实现细粒度访问控制方案的有效途径[11]。策略的动态更新技术允许数据所有者动态更新云平台密文的访问策略信息,并且将密文更新产生的大部分计算开销委托给半可信的云平台完成。即当密文的访问策略需要变更时,数据所有者无须下载密文,并解密后再使用新访问策略重新加密文件,他仅需要产生一个策略更新密钥,并且将密文更新的计算任务委托给半可信的云服务器,从而显著减少访问控制方案所需的计算和通信开销[12]。

1. 系统设置

中央机构运行 Setup 算法,选择阶为 p、生成元是 g 的双线性群 G_0。随机选择 $\gamma\in Z_p$,哈希函数 $H_1:\{0,1\}^*\rightarrow G_0$,生成公钥 $\mathrm{PK}=e(g,g)^\gamma$。系统主密钥设定为 $\mathrm{MK}=\gamma$。

2. 域机构设置

针对域机构 d 管理的属性集合 A,中央机构运行 KeyGen 算法,对属性集合 A 中的每个属性 $x\in A$ 随机选择 $\alpha_x,\beta_x\in Z_p$,生成域机构 d 的主密钥:

$$\mathrm{PK}_d=(\{e(g,g)^{\alpha_x},g^{\beta_x}\}_{x\in A}),\mathrm{MK}_d=(g^\gamma,\{\alpha_x,\beta_x\}_{x\in A})$$

3. 密钥生成

域机构运行 Delegate 算法,为用户随机选择 $\delta,z\in Z_p$,针对用户的属性集合 S(满足 $S\Subset A$),生成用户的属性密钥:

$$\mathrm{SK}_S=z,\mathrm{AK}_S=(D_0=g^{(\gamma+\delta)/z},D_0'=g^{\delta/z},\{D_j=g^{\alpha_j}H(u)^{\beta_j}\}_{j\in S})$$

4. 数据加密

针对数据 M，数据所有者定义 l 行 n 列的访问结构 AS，ρ 是一个将 $\{1,\cdots,l\}$ 映射到属性集合的函数。数据所有者运行 Owner. Encrypt 算法，随机选择对称密钥 $DK \in Z_p$，并使用对称加密算法 SE 加密 M，结果为 $E = SE_{DK}(M)$。随机选择秘密 $s \in Z_p$ 和向量 $\boldsymbol{v} = (s, s_2, \cdots, s_n) \in Z_p^n$。对于访问结构 AS 中每一行 AS_i，计算结果 $\lambda_i = AS_i \cdot \boldsymbol{v}$，随机选择零向量 $\boldsymbol{\omega} \in Z_p^n$ 并计算 $\omega_i = AS_i \cdot \boldsymbol{\omega}$。随机选择 $\kappa \in Z_p$，并对 AS 中的每一行随机选择 $r_i \in Z_p$，生成部分加密密文：

$$CT_D = (E, C_0 = DK \cdot e(g, g)^{\gamma s}, C_1 = g^s, \{T_{i,0} = g^{\lambda_i}, T_{i,1} = g^{\omega_i}, T_{i,2} = \kappa r_i\}_{i=1}^l)$$

数据所有者秘密保存加密信息 $UT = (s, \boldsymbol{v}, \boldsymbol{\omega}, \{r_i\}_{i=1}^l, \kappa)$，用于更新策略。

5. 外包加密

基于部分加密的密文 CT_D，云平台运行 Cloud. Encrypt 算法，针对访问结构 AS 中的每一行随机计算：

$$C_{i,0} = T_{i,0}, C_{i,1} = e(g, g)^{\alpha_{\rho(i)} \kappa r_i}, C_{i,2} = g^{\kappa r_i}, C_{i,3} = g^{\beta_{\rho(i)} \kappa r_i} \cdot T_{i,1} = g^{\beta_{\rho(i)} \kappa r_i} g^{\omega_i}$$

最终，云平台计算完整的密文 $CT = (E, C_0, C_1, \{C_{i,0}, C_{i,1}, C_{i,2}, C_{i,3}\}_{i=1}^l)$。

6. 外包解密

针对用户的解密需求，如果该用户的属性满足密文的访问结果，即 $S \in AS$，云平台运行 Cloud. Decrypt 算法，选择常量 $\{c_i \in Z_p\}_{\rho(i) \in S}$，满足：

$$\sum_{\rho(i) \in S} c_i \cdot AS_i = (1, 0, \cdots, 0)$$

云平台计算：

$$B = \prod_{\rho(i) \in S} \left[\frac{e(D'_0, C_{i,0}) \cdot C_{i,1} \cdot e(H(u), C_{i,3})}{e(D_{\rho(i), u}, C_{i,2})} \right]^{c_i}$$

$$= \prod_{\rho(i) \in S} \left[\frac{e(g^{\delta/z}, g^{\lambda_i}) \cdot e(g, g)^{\alpha_{\rho(i)} \kappa r_i} \cdot e(H(u), g^{\beta_{\rho(i)} \kappa r_i} g^{\omega_i})}{e(g^{\alpha_{\rho(i)}} H(u)^{\beta_{\rho(i)}}, g^{\kappa r_i})} \right]^{c_i}$$

$$= \prod_{\rho(i) \in S} \left[e(g^{\delta/z}, g^{\lambda_i}) \cdot e(H(u), g^{\omega_i}) \right]^{c_i}$$

由于 $\lambda_i = AS_i \cdot \boldsymbol{v}, \omega_i = AS_i \cdot \boldsymbol{\omega}$，因此 $\boldsymbol{v} \cdot (1, 0, \cdots, 0) = s$ 且 $\boldsymbol{\omega} \cdot (1, 0, \cdots, 0) = 0$，即云平台计算得到 $B = e(g^{\delta/z}, g)^s$ 并输出：

$$A = e(C_1, D_0)/B = e(g^s, g^{(\gamma+\delta)/z})/e(g^{\delta/z}, g)^s = e(g^s, g^{\gamma/z})$$

最后，云平台计算：

$$CT_o = (E, C_0, A)$$

7. 数据解密

基于云平台计算的结果 CT_o，用户运行 User. Decrypt 算法，使用密钥 SK_S 计算出数据密钥：

$$DK = C_0/(A)^z = DK \cdot e(g, g)^{\gamma s}/e(g^s, g^{\gamma/z})^z$$

最后，用户使用数据密钥 DK 解密出数据明文 M。

8. 更新密钥生成

基于加密信息 UT，数据所有者运行 UKeyGen 算法生成更新密钥，并发送给云平台。首先，数据所有者运行 PolicyCompare 算法将新的访问结构 AS' 与目前的访问结构进行对比。

算法 PolicyCompare

Input：current access structure AS with l×n matrix

Input：new access structure AS′with l′×n′ matrix

Output：$I_{1,AS'}$，$I_{2,AS'}$，$I_{3,AS'}$←three row index sets of AS′

1：I_{AS}←row index set of AS

2：for j = 1 to l′ do

3：　if $\rho'(j)$ in AS then

4：　　if ∃ i∈I_{AS} s.t. $\rho(i)$ == $\rho'(j)$ then

5：　　　add(j,i)into $I_{1,AS'}$

6：　　　delete i from I_{AS}

7：　　else

8：　　　find any i∈[1,l] s.t. $\rho(i)$ == $\rho'(j)$

9：　　　add(j,i)into $I_{2,AS'}$

10：　　end if

11：　else

12：　　add(j,0)into $I_{3,AS'}$

13：　end if

14：end for

数据所有者生成两个随机的向量，以 s 为零向量的 $v\in Z$ 和以 0 为零向量的 $\boldsymbol{\omega}'\in Z_p^{n'}$。针对目前访问结构 AS 中每一行 AS_i，计算 $\lambda_i = AS_i\cdot v$ 和 $\omega_i = AS_i\cdot\omega$。同时，针对新的访问结果 AS′中每一行 AS_j'，计算 $\lambda_j' = AS_j'\cdot v'$ 和 $\omega_j' = AS_j'\cdot\omega'$。按照以下 3 种情况计算。

第一种（Type1），如果$(j,i)\in I_{1,AS'}$，数据所有者计算更新密钥如下：

$$UK_{j,i} = (UK_{j,i}^{(1)} = g^{\lambda_j' - \lambda_i},\ UK_{j,i}^{(2)} = g^{\omega_j' - \omega_i})$$

同时，设置 $r_j' = r_i$。

第二种（Type2），如果$(j,i)\in I_{2,AS'}$，数据所有者随机选择 $r_j',a_j\in Z_p$，计算更新密钥如下：

$$UK_{j,i} = (a_j,UK_{j,i}^{(1)} = g^{\lambda_j' - a_j\lambda_i},UK_{j,i}^{(2)} = g^{\omega_j' - a_j\omega_i})$$

第三种（Type3），如果$(j,i)\in I_{3,AS'}$，数据所有者随机选择 $r_j'\in Z_p$，计算更新密钥如下：

$$UK_{j,i} = (UK_{j,i}^{(0)} = g^{\lambda_j'},UK_{j,i}^{(1)} = g^{\alpha_{\rho'(j)}\kappa r_j'},UK_{j,i}^{(2)} = g^{\kappa r_j'},UK_{j,i}^{(3)} = g^{\beta_{\rho'(j)}\kappa r_j'}g^{\omega_j'}),$$

最后，生成完整的更新密钥并发送给云平台，密钥如下：

$$UK = ((Type1,\{UK_{j,i}\}_{(j,i)\in I_{1,AS'}}),\ (Type2,\{UK_{j,i}\}_{(j,i)\in I_{2,AS'}}),$$

$$(Type3,\{UK_{j,i}\}_{(j,i)\in I_{3,AS'}}))$$

9. 策略更新

基于更新密钥 UK，云平台运行 CTUpdate 算法计算新的密文。

如果$(j,i)\in I_{1,AS'}$，密文计算如下：

$$C_{j,0}' = C_{i,0}\cdot UK_{j,i}^{(1)} = g^{\lambda_j'},\quad C_{j,1}' = C_{i,1} = e(g,g)^{\alpha_{\rho'(j)}\kappa r_j'}$$

$$C_{j,2}' = C_{i,2} = g^{\kappa r_j'},\quad C_{j,3}' = C_{i,3}\cdot UK_{j,i}^{(2)} = g^{\beta_{\rho'(j)}\kappa r_j'}g^{\omega_j'}$$

其中 $r_j' = r_i$。

如果 $(j,i) \in I_{2,\mathrm{AS}'}$，密文计算如下：

$$C'_{j,0} = (C'_{i,0})^{a_j} \cdot \mathrm{UK}^{(1)}_{j,i} = g^{\lambda'_j}, \quad C'_{j,1} = e(C_{i,1})^{a_j} = e(g,g)^{\alpha_{\rho'(j)} \kappa r'_j}$$

$$C'_{j,2} = (C'_{i,2})^{a_j} = g^{\omega r'_j}, \quad C'_{j,3} = (C'_{j,3})^{a_j} \cdot \mathrm{UK}^{(2)}_{j,i} = g^{\beta_{\rho'(j)} \omega r'_j} g^{\omega'_j}$$

其中 $r'_j = a_j r_i$。

如果 $(j,i) \in I_{3,\mathrm{AS}'}$，密文计算如下：

$$C'_{j,0} = \mathrm{UK}^{(0)}_{j,i} = g^{\lambda'_j}, \quad C'_{j,1} = \mathrm{UK}^{(1)}_{j,i} = e(g,g)^{\alpha_{\rho'(j)} \kappa r'_j}$$

$$C'_{j,2} = \mathrm{UK}^{(2)}_{j,i} = g^{\omega r'_j}, \quad C'_{j,3} = \mathrm{UK}^{(3)}_{j,i} = g^{\beta_{\rho'(j)} \omega r'_j} g^{\omega'_j}$$

最后，云平台构造完整的更新密文：

$$\mathrm{CT}' = (E, C_0, C_1, \{C'_{j,0}, C'_{j,1}, C'_{j,2}, C'_{j,3}\}^{l'}_{j=1})$$

针对更新后的密文，如果用户的属性满足密文的访问结果，即 $S \in \mathrm{AS}'$，则可以解密出数据明文。

4.6 结合属性签名的访问控制

4.6.1 属性签名算法

基于属性签名（Attribute-Based Signture，ABS）方案是数字签名这个密码学中最基本概念的一个最新的扩展和变化[13]。ABS 方案是对基于身份的签名（Identity-Based Signture，IBS)方案的一种非常有现实意义的扩展。在 IBS 方案中，签名者自身的身份信息是由唯一的一个字符来表示的；而在 ABS 方案中，签名者是否具有签名的权力是由一系列的属性所组成的集合来决定的。在 ABS 方案中，用户从中央机构得到自己具有的属性，然后生成自己特有的私钥，用来签名。基于属性的签名机制可以向签名的验证者保证是满足消息的签名者对这条特定的消息进行了签名确认，从而使得消息的正确性得到保证。

2008 年，Maji 提出了基于属性签名的基本概念，允许用户在签名的同时能够细粒度地控制身份信息[14,15]。签名者从中央机构获取一系列的属性，根据服务器的声明选择合适的属性签名消息，签名的消息只透露了签名者的属性满足所声明的访问结构，而没有揭露其真实的身份信息。在属性签名机制中，消息签名者的身份是用一系列的属性描述的，当且仅当消息签名者的属性集合满足声明策略时才能验证签名的正确性。属性签名一般由以下 4 个算法构成。

① 系统初始化算法：输入安全参数 λ，输出系统公钥 PK 和主密钥 MK。

② 密钥生成算法：输入系统主密钥 MK 和用户的属性集合 S，为用户生成属性私钥 SK。

③ 签名(Sign)算法：输入系统公钥 PK、明文 M、属性私钥 SK 和声明策略 P，生成签名 ST。

④ 验证(Verify)算法：输入明文 M、声明策略 P 和签名 ST，如果签名者的属性满足声明策略 P，则验证签名成功。

一般而言，属性签名的安全性应该满足以下条件。

① 不可伪造性。一个不能满足声明策略的用户,无法伪造出满足声明策略的属性签名。

② 抗合谋攻击。用户的身份一般是由多个属性构成的集合,拥有不同属性的用户可能合谋生成新的属性集合,并获得该属性集合对应的私钥。因此,属性签名算法必须满足抗合谋攻击的安全要求,即要求不同的用户即使合谋也不能伪造出一个各自都不能满足的属性集合生成的签名。

4.6.2 基于属性签名的匿名认证方案

属性签名扩展了身份基签名,在身份基签名中,用户的身份是用一个单独的字符串表示的,如用户的姓名、身份证号、电话号码等。但在属性基签名中,签名者的身份是用一个属性集合来进行描述的。属性基签名中用户从一个属性权威中也获得这个属性集合的属性私钥,并用它来签署消息。如果这个签名是有效的,验证者可以确信签名者的属性满足了声明策略,无须知道签名者的具体身份。目前,属性签名有许多重要的应用,如匿名认证等。

1. 方案定义

以车联云为例,路边的 RSU、车内的 OBU 及网络组成实时的互联系统,实现车车协同和车路协同等应用。其中,车路协同结合云计算服务,允许车辆使用丰富的车载服务,包括停车收费、多媒体共享等。基于属性签名的匿名认证方案的定义如图 4-6 所示[16]。

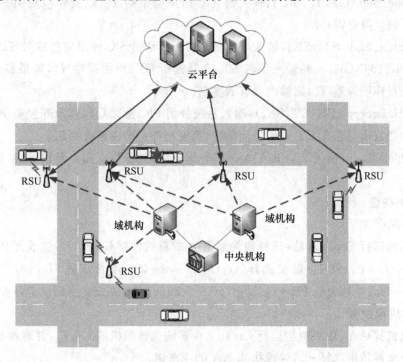

图 4-6 基于属性签名的匿名认证

① 中央机构。中央机构是可信的第三方,为系统建立系统公钥和系统主密钥。同时,中央机构管理着一组域机构 AA,由 AA 为用户分配属性,并生成属性私钥。

② 云平台。云平台是半可信的第三方,用于存储数据所有者上传的数据。另外,云平

台为用户执行部分解密密文的操作,同时认证用户是否满足密文的修改策略。

③ 数据所有者。数据所有者使用访问策略加密数据,并定义修改数据时用户必须满足的修改策略,再上传密文到云平台。

④ 用户。如果用户的属性满足密文的访问策略,则能够恢复出数据密钥,再使用数据密钥解密出数据明文。同时,如果用户的属性满足密文的修改策略,则可以修改云平台中存储的数据。

基于此,方案的系统定义包括如下算法。

① Setup(1^λ):输入安全参数 λ,输出系统公钥 PK 和主密钥 MK。

② CreateAA(PK, MK, A):输入系统公钥 PK 和主密钥 MK、AA 负责的属性集合 A,输出 AA 的属性密钥 MSK。一般情况下,AA 包括临时属性 AA 和永久属性 AA 两类。

③ KeyGen(PK, MSK, S_i):输入系统公钥 PK 和 AA 的属性密钥 MSK、车辆的属性集合 S_i,输出私钥 SK_i。

④ Cloud. Encrypt(PK, $\{T_a^{(i)}\}_{i=1}^2$):输入系统公钥 PK、一组 AA 对应的访问结构 $\{T_a^{(i)}\}_{i=1}^2$,输出外包加密的密文 CT'。

⑤ Vehicle. Encrypt(PK, M, CT'):输入系统公钥 PK、数据明文 M、外包加密的密文 CT',输出完整的密文 CT。

⑥ Cloud. Sign(CT, T_u, SK_k'):输入密文 CT、声明策略 T_u,以及外包私钥 SK_k',输出外包签名 ST' 和全局密钥 GK。

⑦ Vehicle. Sign(ST', SK):输入外包签名 ST' 和私钥 SK,输出完整签名 ST。

⑧ Verify(ST, GK, T_u):输入签名 ST、全局密钥 GK、声明策略 T_u,如果签名 ST 中的属性集合满足声明策略 T_u,则输出为有效签名。

⑨ RSU. Decrypt(PK, CT, SK_k''):输入系统公钥 PK、密文 CT,以及外包私钥 SK_k'',如果用户的属性集合满足密文 CT 中的访问结构,则输出外包解密密文 CT_p。

⑩ Vehicle. Decrypt(CT_p, SK_k):输入外包解密的密文 CT_p、用户私钥 SK_k,输出数据明文 M。

2. 方案构造

(1) 系统设置

中央机构运行 Setup 算法,选择阶为素数 p 的双线性群 G_0 和 G_T,生成元是 g,以及双线性映射 $e: G_0 \times G_0 \to G_T$。随机选择 $h \in G_0$ 和 $\alpha, \beta \in Z_p^*$,哈希函数 $H_1: \{0,1\}^* \to Z_p^*$ 和 $H_2: \{0,1\}^* \to G_0$,生成公钥 $PK = (g, h, g^\alpha, g^\beta, h^\beta, e(g,g)^{\alpha\beta})$。系统主密钥设定为 $MK = (\alpha, \beta)$。

(2) 域机构设置

针对域机构 AA_i,中央机构运行 CreateAA 算法选择随机的 $\nu_i \in Z_p$,并对域机构管理的 A 中的每个属性随机选择 $r_{i,j}$,生成机构 AA_i 的主密钥。

$$MSK_i = (D_i' = g^{(\alpha+\nu_i)\beta}, D_{i,1}' = g^{\nu_i}, \{\overline{D}_{i,j} = g^{\nu_i\beta}H_1(j)^{r_{i,j}}, \overline{D}_{i,j}' = g^{r_{i,j}}\}_{j \in A})$$

(3) 密钥生成

针对管理的用户,域机构 AA_i 运行 KeyGen 算法,随机选择 $\gamma_i, \epsilon_i \in Z_p$,并对用户属性集合 S_i 中的每个属性 $j \in S_i$ 随机选择 $u_{i,j}$,生成密钥:

$$AK_i = (\{\hat{D}_{i,j} = \overline{D}_{i,j} \cdot g^{\gamma_i\beta}H_1(j)^{u_{i,j}} = g^{(\nu_i+\gamma_i)\beta}H_1(j)^{r_{i,j}+u_{i,j}},$$

$$\hat{D}'_{i,j} = \overline{D}'_{i,j} \cdot g^{u_{i,j}} = g^{r_{i,j}+u_{i,j}}\}_{j\in S})$$

最后，用户的属性密钥输出为：

$$SK_i = (D_i = D'_i \cdot g^{\gamma_i\beta} = g^{(a+\nu_i+\gamma_i)\beta}, D_{i,1} = D'_{i,1} \cdot g^{\gamma_i}h^{\varepsilon_i} = g^{\nu_i+\gamma_i}h^{\varepsilon_i}, D_{1,2} = g^{\varepsilon_i}, AK_i)$$

（4）数据加密

针对数据 M，数据所有者随机选择对称密钥 $DK\in\mathbf{Z}_p$，并使用对称加密算法 SE 加密数据 M，结果为 $C = SE_{DK}(M)$。定义数据的一组访问结构 $\{T_a^{(i)}\}_{i=1}^2$，其中 $T_a^{(i)}$ 对应域机构 AA_i，可以举例为"(Shidabei road AND east) AND (Xitucheng road AND north)""police car OR ambulances"。

云平台运行 Cloud. Encrypt 算法，针对访问结构树 $T_a^{(i)}$ 以自顶向下的方式为每个节点 x 选择 k_x-1 次多项式 p_x。对于访问结构树的根节点 R，随机选择 $s_i\in\mathbf{Z}_p$ 并令 $P_R(0) = s_i$。对于访问结构树中的其他节点 x，定义 $p_x(0) = p_{parent(x)}(index(x))$。设 Y_i 表示访问结构树 $T_a^{(i)}$ 中的叶子节点集合，输出外包加密密文 CT_i：

$$CT_i = (T_a^{(i)}, \{\tilde{C}_{i,y} = g^{p_y(0)}, \tilde{C}'_{i,y} = H_1(attr_y)^{p_y(0)}\}_{y\in Y_i})$$

最后，外包加密密文 CT' 输出为：

$$CT' = (\{C'_{i,3} = g^{\beta s_i}, C'_{i,4} = g^{\beta s_i}, CT_i\}_{i\in\{1,2\}})$$

基于外包加密密文，数据所有者运行 Owner. Encrypt 算法，随机选择 $t\in\mathbf{Z}_p$，并基于 DK 计算 $C_1 = DK \cdot e(g,g)^{\alpha\beta t}$，以及 $C_2 = g^t$，$C_{i,3} = C'_{i,3} \cdot g^{\beta t}$，$C_{i,4} = C'_{i,4} \cdot h^{\beta t}$。最后，输出完整密文：

$$CT = (C = SE_{MK}(M), C_1 = MK \cdot e(g,g)^{\alpha\beta t}, C_2 = g^t,$$

$$\{C_{i,3} = g^{\beta(s_i+t)}, C_{i,4} = h^{\beta(s_i+t)}, CT_i\}_{i\in\{1,2\}})$$

为保证数据来源，数据所有者计算 $S_0 = H_2(CT)$，并定义声明的访问结构 T_c，如"(Xingtan road AND east) AND location of accident"。

云平台基于外包密钥 $SK'_k = \{AK_k\}$，运行 Cloud. Sign 算法，针对声明结构树 T_c 以自顶向下的方式为每个节点 x 选择 k_x-1 次多项式 q_x。对于访问结构树的根节点 R，随机选择 $r\in\mathbf{Z}_p$ 并令 $q_R(0) = r$。对于访问结构树中的其他节点 x，定义 $q_x(0) = q_{parent(x)}(index(x))$。设 Z 表示访问结构树 T_c 中的叶子节点集合，输出全局密钥 GK：

$$GK = \{\tilde{K}_z = g^{q_z(0)}, \tilde{K}'_z = H_1(attr_z)^{q_z(0)}\}_{z\in Z}$$

对于集合 Z 中的任意元素 $j\in Z$，云平台随机选择 $t_j\in\mathbf{Z}_p$，并计算：

① 如果 $j\in S_k\bigcap Z$，则有 $\tilde{S}_j = [\tilde{D}_{k,j} \cdot H_1(j)^{t_j}]^{1/r} = g^{(\nu_k+\gamma_k)\beta/r}H_1(j)^{(r_{k,j}+u_{k,j}+t_j)/r}$，$\hat{S}'_j = (\hat{D}'_{k,j} \cdot g^{t_j})^{1/r} = g^{(r_{k,j}+u_{k,j}+t_j)/r}$。

② 如果 $j\in Z/S_k\bigcap Z$，则有 $\tilde{S}_j = [H_1(j)^{t_j}]^{1/r} = H_1(j)^{t_j/r}$，$\tilde{S}'_j = (g^{t_j})^{1/r} = g^{t_j/r}$。

最后，云平台随机选择 $\lambda\in\mathbf{Z}_p$，并计算外包签名 ST'：

$$ST' = (S'_1 = H_2(CT)^\lambda, S'_2 = g^\lambda, S_3 = \{\tilde{S}_j, \tilde{S}'_j\}_{j\in z})$$

数据所有者运行 Vehicle. Sign 算法，随机选择 $\mu\in\mathbf{Z}_p$，并计算 $S_1 = S'_1 \cdot (S_0)^\mu \cdot D_k$，$S_2 =$

$S_2' \cdot g^\mu$，并输出完整签名 ST：

$$ST = (S_1 = H_2(CT)^{\lambda+\mu} \cdot g^{(\alpha+\nu_k+\gamma_k)\beta}, S_2 = g^{\lambda+\mu}, S_3)$$

（5）数据解密

云平台首先运行 Verify 算法，验证数据来源的有效性。首先，云平台运行 VerifyNode 递归算法。算法 VerifyNode 输入密文 ST、全局密钥 GK 和声明结构树 T_c 中的节点 x。如果该节点是叶子节点，令 $z = attr_x$。如果 $z \in S \cap Z$，计算：

$$\begin{aligned}
\text{VerifyNode}(ST, GK, x) &= \frac{e(\widetilde{S}_z, \widetilde{K}_x)}{e(\widetilde{S}_z', \widetilde{K}_x')} \\
&= \frac{e(g^{(\nu_k+\gamma_k)\beta/r} H_1(z)^{(r_{k,z}+u_{k,z}+t_z)/r}, g^{q_x(0)})}{e(g^{(r_{k,z}+u_{k,z}+t_z)/r}, H_1(attr_x)^{q_x(0)})} \\
&= e(g,g)^{[(\nu_k+\gamma_k)\beta/r] \cdot q_x(0)}
\end{aligned}$$

否则，计算：

$$\begin{aligned}
\text{VerifyNode}(ST, GK, x) &= \frac{e(\widetilde{S}_z, \widetilde{K}_x)}{e(\widetilde{S}_z', \widetilde{K}_x')} \\
&= \frac{e(H_1(z)^{t_z/r}, g^{q_x(0)})}{e(g^{t_z/r}, H_1(attr_x)^{q_x(0)})} \\
&= 1
\end{aligned}$$

如果 x 是非叶子节点，针对 x 的所有孩子节点 n，计算 VerifyNode(ST, GK, n) 并输出结果 I_n。令 S_x 是任意 k_x 个孩子节点 n 的集合，每个节点 n 都满足 $I_n \neq \perp$。如果成立，则计算结果如下：

$$\begin{aligned}
I_x &= \prod_{n \in S_x} I_n^{\Delta_{j,S_x'}(0)} \\
&= \prod_{n \in S_x} (e(g,g)^{[(\nu_k+\gamma_k)\beta/r] \cdot q_{parent(n)}(index(n))})^{\Delta_{j,S_x'}(0)} \\
&= \prod_{n \in S_x} e(g,g)^{[(\nu_k+\gamma_k)\beta/r] \cdot q_x(j) \cdot \Delta_{j,S_x'}(0)} \\
&= e(g,g)^{[(\nu_k+\gamma_k)\beta/r] \cdot q_x(0)}
\end{aligned}$$

其中，$j = index(n)$，$S_x' = \{index(n) : n \in S_x\}$。因此，如果 GK 对应的属性集合 S 满足整个访问结构树 T_c，可以计算得到结果为 $I = \text{VerifyNode}(ST, GK, R) = e(g,g)^{[(\nu_k+\gamma_k)\beta/r] \cdot q_R(0)} = e(g,g)^{(\nu_k+\gamma_k)\beta}$。基于此，云平台计算如下等式是否成立：

$$\begin{aligned}
\frac{e(g, S_1)}{e(H_2(CT), S_2) \cdot I} &= \frac{e(g, H_2(CT)^{\lambda+\mu} \cdot g^{(\alpha+\nu_k+\gamma_k)\beta})}{e(H_2(CT), g^{\lambda+\mu}) \cdot e(g,g)^{(\nu_k+\gamma_k)\beta}} \\
&= e(g,g)^{\alpha\beta}
\end{aligned}$$

如果成立，则说明用户的属性满足其声明的访问结果。

基于用户的外包密钥 $SK_k'' = (D_{k,1}, D_{k,2}, AK_k)$，云平台运行 Cloud.Decrypt 算法解密密文。首先，云平台运行 DecryptNode 递归算法。算法 DecryptNode 输入密文 CT_k、外包密钥 SK_k'' 和访问结构树 $T_a^{(k)}$ 中的节点 x。如果该节点是叶子节点，令 $z = attr_x$。如果 $z \in S_k$，计算：

$$\text{DecryptNode}(\text{CT}, \text{SK}_k'', x) = \frac{e(\widetilde{D}_{k,z}, \widetilde{C}_{k,x})}{e(\widetilde{D}_{k,z}', \widetilde{C}_{k,x}')}$$

$$= \frac{e(g^{(\nu_k + \gamma_k)\beta} H_1(z)^{r_{k,z} + u_{k,z}}, g^{p_x(0)})}{e(g^{r_{k,z} + u_{k,z}}, H_1(\text{attr}_x)^{p_x(0)})}$$

$$= e(g, g)^{(\nu_k + \gamma_k)\beta p_x(0)}$$

否则,返回 $\text{DecryptNode}(\text{CT}_k, \text{SK}_k'', x) = \perp$。

如果 x 是非叶子节点,针对 x 的所有孩子节点 n,计算 $\text{DecryptNode}(\text{CT}_k, \text{SK}_k'', n)$ 并输出结果 $F_{k,n}$。令 S_x 是任意 k_x 个孩子节点 n 的集合,每个节点 n 都满足 $F_{k,n} \neq \perp$。如果成立,则计算结果如下:

$$F_{k,x} = \prod_{n \in S_x} F_{k,n}^{\Delta_{j,S_x'}(0)}$$

$$= \prod_{n \in S_x} (e(g, g)^{(\nu_k + \gamma_k)\beta \cdot p_{\text{parent}(n)}(\text{index}(n))})^{\Delta_{j,S_x'}(0)}$$

$$= \prod_{n \in S_x} e(g, g)^{(\nu_k + \gamma_k)\beta \cdot p_x(j) \cdot \Delta_{j,S_x'}(0)}$$

$$= e(g, g)^{(\nu_k + \gamma_k)\beta \cdot p_x(0)}$$

其中, $j = \text{index}(n)$, $S_x' = \{\text{index}(n) : n \in S_x\}$。因此,如果 SK_k^n 对应的属性集合 S 满足整个访问结构树 $T_a^{(k)}$,可以计算得到结果为 $F_k = \text{DecryptNode}(\text{CT}_k, \text{SK}_k'', R) = e(g, g)^{(\nu_k + \gamma_k)\beta p_R(0)} = e(g, g)^{(\nu_k + \gamma_k)\beta s_k}$。基于此,云平台计算:

$$B_k = \frac{e(D_{k,1}, C_{k,3})}{e(D_{k,2}, C_{k,4})} = \frac{e(g^{\nu_k + \gamma_k} h^{\varepsilon_k}, g^{\beta(s_k + t)})}{e(g^{\varepsilon_k}, h^{\beta(s_k + t)})} = e(g, g)^{(\nu_k + \gamma_k)\beta(s_k + t)}$$

以及

$$A_k = B_k / F_k = e(g, g)^{(\nu_k + \gamma_k)\beta(s_k + t)} / e(g, g)^{(\nu_k + \gamma_k)\beta s_k} = e(g, g)^{(\nu_k + \gamma_k)\beta t}$$

最后,云平台输出外包解密结果 $\text{CT}_p = (C, C_1, C_2, A_k)$。

用户运行 User.Decrypt 算法,计算出数据加密密钥 DK:

$$\text{DK} = \frac{C_1 \cdot A_k}{e(C_2, D_k)}$$

$$= \frac{\text{MK} \cdot e(g, g)^{\alpha\beta t} \cdot e(g, g)^{(\nu_k + \gamma_k)\beta t}}{e(g^t, g^{(\alpha + \nu_k + \gamma_k)\beta})}$$

$$= \frac{\text{MK} \cdot e(g, g)^{\alpha\beta t}}{e(g^t, g^{\alpha\beta})}$$

最后,用户基于对称解密算法解密出数据明文 M。

4.6.3　基于属性签名的密文更新方案

无论是基于公钥证书,还是基于身份的签名技术,都有一个共同点,即用户的真实身份对于认证服务器是公开的。匿名认证是指在认证的过程中不泄露实体真实身份的一种认证技术,可以满足一些特殊场合的需求,在云计算、电子医疗、车载网、物联网等领域得到了广泛的应用[17]。基于属性签名的密文方案模型如图 4-7 所示,与 4.6.2 节的匿名认证方案类似,用户在修改密文后,首先对更新后的密文进行签名,如果该签名满足密文中的修改策略,则云平台接收并更新该密文。

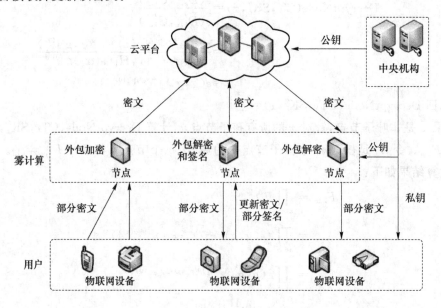

图 4-7　基于属性签名的密文更新

基于 4.6.2 节的方案，密文更新方案的主要步骤包括以下两个。

1. 更新签名

为保证数据的修改控制，数据所有者定义数据的更新结构 T_u。云平台基于外包密钥 SK'，运行 Cloud. Sign 算法，保证只有满足更新结构的用户才能修改云存储服务器中的密文数据。针对更新结构树 T_u 以自顶向下的方式为每个节点 x 选择 $k'_x - 1$ 次多项式 q_x。对于访问结构树的根节点 R，随机选择 $r \in Z_p$ 并令 $q_R(0) = r$。对于访问结构树中的其他节点 x，定义 $q_x(0) = q_{parent(x)}(index(x))$。设 Z 表示更新结构树 T_u 中的叶子节点集合，输出全局密钥 GK：

$$GK = \{\widetilde{K}_z = g^{q_z(0)}, \widetilde{K}'_z = H_1(attr_z)^{q_z(0)}\}_{z \in Z}$$

对于集合 Z 中的任意元素 $j \in Z$，云平台随机选择 $t_j \in Z_p$，并计算：

① 如果 $j \in S_k \bigcap Z$，则有 $\widetilde{S}_j = [\widetilde{D}_j \cdot H_1(j)^{t_j}]^{1/r} = g^{\gamma\beta/r} H_1(j)^{(r_j + t_j)/r}$，$\widetilde{S}'_j = (\widetilde{D}'_j \cdot g^{t_j})^{1/r} = g^{(r_j + t_j)/r}$。

② 如果 $j \in Z/S_k \bigcap Z$，则有 $\widetilde{S}_j = [H_1(j)^{t_j}]^{1/r} = H_{(j)}^{t_j/r}$，$\widetilde{S}'_j = (g^{t_j})^{1/r} = g^{t_j/r}$。

最后，云平台随机选择 $\lambda \in Z_p$，并计算外包签名 ST'：

$$ST' = (U, S'_1 = H_2(U)^\lambda, S'_2 = g^\lambda, S_3 = \{\widetilde{S}_j, \widetilde{S}'_j\}_{j \in z})$$

数据所有者则运行 Vehicle. Sign 算法，随机选择 $\mu \in Z_p$ 并计算 $S_1 = S'_1 \cdot H_2(U)^\mu \cdot D$，$S_2 = S'_2 \cdot g^\mu$，并输出完整签名 ST：

$$ST = (U, S_1 = H_2(U)^{\lambda + \mu} \cdot g^{(\alpha + \gamma)\beta}, S_2 = g^{\lambda + \mu}, S_3)$$

2. 签名验证

云平台首先运行 Verify 算法,验证用户的属性是否满足数据所有者定义的更新结构。首先,云平台运行 VerifyNode 递归算法。算法 VerifyNode 输入密文 ST、全局密钥 GK 和更新结构树 T_a 中的节点 x。如果该节点是叶子节点,令 $z = \text{attr}_x$。

如果 $z \in S \cap Z$,计算:

$$
\begin{aligned}
\text{VerifyNode}(\text{ST}, \text{GK}, x) &= \frac{e(\widetilde{S}_z, \widetilde{K}_x)}{e(\widetilde{S}'_z, \widetilde{K}'_x)} \\
&= \frac{e(g^{\gamma\beta/r} H_1(z)^{(r_z+t_z)/r}, g^{q_x(0)})}{e(g^{(r_z+t_z)/r}, H_1(\text{attr}_x)^{q_x(0)})} \\
&= e(g, g)^{[\gamma\beta/r] q_x(0)}
\end{aligned}
$$

否则,计算:

$$
\begin{aligned}
\text{VerifyNode}(\text{ST}, \text{GK}, x) &= \frac{e(\widetilde{S}_z, \widetilde{K}_x)}{e(\widetilde{S}'_z, \widetilde{K}'_x)} \\
&= \frac{e(H_1(z)^{t_z/r}, g^{q_x(0)})}{e(g^{t_z/t}, H_1(\text{attr}_x)^{q_x(0)})} \\
&= 1
\end{aligned}
$$

如果 x 是非叶子节点,针对 x 的所有孩子节点 n,计算 $\text{VerifyNode}(\text{ST}, \text{GK}, n)$ 并输出结果 I_n。令 S_x 是任意 k 个孩子节点 n 的集合,每个节点 n 都满足 $I_n \neq \bot$。如果成立,则计算结果如下:

$$
\begin{aligned}
I_x &= \prod_{n \in S_x} I_n^{\Delta_{j,S'_x}(0)} \\
&= \prod_{n \in S_x} (e(g, g)^{[\gamma\beta/r] q_{\text{parent}(n)}(\text{index}(n))})^{\Delta_{j,S'_x}(0)} \\
&= \prod_{n \in S_x} e(g, g)^{[\gamma\beta/r] q_x(j) \cdot \Delta_{j,S'_x}(0)} \\
&= e(g, g)^{[\gamma\beta/r] q_x(0)}
\end{aligned}
$$

其中,$j = \text{index}(n)$,$S'_x = \{\text{index}(n) : n \in S_x\}$。因此,如果 GK 对应的属性集合 S 满足整个更新结构树 T_u,可以计算得到结果为 $I = \text{VerifyNode}(\text{ST}, \text{GK}, R) = e(g, g)^{[\gamma\beta/r] q_R(0)} = e(g, g)^{\gamma\beta}$。基于此,云平台计算如下等式是否成立:

$$
\begin{aligned}
\frac{e(g, S_1)}{e(H_2(U), S_2) \cdot I} &= \frac{e(g, H_2(U)^{\lambda+\mu} \cdot g^{(\alpha+\gamma)\beta})}{e(H_2(U), g^{\lambda+\mu}) \cdot e(g, g)^{\gamma\beta}} \\
&= e(g, g)^{\alpha\beta}
\end{aligned}
$$

如果成立,则说明用户的属性满足更新结构。

4.7 基于属性广播加密的访问控制

基于属性的广播加密(Attribute-Based Broadcast Encryption,ABBE)方案建立在基于

属性的加密体制下,通过广播信道向各接收用户同时发送密文消息,从而实现一对多、多对多的通信[18]。基于属性的广播加密方案,用户私钥不仅仅关联用户身份信息,还关联用户属性。只有当用户身份信息属于广播授权用户组,并且用户属性满足访问结构时,用户方可完成对密文的解密工作。

例如,有一份机密信息待加密,需要查看该信息的用户所满足的信息为北京各高校学生,此处北京各高校即为广播授权用户组,并且属性必须满足网络空间安全专业研究生。现有 Alice 是北京邮电大学网络空间安全学院的研究生,Bob 是清华大学计算机系的研究生,Carl 是西安电子科技大学网络空间学院的研究生。根据对用户权限的要求,解密用户必须满足身份属于北京各高校,同时属性满足网络空间安全专业研究生,从而得到结论:只有 Alice 可以解密密文,查看该机密信息。Bob 因为属性不满足,Carl 因为身份信息不满足均无法完成解密,获得该机密信息。这里把北京某高校当作用户的身份信息来看待,身份信息不同于属性信息的地方在于可以实现由广播方直接撤销,例如,可以改变或者取消北京高校这一身份信息,但依然可以保证访问结构的有效性。由上述例子可以看出,属性加密可以达到细粒度访问控制的目的,而身份信息则可实现直接撤销机制,可以由加密方直接控制授权用户和非授权用户。

4.7.1　方案定义

方案主要由中央机构、云平台、数据所有者和用户四部分组成,如图 4-8 所示。

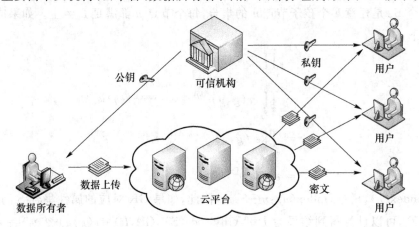

图 4-8　基于属性广播加密的访问控制

① 中央机构。中央机构是可信的第三方,其主要负责给系统中的用户分配属性,以及根据用户的属性集合生成属性私钥。

② 云平台。云平台为用户提供半可信的云存储服务。数据由数据所有者加密后上传给云平台,云平台还负责执行数据的外包解密工作,以降低用户的计算开销。

③ 数据所有者。数据所有者希望将数据上传到云平台获得云存储服务。为保护数据隐私,数据所有者使用混淆后的属性策略和接收者列表加密数据,然后再将密文上传给云平台。

④ 用户。用户是希望访问数据的实体。当用户收到中央机构分发的属性私钥后,使用属性私钥生成凭证密钥发送给云平台,以便其后续执行外包解密。只有属性满足访问策略

且 ID 在接收者列表中的用户才能够解密密文。

基于此，属性广播加密方案定义如下[19]。

① 系统设置算法：输入安全参数 k 和系统用户集合 $N=\{1,\cdots,n\}$，输出系统公钥 PK 和主密钥 MK。

② 密钥生成算法：中央机构使用系统公钥 PK、主密钥 MK、用户属性集合 S、用户 ID($\text{ID}\in N$)，为用户生成属性私钥 AK。

③ 凭证密钥生成(TokenGen)算法：输入用户的属性私钥 AK，输出凭证密钥 TK，该密钥将发送给云平台存储，用于外包解密。

④ 数据加密算法：数据所有者输入系统公钥 PK、访问结构 T、数据授权用户的 ID 集合 U 和明文 M，输出被混淆了访问结构后的密文 CT。

⑤ 外包解密(PartDec)算法：云平台输入密文 CT、用户的凭证密钥 TK、用户的 ID，云平台首先通过 TK 获得混淆后的属性集合 S'，如果 S' 满足访问结构 T 并且 $\text{ID}\in U$，则输出部分解密的密文 CT'。

⑥ 解密算法：用户输入部分解密的密文 CT' 和属性私钥 AK，输出明文 M。

4.7.2　方案构造

1. 系统设置

中央机构运行 Setup 算法，选择阶为素数 p 的双线性群 G_0 和 G_T，生成元是 g，以及双线性映射 $e:G_0\times G_0\to G_T$。随机选择 $h\in G_0$ 和 $\alpha,\beta\in Z_p^*$，哈希函数 $H_1:\{0,1\}^*\to Z_p^*$ 和 $H_2:\{0,1\}^*\to G_0$，使 $N=\{1,\cdots,n\}$ 表示系统所有用户列表，生成公钥 $\text{PK}=(g^\alpha,\cdots,g^{\alpha^n},g^\beta)$。系统主密钥设定为 $\text{MK}=(\alpha,\beta)$。

2. 密钥生成

中央机构运行 KeyGen 算法，为用户随机选择 $\gamma\in Z_p$，该用户 $\text{ID}\in N$，并对用户属性集合 S 中的每个属性 $j\in S$ 随机选择 $\gamma_j\in Z_p$，生成用户的属性密钥：

$$\text{AK}=(D=g^{\alpha^{\text{ID}}\beta+\gamma},\{D_j=g^\gamma H(j)^{\gamma_j},D_j'=g^{\gamma_j},D_j''=H(j)^\beta\}_{j\in S})$$

中央机构将 AK 通过安全通道发送给用户，用户运行 TokenGen 算法选择随机数 $t\in Z_p$，并生成凭证密钥 $\text{TK}=(\{\hat{D}_j=(D_j)^{\frac{1}{t}},\hat{D}_j'=(D_j')^{1/t},D_j''\}_{j\in S})$ 发送给云平台。

3. 数据加密

针对数据 M，数据所有者定义数据的访问结构 T，运行 Encrypt 算法加密。首先，随机选择对称密钥 $\text{DK}\in Z_p$，并使用对称加密算法 SE 加密数据 M。针对访问结构树 T 以自顶向下的方式为每个节点 x 选择 k_x-1 次多项式 p_x。对于访问结构树的根节点 R，随机选择 $s\in Z_p$ 并令 $p_R(0)=s$。对于访问结构树中的其他节点 x，定义 $p_x(0)=p_{\text{parent}(x)}(\text{index}(x))$。设 Y 表示访问结构树 T 中的叶子节点集合，数据所有者选择随机数 $\delta\in Z_p$，对所有的 $y\in Y$ 计算：$y'=e((g^\beta)^\delta,H(y))$。然后，为了实现对访问控制结构 T 的混淆，将 T 中明文的属性 attr_y 替换为混淆属性 $H_1(y')$，混淆后的访问控制结构表示为 $\tilde{T}$，输出密文 CT 并上传给云平台。

$$\text{CT}=(\tilde{T},E=\text{Enc}_{\text{DK}}(M),\tilde{C}=\text{DK}\cdot\hat{e}(g,g)^{\alpha^{n+1}s},C=g^s,C'=g^\delta,$$

$$C_0 = g^{\beta s} \prod_{i \in U} g^{\alpha^{(n+1-i)} s}, \{C_y = g^{p_y(0)}, C_y' = H_1(\mathrm{attr}_y)^{p_y(0)}\}_{y \in Y})$$

4. 数据外包解密

云平台收到用户的解密请求后,基于用户的凭证密钥 TK,云平台首先计算混淆后的属性集合 S':

$$S' = \{H_1(\hat{e}(C', D_j''))\}_{j \in S} = \{H_1(\hat{e}(g^\delta, H(j)^\beta))\}_{j \in S}$$

然后,云平台执行 PartDec 算法解密密文,首先运行 DecryptNode 递归算法。算法 DecryptNode(CT, TK, x)输入密文 CT、凭证密钥 TK 和访问结构树 $\widetilde{T}$ 中的节点 x。如果该节点是叶子节点,令 $i = \mathrm{attr}_x$。如果 $i \in S'$,计算:

$$
\begin{aligned}
\mathrm{DecryptNode}(CT, TK, x) &= \frac{\hat{e}(\widetilde{D}_i, C_x)}{\hat{e}(\widetilde{D}_i', C_x')} \\
&= \frac{\hat{e}(g^{\gamma/t} H_1(i)^{\gamma_i/t}, g^{p_x(0)})}{\hat{e}(g^{\gamma_i/t}, H_1(i)^{p_x(0)})} \\
&= \hat{e}(g, g)^{\gamma_i/t p_x(0)}
\end{aligned}
$$

如果 $i \notin S'$,返回 DecryptNode(CT, TK, x) $= \bot$。

如果 x 是非叶子节点,针对 x 的所有孩子节点 n,计算 DecryptNode(CT, TK, n)并输出结果 F_n。令 S_x 是任意 k_x 个孩子节点 n 的集合,每个节点 n 都满足 $F_n \neq \bot$。如果成立,则计算结果如下:

$$
\begin{aligned}
F_x &= \prod_{z \in S_x} F_z^{\Delta_{i, S_x'}(0)} \\
&= \prod_{z \in S_x} (\hat{e}(g, g)^{(\gamma/t) p_z(0)})^{\Delta_{i, S_x'}(0)} \\
&= \prod_{z \in S_x} (\hat{e}(g, g)^{(\gamma/t) p_{\mathrm{parent}(z)}(\mathrm{index}(z))})^{\Delta_{i, S_x'}(0)} \\
&= \prod_{z \in S_x} (\hat{e}(g, g)^{(\gamma/t) p_x(i)})^{\Delta_{i, S_x'}(0)} \\
&= \hat{e}(g, g)^{(\gamma/t) p_x(0)}
\end{aligned}
$$

其中,$S_x' = \{\mathrm{index}(z) : z \in S_x\}$,$i = \mathrm{index}(z)$。因此,如果 TK 对应的属性集合 S' 满足整个访问结构树 $\widetilde{T}$,可以计算得到递归计算结果为 $A = \mathrm{DecryptNode}(CT, TK, R) = \hat{e}(g, g)^{\gamma s/t}$。然后,云平台执行。

$$
\begin{aligned}
I &= \frac{\hat{e}(g^{\alpha^{\mathrm{ID}}}, C_0)}{\hat{e}(\prod_{i \in U, i \neq \mathrm{ID}} g^{\alpha^{(n+1-i+\mathrm{ID})}}, C)} \\
&= \frac{\hat{e}(g^{\alpha^{\mathrm{ID}}}, g^{\beta s} \prod_{i \in U} g^{\alpha^{n+1-i} s})}{\hat{e}(\prod_{i \in U, i \neq \mathrm{ID}} g^{\alpha^{n+1-i+\mathrm{ID}}}, g^s)} \\
&= \frac{\hat{e}(g^{\alpha^{\mathrm{ID}}}, g^{\beta s}) \cdot \hat{e}(g^{\alpha^{\mathrm{ID}}}, \prod_{i \in U} g^{\alpha^{n+1-i} s})}{\hat{e}(\prod_{i \in U, i \neq \mathrm{ID}} g^{\alpha^{n+1-i+\mathrm{ID}}}, g^s)} \\
&= \hat{e}(g^{\alpha^{\mathrm{ID}}}, g^{\beta s}) \cdot \hat{e}(g, g^{\alpha^{n+1} s})
\end{aligned}
$$

最后,云平台将部分解密的结果 $CT' = (E, \tilde{C}, C, A, I)$ 返回给用户。

5. 数据解密

用户接收到云平台返回的 CT' 后,运行 Decrypt 算法,计算出数据加密密钥 DK。

$$\frac{\tilde{C} \cdot \hat{e}(C, D)}{I \cdot (A)^t} = \frac{DK \cdot \hat{e}(g,g)^{\alpha^{n+1}s} \cdot \hat{e}(g^s, g^{\alpha^{ID}\beta+\gamma})}{\hat{e}(g^{\alpha^{ID}}, g^{\beta s}) \cdot \hat{e}(g, g^{\alpha^{(n+1)}s}) \cdot (\hat{e}(g,g)^{n/t})^t}$$

$$= \frac{DK \cdot \hat{e}(g^s, g^{\alpha^{ID}\beta+\gamma})}{\hat{e}(g^{\alpha^{ID}}, g^{\beta s}) \cdot \hat{e}(g,g)^{\gamma s}}$$

$$= \frac{DK \cdot \hat{e}(g,g)^{(\alpha^{ID}\beta+\gamma)s}}{\hat{e}(g,g)^{\alpha^{ID}\beta s} \cdot \hat{e}(g,g)^{\gamma s}}$$

$$= DK$$

然后,用户基于对称解密算法解密出数据明文 M。

4.8　小　　结

针对云计算中数据存储服务器半可信的特点,基于密码学的访问控制方案既可为授权用户提供灵活的数据共享服务,同时又能阻止包括云服务提供商在内的未授权用户的非法访问。

本章首先介绍了云计算环境下访问控制的基本概念。然后重点介绍了属性加密的概念,以及现有基于属性加密的访问控制方案;描述了基于属性加密的安全外包方案,包括外包加密和外包解密等,减少了用户在加密和解密时的计算开销;描述了基于属性加密的改进方案,包括层次化属性加密方案,以提升属性密钥管理的效率和性能,以及支持策略更新的属性加密方案;介绍了属性签名的基本概念,重点描述了基于属性签名的匿名认证和密文更新方案。最后,描述了基于属性广播加密的访问控制方案。

本章参考文献

[1] 魏凯敏,翁健,任奎. 大数据安全保护技术综述[J]. 网络与信息安全学报,2016, 2(4):1-11.

[2] 闫琳英. 面向云存储的属性加密访问控制研究[D]. 西安:西安工业大学,2016.

[3] Zhao F, Nishide T, Sakurai K. Realizing fine-grained and flexible access control to outsourced data with attribute-based cryptosystems[C]//Proceedings of Information Security Practice and Experience-7th International Conference. Verlag Berlin: Springer, 2011:83-97.

[4] Bethencourt J, Sahai A, Waters B. Ciphertext-policy attribute-based encryption[C]//Proceedings of 2007 IEEE Symposium on Security and Privacy. Berkeley: IEEE, 2007:

321-334.

[5] Chase M, Chow S. Improving privacy and security in multi-authority attribute-based encryption[C]//Proceedings of the 16th ACM Conference on Computer and Communications Security. Chicago: ACM, 2009: 121-130.

[6] Hur J, Noh D K. Attribute-based access control with efficient revocation in data outsourcing systems[J]. IEEE Transactions on Parallel and Distributed Systems, 2011, 22(7): 1214-1221.

[7] Huang Q, Ma Z, Yang Y, et al. EABDS: attribute-based secure data sharing with efficient revocation in cloud computing[J]. Chinese Journal of Electronics, 2015, 24(4): 862-868.

[8] Wang G, Liu Q, Wu J, et al. Hierarchical attribute-based encryption and scalable user revocation for sharing data in cloud servers[J]. Computers & Security, 2011, 30(5): 320-331.

[9] Liu X, Xia Y, Jiang S, et al. Hierarchical attribute-based access control with authentication for outsourced data in cloud computing[C]//Proceedings of the 2013 12th IEEE International Conference on Trust, Security and Privacy in Computing and Communications. Melbourne: IEEE, 2013: 477-484.

[10] Huang Q, Yang Y, Shen M. Secure and efficient data collaboration with hierarchical attribute-based encryption in cloud computing[J]. Future Generation Computer Systems, 2017,72: 239-249.

[11] Yang K, Jia X, Ren K. Secure and verifiable policy update outsourcing for big data access control in the cloud[J]. IEEE Transactions on Parallel and Distributed Systems, 2015, 26(12): 3461-3470.

[12] Huang Q, Wang L, Yang Y. DECENT: secure and fine-grained data access control with policy updating for constrained IoT devices[J]. World Wide Web Journal, 2017(11): 1-17.

[13] 马春光, 石岚, 汪定. 基于访问树的属性基签名算法[J]. 电子科技大学学报, 2013, 42(3): 410-414.

[14] Maji H, Prabhakaran M, Rosulek M. Attribute based signatures: achieving attribute privacy and collusion-resistance[R]. [S. l. : s. n.], 2008.

[15] Maji H, Prabhakaran M, Rosulek M. Attribute-based signatures[C]//Proceedings of 11th Cryptographers' Track at the RSA Conference 2011: Topics in Cryptology. [S. l. : s. n.], 2011: 376-392.

[16] Xia Y, Chen W, Liu X, et al. Adaptive multimedia data forwarding for privacy preservation in vehicular ad-hoc networks[J]. IEEE Transaction on Intelligent Transportation Systems, 2017,PP(99): 1-13.

[17] Li J, Au M, Susilo W, et al. Attribute-based signature and its applications[C]//

Proceedings of the 5th ACM Symposium on Information，Computer and Communications Security. Beijing：ACM，2010：60-69.

［18］　孙瑾，胡予濮. 完全安全的基于属性的广播加密方案［J］. 西安电子科技大学学报，2012，39(4)：23-28.

［19］　Fu J，Huang Q，Ma Z，et al. Secure personal data sharing in cloud computing using attribute-based broadcast encryption［J］. Journal of China Universities of Posts and Telecommunications，2014，21(6)：45-51.

第 5 章

云计算数据安全共享

5.1 云计算数据安全共享概述

在现代网络应用中,数据所有者通常需要将大量个人文件数据,通过云存储服务器共享给其他用户,并仅允许合法(其他)用户访问该共享文件。由于数据所有者与云服务器分处不同的信任域,共享文件往往需被数据所有者加密后再上传存储。这样,在当云平台存储的加密共享数据形成规模之后,如何对这些密文数据进行高效的检索和提取使用成为巨大挑战。另外,由于数据所有者无法信任云服务器能够忠实执行预设的数据访问策略,因此依赖于诚实威胁模型的访问列表等机制难以适用,而在规模化及具有高细粒度访问策略等要求的密文访问控制系统设计中,密钥的分配管理以及用户的动态性又是一个巨大挑战[1]。

由于云计算服务是通过互联网提供给用户的,云计算平台将面临来自内部和外部的各种攻击,例如,利用云系统内部漏洞攻破权限审查和非法获得用户数据信息等。在多用户共享云计算服务环境中,攻击者分为外部攻击者和内部攻击者。其中,外部攻击者是一些必须突破层层安全防护才能获取某些有用信息的人,内部攻击者是能够轻易获取云中某些有用数据的人,包括诚实的以及不诚实的用户[2]。

因此,如何实现数据所有者对大规模外包密文数据的高效共享,并同时为合法用户提供灵活高效的可控共享的功能,以适应当前松散、灵活、大众化的云存储共享场景,是主要的研究问题之一。

5.2 代理重加密概念

在密码学顶级国际会议 EUROCRYPT 1998 上,Blaze 等人提出了代理重加密(Proxy Re-Encryption, PRE)的概念[3],即用户 Alice 将代理密钥授权给一个半可信的代理者 Proxy 后,该代理者可以将用户 Alice 加密的密文转换成 Alice 允许的用户 Bob 的密文,然后 Bob 可以用自己的私钥对该密文进行解密,从而获得对应的信息。对代理者 Proxy 来说,虽然拥有 Alice 所授予的代理密钥,但是也不能获得任何明文消息。直到 2005 年,Ateniese 等人在 NDSS 上第一次对代理重加密进行了形式化定义。此后,代理重加密成为密码学和信息安全领域的一个研究热点[4]。

代理重加密分为单向代理重加密[5]和双向代理重加密[6],单向代理重加密只能将 Alice

的公钥加密的密文转换为 Bob 的公钥加密的密文,反之则不可以。双向代理重加密则是既可以将由 Alice 公钥加密的密文转换成 Bob 公钥加密的密文,同时也可以将由 Bob 公钥加密的密文转换为由 Alice 公钥加密的密文。

5.2.1 单向代理重加密算法

单向代理重加密算法的构造如下。

① 系统设置算法:输入安全参数 λ,输出系统公钥 PK 和主密钥 MK。

② 密钥生成算法:给定用户 i,输出用户公钥 PK_i 和私钥 SK_i。

③ 重加密密钥生成(ReKeyGen)算法:输入用户 i 的私钥 SK_i、用户 j 的公钥 PK_j,输出重加密密钥 $RK_{i \to j}$。

④ 第二层加密(Enc2)算法:输入用户 i 的公钥 PK_i、明文 M,输出第二层密文 CT_i。

⑤ 第一层加密(Enc1)算法:输入用户 j 的公钥 PK_j、明文 M,输出第一层密文 CT_j。

⑥ 重加密(ReEnc)算法:输入用户 i 的公钥 PK_i 加密的第二层密文 CT_i、重加密密钥 $RK_{i \to j}$,输出用户 j 的公钥 PK_j 加密的第一层密文 CT_j。

⑦ 第二层解密(Dec2)算法:输入用户 i 的私钥 SK_i、第二层密文 CT_i,输出明文 M。

⑧ 第一层解密(Dec1)算法:输入用户 j 的私钥 SK_j、第一层密文 CT_j,输出明文 M。

5.2.2 双向代理重加密算法

双向代理重加密算法主要由如下 5 个算法构成。

① 密钥生成算法:输入安全参数 k,输出用户的私钥 SK 和公钥 PK。

② 重加密密钥生成算法:输入用户 A 的私钥 SK_A,用户 B 的公钥 PK_B,输出重加密密钥 $RK_{A \to B}$。

③ 加密算法:输入用户 A 的公钥 PK_A、数据明文 M,输出密文 CT_A。

④ 重加密算法:输入用户 A 的公钥 PK_A 加密的密文 CT_A、重加密密钥 $RK_{A \to B}$,输出用户 B 的公钥 PK_B 加密的密文 CT_B。

⑤ 解密算法:输入用户 B 的私钥 SK_B、密文 CT_B,输出数据明文 M。

5.3 属性代理重加密

属性代理重加密(Attribute Based Proxy Re Encryption,ABPRE)算法是在代理重加密算法的基础上提出的,结合属性加密技术,允许代理将访问策略 T 加密的密文重加密为访问策略 T' 加密的密文。在重加密的过程中,代理不能获得明文的任何信息。与属性加密一样,属性代理重加密算法也分为密钥策略(KP-ABPRE)和密文策略(CP-ABPRE)两类。2008 年,Guo 等人巧创性地将 PRE 技术应用于属性基加密体制中,提出首个属性基代理重加密方案,也是首个密钥策略属性基代理重加密 KP-ABPRE 方案[7]。2009 年,Liang 等人将 PRE 技术应用于 CP-ABE 方案中,提出了首个密文策略属性基代理重加密 CP-ABPRE 方案,使授权方能对密文委托权实现细粒度的控制,同时还能实现授权方与受理方的"一对多"的关系[8]。

5.3.1 基于 CP-ABE 的属性代理重加密

CP-ABPRE 方案由 7 个算法构成,分别是系统初始化、密钥生成、加密、重加密密钥生成、重加密、密文解密、重加密密文解密,如图 5-1 所示[9-11]。

① 系统初始化算法:输入安全参数 λ,输出系统公钥 PK 和主密钥 MK。

② 密钥生成算法:输入系统主密钥 MK 和用户的属性集合 S,输出属性私钥 SK。

③ 加密算法:输入系统公钥 PK、明文 M 和访问策略 T,输出密文 CT。

④ 重加密密钥生成算法:输入系统公钥 PK、访问策略 T 和 T'、属性私钥 SK。如果 SK 对应的属性满足访问策略 T,则输出重加密密钥 RK。

⑤ 重加密算法:输入访问策略 T 加密的密文 CT、重加密密钥 RK,输出密文 CT',该密文是采用访问策略 T' 加密明文 M 的结果。

⑥ 密文解密(Dec1)算法:输入密文 CT 和属性私钥 SK,如果 SK 对应的属性满足 CT 中的访问策略,则输出明文 M。

⑦ 重加密密文解密(Dec2)算法:输入重加密密文 CT' 和属性私钥 SK,如果 SK 对应的属性满足 CT' 中的访问策略,则输出明文 M。

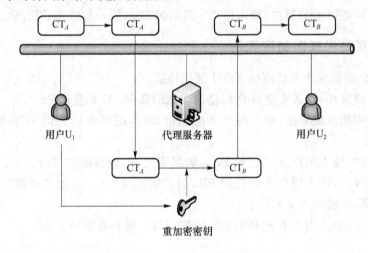

图 5-1 属性代理重加密

5.3.2 基于属性代理重加密的数据安全共享

1. 算法定义

属性撤销是基于属性的加密方案中十分重要的问题,代理重加密是实现属性撤销的可选方案之一。支持属性撤销的基于属性代理重加密的数据安全共享方案包括以下 10 个算法,具体定义如下[12]。

① Setup(k):中央机构输入安全参数 k,输出系统公钥 PK 和系统主密钥 MK。

② KeyGen(MK,S):中央机构输入系统主密钥 MK、用户的属性集合 S,输出用户的属性私钥 SK。属性私钥 SK 由用户密钥 UK 和属性密钥 AK 两部分组成。

③ Encrypt(PK,M,T):数据所有者输入系统公钥 PK、数据明文 M 和访问策略树 T,输出密文 CT。算法首先使用随机的数据密钥 DK 加密数据 M,然后基于 CP-ABE 算法使

用访问策略树 T 加密 DK。只有满足访问策略树 T 的数据转发者或者数据访问者才能解密出 DK。

④ ReKeyGen(PK，UK，T，T')：数据转发者输入系统公钥 PK、用户密钥 UK、访问策略树 T 和 T'，输出重加密密钥 RK。

⑤ ReEncrypt(CT，AK，RK)：云服务提供商输入密文 CT、数据转发者的属性密钥 AK 和重加密密钥 RK，输出重加密的密文 CT_R。只有满足访问策略 T' 的数据访问者才能解密密文 CT_R。

⑥ TokenGen(UK)：数据访问者输入用户密钥 UK，输出解密凭证 TK，用于云服务提供商部分解密密文。

⑦ PartDec(CT，TK，AK)：云服务提供商输入密文 CT、解密凭证 TK、数据访问者的属性密钥 AK。如果属性密钥 AK 涉及的属性满足密文 CT 中的访问策略，输出部分解密的密文 CT_P。

⑧ Decrypt(CT_P)：数据访问者输入部分解密的密文 CT_P，首先恢复出数据密钥 DK，然后使用 DK 解密出数据明文 M。

⑨ KeyUpdate(AK)：属性撤销发生时，中央机构更新所有未撤销用户的属性密钥 AK。

⑩ CTUpdate(CT)：属性撤销发生时，云服务提供商更新所有和撤销属性相关的密文 CT。

2. 算法描述

（1）系统初始化

中央机构运行 Setup 算法，构造一个阶为素数 p 的双线性群 G_1，记 G_1 的生成元为 g，对应的双线性映射为 $\hat{e}: G_1 \times G_1 \rightarrow G_2$。定义散列函数 $H: G_2 \rightarrow G_1$，指定系统属性集合 $\Lambda = (a_1, a_2, \cdots, a_n)$，随机选择 $\alpha, \beta, \gamma \in \mathbf{Z}_p$。对于每个属性 $a_i \in \Lambda (1 \leqslant i \leqslant n)$，随机选择 $\sigma_i \in \mathbf{Z}_p (1 \leqslant i \leqslant n)$，公开发布系统公钥 PK 如下：

$$PK = (\hat{e}(g,g)^{\alpha+\beta}, g^{\gamma}, \{g^{\sigma_i}\}_{1 \leqslant i \leqslant n})$$

然后，中央机构生成系统主密钥 MK，并秘密保存，主密钥 MK 如下：

$$MK = (\alpha, \beta, \gamma, \{\sigma_i\}_{1 \leqslant i \leqslant n})$$

（2）密钥生成

中央机构运行 KeyGen 算法，随机选择 $\delta \in \mathbf{Z}_p$，为用户分配属性集合 S，并生成属性私钥如下：

$$SK = (UK = D = g^{\alpha-\delta}, AK = \{D_i = g^{(\delta+\beta)/\sigma_i}\}_{a_i \in S})$$

用户的属性私钥 SK 由用户密钥 UK 和属性密钥 AK 两部分组成，其中 UK 由中央机构安全发给用户秘密保存，AK 由中央机构保存。

（3）数据加密

数据所有者运行 Encrypt 算法，随机选择 $DK \in \mathbf{Z}_p$，并基于对称加密算法使用 DK 加密数据明文 M，得到：

$$E = SEnc_{DK}(M)$$

然后，数据所有者使用访问策略 T 加密 DK。数据所有者随机选择 $\tau \in \mathbf{Z}_p$，基于 Benaloh 和 Leichter 秘密共享方案，为 T 中的每个属性分配 τ 的一部分秘密 τ_i。最后，生成密文 CT 如下：

$$CT = (E, T, \widetilde{C} = DK \cdot \hat{e}(g,g)^{(a+\beta)\tau}, C = g^{\tau}, C_0 = g^{\gamma\tau}, \{C_i = g^{\sigma_i \tau_i}\}_{a_i \in T})$$

（4）重加密密钥生成

数据转发者在转发数据时，可以设置新的访问策略。数据转发者运行 ReKeyGen 算法，输入用户密钥 UK 和新的访问策略 T'，满足 T 是 T' 的子树。

数据转发者随机选择 $\varphi, \varepsilon, \mu \in \mathbf{Z}_p$，基于 Benaloh 和 Leichter 秘密共享方案，为 T' 中的每个属性分配 μ 的一部分秘密 μ_i，生成重加密密钥 RK 如下：

$$K_1 = D \cdot g^{\varepsilon} = g^{a-\delta+\varepsilon}$$

$$RK = (K_1, K_2 = g^{(\varphi+2\varepsilon)/\gamma}, \widetilde{R} = g^{\varphi+\varepsilon} \cdot \hat{e}(g,g)^{(a+\beta)\mu},$$
$$R = g^{\mu}, R_0 = g^{\gamma\mu}, \{R_i = g^{\sigma_i \mu_i}\}_{a_i \in T'})$$

（5）访问策略更新

云服务提供商在收到数据转发者的重加密密钥 RK 后，运行 ReEncrypt 算法重加密密文。设 SS 表示满足访问策略树 T 的最小属性集合，如果数据转发者的属性满足访问策略 T，云服务提供商使用数据转发者的属性密钥 AK 计算如下：

$$I = \prod_{a_i \in SS} \hat{e}(D_i, C_i)$$
$$= \prod_{a_i \in SS} \hat{e}(g^{(\delta+\beta)/\sigma_i}, g^{\sigma_i \tau_i})$$
$$= \hat{e}(g^{\delta+\beta}, g^{\tau})$$

然后，云服务提供商计算如下：

$$\widetilde{C}_R = \frac{\hat{e}(C_0, K_2) \cdot \widetilde{C}}{\hat{e}(C, K_1) \cdot I}$$
$$= \frac{\hat{e}(g^{\gamma\tau}, g^{(\varphi+2\varepsilon)/\gamma}) \cdot DK \cdot \hat{e}(g,g)^{(a+\beta)\tau}}{\hat{e}(g^{\tau}, g^{a-\delta+\varepsilon}) \cdot \hat{e}(g^{\delta+\beta}, g^{\tau})}$$
$$= \frac{\hat{e}(g^{\tau}, g^{\varphi+2\varepsilon}) \cdot DK \cdot \hat{e}(g^{\tau}, g^{a+\beta})}{\hat{e}(g^{\tau}, g^{a+\beta+\varepsilon})}$$
$$= DK \cdot \hat{e}(g,g)^{(\varphi+\varepsilon)\tau}$$

最后，云服务提供商生成重加密的密文如下：

$$CT_R = (E, T', \widetilde{C}_R, C, \widetilde{R}, R, R_0, \{R_i\}_{a_i \in T'})$$

（6）部分解密

数据访问者在使用内容时，随机选择 $\lambda \in \mathbf{Z}_p$，运行 TokenGen 算法，使用 UK 生成解密凭证 TK 如下：

$$TK = \widetilde{D} = (D)^{\lambda} = g^{(a-\delta)\lambda}$$

然后，数据访问者将解密凭证 TK 发送给云服务提供商，请求解密内容，云服务提供商运行 PartDec 算法部分解密密文 CT。

① 如果 CT 是普通的密文，并且数据访问者的属性满足密文的访问策略，则云服务提供商计算如下：

$$F = \prod_{a_i \in SS} \hat{e}(D_i, C_i)$$

$$= \prod_{a_i \in SS} \hat{e}(g^{(\delta+\beta)/\sigma_i}, g^{\sigma_i \tau_i})$$

$$= \hat{e}(g^{\delta+\beta}, g^\tau)$$

然后,云服务提供商计算如下:

$$A = \hat{e}(\widetilde{D}, C) = \hat{e}(g^{(\alpha-\delta)\lambda}, g^\tau)$$

最后,云服务提供商将部分解密的密文 $CT_P = (E, \widetilde{C}, A, F)$ 发送给数据访问者。

② 如果 CT 是重加密的密文,并且数据访问者的属性满足密文的访问策略,设 SS' 表示满足访问策略树 T' 的最小属性结合,则云服务提供商计算如下:

$$F = \prod_{a_i \in SS'} \hat{e}(D_i, R_i)$$

$$= \prod_{a_i \in SS'} \hat{e}(g^{(\delta+\beta)/\sigma_i}, g^{\sigma_i \mu_i})$$

$$= \hat{e}(g^{\delta+\beta}, g^\mu)$$

然后,云服务提供商计算如下:

$$A = \hat{e}(\widetilde{D}, R) = \hat{e}(g^{(\alpha-\delta)\lambda}, g^\mu)$$

最后,云服务提供商将部分解密的密文 $CT_P = (E, \widetilde{C}_R, C, \widetilde{R}, A, F)$ 发送给数据访问者。

(7) 数据解密

数据访问者收到云服务提供商发送的部分解密的密文后,运行 Decrypt 算法解密 CT_P。

① 如果 CT_P 是普通的密文,数据访问者计算 DK 如下:

$$\frac{\widetilde{C}}{A^{1/\lambda} \cdot F} = \frac{DK \cdot \hat{e}(g,g)^{(\alpha+\beta)\tau}}{[\hat{e}(g^{(\alpha-\delta)\lambda}, g^\tau)]^{1/\lambda} \cdot \hat{e}(g^{\delta+\beta}, g^\tau)}$$

$$= \frac{DK \cdot \hat{e}(g,g)^{(\alpha+\beta)\tau}}{\hat{e}(g,g)^{(\alpha+\beta)\tau}}$$

$$= DK$$

② 如果 CT_P 是重加密的密文,数据访问者计算如下:

$$Z = \frac{\widetilde{R}}{A^{1/\lambda} \cdot F} = \frac{g^{\varphi+\varepsilon} \cdot \hat{e}(g,g)^{(\alpha+\beta)\mu}}{[\hat{e}(g^{(\alpha-\delta)\lambda}, g^\mu)]^{1/\lambda} \cdot \hat{e}(g^{\delta+\beta}, g^\mu)}$$

$$= \frac{g^{\varphi+\varepsilon} \cdot \hat{e}(g,g)^{(\alpha+\beta)\mu}}{\hat{e}(g,g)^{(\alpha+\beta)\mu}}$$

$$= g^{\varphi+\varepsilon}$$

然后,数据访问者计算 DK 如下:

$$\frac{\widetilde{C}_R}{\hat{e}(C, Z)} = \frac{DK \cdot \hat{e}(g,g)^{(\varphi+\varepsilon)\tau}}{\hat{e}(g^\tau, g^{\varphi+\varepsilon})} = DK$$

最后,数据访问者使用 DK 解密出数据明文 M:

$$M = SDec_{DK}(E)$$

（8）属性撤销

当用户撤销某个属性时，为了满足数据的前向和后向安全性，相应的属性密钥需要更新。假设某个用户撤销属性 a_j，中央机构首先运行 KeyUpdate 算法随机选择 $\tilde{\omega} \in \mathbf{Z}_p$，更新拥有属性 a_j 的用户的属性密钥 AK 如下：

$$\mathrm{AK}' = (D_j = g^{(\delta+\beta)\tilde{\omega}/\sigma_j}, \{D_i = g^{(\delta+\beta)/\sigma_i}\}_{a_i \in S\backslash\{j\}})$$

然后，属性结构运行 CTUpdate 算法重加密所有与属性 a_j 相关的密文。

① 如果 CT 是普通的密文，云服务提供商随机选择 $s \in \mathbf{Z}_p$，基于 Benaloh 和 Leichter 秘密共享方案，为 T 中的每个属性分配 s 的一部分秘密 s_i。云服务提供商重加密所有与属性 a_j 相关的密文如下：

$$\mathrm{CT}' = (E, T, \widetilde{C}' = \mathrm{DK} \cdot \hat{e}(g,g)^{(\alpha+\beta)(\tau+s)}),$$
$$C' = (g^{\tau+s}, C_0, C_j' = g^{[\sigma_j(\tau_j+s_j)]/\tilde{\omega}}, \{C_i' = g^{\sigma_i(\tau_i+s_i)}\}_{a_i \in T\backslash\{j\}})$$

数据访问者在使用重加密密文 CT' 时，云服务器提供商运行 PartDec 算法计算如下：

$$\begin{aligned} F' &= \prod_{a_i \in \mathrm{SS}} \hat{e}(D_i, C_i') \\ &= \prod_{a_i \in \mathrm{SS}} \hat{e}(g^{(\delta+\beta)/\sigma_i}, g^{\sigma_i(\tau_i+s_i)}) \\ &= \hat{e}(g^{\delta+\beta}, g^{\tau+s}) \end{aligned}$$

然后，云服务器提供商计算如下：

$$A' = \hat{e}(\widetilde{D}, C') = \hat{e}(g^{(\alpha-\delta)\lambda}, g^{\tau+s})$$

最后，数据访问者运行 Decrypt 算法解密出 DK：

$$\begin{aligned} \frac{\widetilde{C}'}{(A')^{1/\lambda} \cdot F'} &= \frac{\mathrm{DK} \cdot \hat{e}(g,g)^{(\alpha+\beta)(\tau+s)}}{[\hat{e}(g^{(\alpha-\delta)\lambda}, g^{\tau+s})]^{1/\lambda} \cdot \hat{e}(g^{\delta+\beta}, g^{\tau+s})} \\ &= \frac{\mathrm{DK} \cdot \hat{e}(g,g)^{(\alpha+\beta)(\tau+s)}}{\hat{e}(g,g)^{(\alpha+\beta)(\tau+s)}} \\ &= \mathrm{DK} \end{aligned}$$

② 如果 CT 是重加密的密文，云服务提供商也随机选择 $s \in \mathbf{Z}_p$，基于 Benaloh 和 Leichter 秘密共享方案，为 T 中的每个属性分配 s 的一部分秘密 s_i。云服务提供商重加密所有与属性 a_j 相关的密文如下：

$$\mathrm{CT}_{\mathrm{R}}' = (E, T', \widetilde{C}_{\mathrm{R}}' = \mathrm{DK} \cdot \hat{e}(g,g)^{(\varphi+\varepsilon)(\tau+s)}, C' = g^{\tau+s}, R' = g^{\mu+s}, R_0,$$
$$\widetilde{R}' = (g^{\varphi+\varepsilon} \cdot \hat{e}(g,g)^{(\alpha+\beta)(\mu+s)}, R_j' = g^{[\sigma_j(\mu_j+s_j)]/\tilde{\omega}}, \{R_i' = g^{\sigma_i(\mu_i+s_i)}\}_{a_i \in T'\backslash\{j\}})$$

数据访问者在使用重加密密文 $\mathrm{CT}_{\mathrm{R}}'$ 时，云服务器提供商运行 PartDec 算法计算如下：

$$\begin{aligned} F' &= \prod_{a_i \in \mathrm{SS}'} \hat{e}(D_i, R_i') \\ &= \prod_{a_i \in \mathrm{SS}'} \hat{e}(g^{(\delta+\beta)/\sigma_i}, g^{\sigma_i(\mu_i+s_i)}) \\ &= \hat{e}(g^{\delta+\beta}, g^{\mu+s}) \end{aligned}$$

然后，云服务提供商计算如下：

$$A' = \hat{e}(\widetilde{D}, R') = \hat{e}(g^{(\alpha-\delta)\lambda}, g^{\mu+s})$$

数据访问者运行 Decrypt 算法计算如下：

$$Z' = \frac{\tilde{R}'}{(A')^{1/\lambda} \cdot F'}$$

$$= \frac{g^{\varphi+\varepsilon} \cdot \hat{e}(g,g)^{(\alpha+\beta)(\mu+s)}}{[\hat{e}(g^{(\alpha-\delta)\lambda}, g^{\mu+s})]^{1/\lambda} \cdot \hat{e}(g^{\delta+\beta}, g^{\mu+s})}$$

$$= \frac{g^{\varphi+\varepsilon} \cdot \hat{e}(g,g)^{(\alpha+\beta)(\mu+s)}}{\hat{e}(g,g)^{(\alpha+\beta)(\mu+s)}} = g^{\varphi+\varepsilon}$$

数据访问者使用 Z' 解密出 DK 如下：

$$\frac{\tilde{C}'_{R}}{\hat{e}(C', Z')} = \frac{DK \cdot \hat{e}(g,g)^{(\varphi+\varepsilon)(\tau+s)}}{\hat{e}(g^{\tau+s}, g^{\varphi+s})} = DK$$

最后，数据访问者使用 DK 解密出数据明文 M。

5.3.3　基于身份广播加密的多所有者安全共享

多所有者数据共享是一种新的共享模式，数据所有者发布数据并设置数据的初始访问策略，数据共同所有者可以设置新的访问策略。例如，Bob 发布了一张与 Alice 的合影照片，Alice 作为合影照片的共同所有者也可以设置她的访问策略。因此，只有满足数据所有者和共同所有者的访问策略的数据访问者才允许访问数据。

特别地，如果还有数据转发者这一角色的参与，那么不仅数据共同所有者可以设置新的访问策略，数据转发者也可以转发数据并设置新的访问策略。在这种情况下，只有满足数据所有者、共同所有者和转发者三者的访问策略的数据访问者才允许访问数据。5.3.2 节提出了基于属性基代理重加密的数据安全共享方案，允许数据转发者在转发数据时定义新的访问策略。针对多所有者的数据安全共享需求，本节引入数据的共同所有者这一用户角色，介绍一种基于身份广播加密的多所有者安全共享方案。

1. 算法定义

① Setup(k)：中央机构输入安全参数 k，输出系统公钥 PK 和系统主密钥 MK。

② KeyGen(MK, S, ID)：中央机构输入系统主密钥 MK、用户的属性集合 S 和用户的身份 ID，输出用户的属性私钥 SK 和广播密钥 BK。

③ Encrypt(PK, M, T, U)：数据所有者输入系统公钥 PK、数据明文 M、访问策略树 T 和共同所有者集合 U，输出密文 CT。算法首先使用随机的数据密钥 DK 加密数据 M，然后基于 CP-ABE 算法使用访问策略树 T 加密 DK，同时基于 IBBE 算法广播密钥给共同所有者集合 U。

④ OReKeyGen(PK, U, T, T')：数据所有者输入系统公钥 PK、共同所有者集合 U、访问策略树 T 和 T'。如果数据所有者的身份属于集合 U，则可以恢复出广播密钥，并生成重加密密钥 RK。

⑤ DReKeyGen(PK, SK, T, T')：数据转发者输入系统公钥 PK、属性私钥 SK、访问策略树 T 和 T'，输出重加密密钥 RK。

⑥ ReEncrypt(CT, RK)：云服务提供商输入密文 CT 和重加密密钥 RK，输出重加密的密文 CT'。只有满足访问策略 T' 的数据访问者才能解密文 CT'。

⑦ Decrypt(CT, SK)：数据访问者输入密文 CT 和属性私钥 SK，如果拥有的属性满足

密文的访问策略,首先恢复出数据密钥 DK,然后使用 DK 解密出数据明文 M。

2. 算法描述

(1) 系统初始化

中央机构运行 Setup 算法,构造一个阶为素数 p 的双线性群 G_0,记 G_0 的生成元为 g,对应的双线性映射为 $e:G_0 \times G_0 \to G_T$。定义散列函数 $H:G_T^1 \to G_0$,$H_2:\{0,1\}^* \to G_0$ 和 $H_3:G_T \to Z_p$,指定系统属性集合 $A=(a_1,a_2,\cdots,a_n)$,随机选择 $\alpha,\beta,\gamma \in Z_p$。对于每个属性 $a_i \in A(1 \leqslant i \leqslant n)$,随机选择 $\chi_i \in Z_p(1 \leqslant i \leqslant n)$,公开发布系统公钥 PK 如下:

$$PK=(e(g,g)^{\alpha+\beta},g^{\gamma},\{g^{\chi_i}\}_{1 \leqslant i \leqslant n})$$

然后,中央机构生成系统主密钥 MK 并秘密保存,系统主密钥 MK 如下:

$$MK=(\alpha,\beta,\gamma,\{\chi_i\}_{1 \leqslant i \leqslant n})$$

(2) 密钥生成

中央机构运行 KeyGen 算法,为用户分配相应的属性集合 S,随机选择 $\delta \in Z_p$,并计算用户的属性私钥 SK 如下:

$$SK=(D=g^{\alpha-\delta},\{D_i=g^{(\delta+\beta)/\chi_i}\}_{a_i \in S})$$

同时,中央机构基于用户的身份 ID_j,为用户生成广播私钥 BK:

$$Q_j=H_2(ID_j),BK=Q_j^{\gamma}$$

(3) 数据加密

数据所有者运行 Encrypt 算法,首先使用随机的 DK 加密数据明文 M:

$$E=SE_{DK}(M)$$

然后,数据所有者基于 CP-ABE 算法,设置数据的访问策略 T,用于加密密钥 DK。数据所有者随机选择 $\tau \in Z_p$,基于 Benaloh 和 Leichter 秘密共享方案,为 T 中的每个属性分配 τ 的一部分秘密 τ_i,生成密文如下:

$$C_1=g^{\tau},C_2=DK \cdot e(g,g)^{(\alpha+\beta)\tau},C_3=g^{\gamma\tau},F_i=g^{\chi_i\tau_i}(a_i \in T)$$

设定 SS 为满足访问策略 T 的最小属性集合,数据所有者随机选择 $\varphi,\varepsilon \in Z_p$,计算如下:

$$R_1=D \cdot g^{\varepsilon}=g^{\alpha-\delta+\varepsilon},R_2=g^{\varphi/\gamma},R_3=g^{\varphi-\varepsilon},W_i=g^{(\delta+\beta)/\chi_i}(a_i \in SS)$$

然后,数据所有者计算如下:

$$I_1=\prod_{a_i \in SS}e(W_i,F_i)=\prod_{a_i \in SS}e(g^{(\delta+\beta)/\chi_i},g^{\chi_i\tau_i})=e(g^{\delta+\beta},g^{\tau})$$

$$C_R=(R_1,R_2,R_3,I_1)$$

数据所有者选择共同所有者集合 U,随机选择 $k \in Z_p$,计算密钥 K:

$$K=e(g,g)^k$$

数据所有者使用 K 加密 C_R 生成 C_B,并随机选择 $\pi,\omega \in Z_p$,计算如下:

$$C_4=g^{\pi}, \quad C_5=g^{\omega k}$$

对于集合 U 中的每个用户 $ID_j \in U$,数据所有者计算如下:

$$Y_j=H_3(e(Q_j^{\pi},g^{\gamma})),N_j=g^{(1-\frac{1}{\omega})\frac{1}{Y_j}}$$

数据所有者计算如下:

$$C_K=(C_4,C_5,\{N_j\}_{ID_j \in U})$$

最后,数据所有者生成密文 CT 如下:

$$CT=(T,E,C_1,C_2,C_3,\{F_i\}_{a_i \in T},C_B,C_K)$$

（4）重加密密钥生成

为了更新访问策略或者设置新的访问策略，数据所有者或者数据转发者生成重加密密钥。设新的访问策略为 T'，并且满足 T 是 T' 的子树。

① 如果数据所有者的身份满足 $ID_j \in U$，则运行 OReKeyGen 算法，首先解密出 K：

$$Y_j = H_3(e(BK, C_4)) = H_3(e(Q_j^{\gamma}, g^{\pi}))$$

$$\begin{aligned}e(C_5^{-1}, N_{jj}^{Y_j}) \cdot e(g, C_5) &= e((g^{\omega k})^{-1}, (g^{(1-\frac{1}{\omega})\frac{1}{Y_j}})^{Y_j}) \cdot e(g, g^{\omega k}) \\ &= e(g, g)^{k-\omega k} \cdot e(g, g)^{\omega k} \\ &= e(g, g)^k \\ &= K\end{aligned}$$

然后，数据所有者使用 K 解密出 $C_R = (R_1, R_2, R_3, I_1)$，随机选择 $\mu \in \mathbf{Z}_p$，基于 Benaloh 和 Leichter 秘密共享方案，为 T' 中的每个属性分配 μ 的一部分秘密 μ_i，计算如下：

$$T_1 = g^{\mu}, T_2 = R_3 \cdot H_1(e(g, g)^{(\alpha+\beta)\mu}), T_3 = g^{\gamma\mu}, V_i = g^{\chi_i \mu_i}(a_i \in T')$$

最后，数据所有者计算重加密密钥如下：

$$RK = (R_1, R_2, T_1, T_2, T_3, \{V_i\}_{a_i \in T'}, I_1)$$

② 如果是数据转发者生成重加密密钥，则随机选择 $\varphi', \varepsilon', \mu \in \mathbf{Z}_p$，运行 DReKeyGen 算法计算如下：

$$R_1 = D \cdot g^{\varepsilon'} = g^{a-\delta+\varepsilon'}, R_2 = g^{\varphi'/\gamma}$$

$$T_1 = g^{\mu}, T_2 = g^{\varphi'-\varepsilon'} \cdot H_1(e(g, g)^{(\alpha+\beta)\mu}), T_3 = g^{\gamma\mu}, V_i = g^{\chi_i \mu_i}(a_i \in T')$$

然后，数据转发者计算如下：

$$W_i = g^{(\delta+\beta)/\chi_i}(a_i \in SS)$$

最后，数据转发者计算重加密密钥如下：

$$RK = (R_1, R_2, T_1, T_2, T_3, \{V_i\}_{a_i \in T'}, \{W_i\}_{a_i \in SS})$$

（5）访问策略更新

数据所有者和转发者在生成重加密密钥 RK 后，云服务提供商运行 ReEncrypt 算法，使用 RK 重加密密文。

① 如果数据所有者更新访问策略，云服务提供商计算如下：

$$\begin{aligned}I_2 &= e(C_1, R_1) \cdot I_1 \\ &= e(g^{\tau}, g^{a-\delta+\varepsilon}) \cdot e(g, g)^{(\delta+\beta)\tau} \\ &= e(g^{\tau}, g^{a+\beta+\varepsilon})\end{aligned}$$

然后，云服务提供商计算如下：

$$I_3 = \frac{C_2}{I_2} = \frac{DK \cdot e(g^{\tau}, g^{a+\beta})}{e(g^{\tau}, g^{a+\beta+\varepsilon})} = \frac{DK}{e(g^{\tau}, g^{\varepsilon})}$$

最后，云服务提供商计算重加密的密文 CT' 如下：

$$C_2' = I_3 \cdot e(C_3, R_2) = \frac{DK}{e(g^{\tau}, g^{\varepsilon})} \cdot e(g^{\gamma\tau}, g^{\varphi'/\gamma}) = DK \cdot e(g^{\tau}, g^{\varphi'-\varepsilon})$$

$$CT' = (T', E, C_1' = C_1, C_2', T_1, T_2, T_3, \{V_i\}_{a_i \in T'}, C_B, C_K)$$

② 如果数据转发者更新访问策略，云服务提供商计算如下：

$$I_1 = \prod_{a_i \in SS} e(W_i, F_i) = \prod_{a_i \in SS} e(g^{(\delta+\beta)/\chi_i}, g^{\chi_i \tau_i}) = e(g^{\delta+\beta}, g^{\tau})$$

然后,云服务提供商计算重加密的密文 CT' 如下:

$$C_2' = DK \cdot e(g^\tau, g^{\varphi'-\epsilon'})$$

$$CT' = (T', E, C_1' = C_1, C_2', T_1, T_2, T_3, \{V_i\}_{a_i \in \tau'})$$

(6) 数据解密

用户在使用数据时,运行 Decrypt 算法,如果用户的属性满足访问策略,则首先使用自己的属性私钥解密出 DK,再使用 DK 解密密文。

① 如果 CT 是普通的密文,那么用户计算如下:

$$Z_1 = \prod_{a_i \in SS} e(D_i, F_i) = \prod_{a_i \in SS} e(g^{(\delta+\beta)/\chi_i}, g^{\chi_i \tau_i}) = e(g^{\delta+\beta}, g^\tau)$$

然后,用户计算如下:

$$Z_2 = e(D, C_1) \cdot Z_1 = e(g^{\alpha-\delta}, g^\tau) \cdot e(g^{\delta+\beta}, g^\tau) = e(g, g)^{(\alpha+\beta)\tau}$$

最后,用户计算出 DK 如下:

$$\frac{C_2}{Z_2} = \frac{DK \cdot e(g, g)^{(\alpha+\beta)\tau}}{e(g, g)^{(\alpha+\beta)\tau}} = DK$$

② 如果 CT 是重加密的密文,那么用户计算如下:

$$Z_1 = \prod_{a_i \in SS} e(D_i, V_i) = \prod_{a_i \in SS} e(g^{(\delta+\beta)/\chi_i}, g^{\chi_i \mu_i}) = e(g^{\delta+\beta}, g^\mu)$$

然后,用户计算如下:

$$Z_2 = e(D, T_1) \cdot Z_1 = e(g^{\alpha-\delta}, g^\mu) \cdot e(g^{\delta+\beta}, g^\mu) = e(g, g)^{(\alpha+\beta)\mu}$$

用户计算如下:

$$Z_3 = \frac{T_2}{H_1(Z_2)}$$

最后,用户计算出 DK 如下:

$$\frac{C_2'}{\hat{e}(C_1', Z_3)} = DK$$

用户解密出 DK 之后,再使用 DK 解密出数据明文 M。

3. 方案分析

如果用户的属性满足重加密密文的访问策略,则用户能够解密出数据明文。

① 如果 CT 的访问策略是由数据所有者设置的,则用户计算如下:

$$Z_3 = \frac{T_2}{H_1(Z_2)} = \frac{g^{\varphi-\epsilon} \cdot H_1(e(g, g)^{(\alpha+\beta)\mu})}{H_1(e(g, g)^{(\alpha+\beta)\mu})} = g^{\varphi-\epsilon}$$

然后,用户计算 DK 如下:

$$\frac{C_2'}{e(C_1', Z_3)} = \frac{DK \cdot e(g^\tau, g^{\varphi-\epsilon})}{e(g^\tau, g^{\varphi-\epsilon})} = DK$$

② 如果 CT 的访问策略是由数据转发者设置的,则用户计算如下:

$$Z_3 = \frac{T_2}{H_1(Z_2)} = \frac{g^{\varphi'-\epsilon'} \cdot H_1(e(g, g)^{(\alpha+\beta)\mu})}{H_1(e(g, g)^{(\alpha+\beta)\mu})} = g^{\varphi'-\epsilon'}$$

然后,用户计算 DK 如下:

$$\frac{C_2'}{e(C_1', Z_3)} = \frac{DK \cdot e(g^\tau, g^{\varphi'-\epsilon'})}{e(g^\tau, g^{\varphi'-\epsilon'})} = DK$$

通过以上分析,满足访问策略的用户都能正确解密出数据明文,因此方案是正确的。

5.4 条件代理重加密

在传统的代理加密体制中,代理者能够将授权者的所有密文全部转换为针对被授权者的密文,亦即授权者无法在细粒度层次上控制代理者的转换权限[13]。在云计算环境下加密数据的共享中,假设用户在云存储空间中所存放的部分数据极其隐私,因而不希望该部分的隐私数据被任何人共享,不过在传统的代理重加密系统中,只要云服务提供商拥有用户所授权的代理密钥,就可以将用户包括隐私数据在内的所有的密文都转为针对指定用户的密文,因此该被授权的用户甚至可以使用自己的私钥来访问那些隐私数据。

显然这样违背了用户想要保留隐私数据的访问权限的要求,为了能在细粒度层次上对代理者的权限进行控制,在传统代理重加密体制的基础上,考虑在细粒度层次上限制代理者的转换权限。2009 年,Weng 等人在 ACM ASIACCS 上提出了条件代理重加密(Conditional Proxy Re-Encryption,CPRE)的概念[14],并构建了一个具体的方案,方案中限制代理者只能根据授权者预设的条件表达式生成转换密钥,而且只能用该转换密钥加密满足预设条件表达式的明文,从而充分地限制了代理者的权限。单向条件代理重加密算法的构成如下。

① 系统设置:输入安全参数 λ,输出系统公钥 PK 和主密钥 MK。

② 密钥生成算法:给定用户 i,输出用户公钥 PK_i 和私钥 SK_i。

③ 重加密钥生成算法:输入用户 i 的私钥 SK_i、条件值 c、用户 j 的公钥 PK_j,输出重加密钥 $RK_{i \to j}$。

④ 第二层加密算法:输入用户 i 的公钥 PK_i、条件值 c、明文 M,输出第二层密文 CT_i。

⑤ 第一层加密算法:输入用户 j 的公钥 PK_j、明文 M,输出第一层密文 CT_j。

⑥ 重加密算法:输入用户 i 的公钥 PK_i 加密的第二层密文 CT_i、重加密钥 $RK_{i \to j}$,输出用户 j 的公钥 PK_j 加密的第一层密文 CT_j。

⑦ 第二层解密算法:输入用户 i 的私钥 SK_i、第二层密文 CT_i,输出明文 M。

⑧ 第一层解密算法:输入用户 j 的私钥 SK_j、第一层密文 CT_j,输出明文 M。

5.4.1 基于关键词的条件代理重加密方案

基于关键词的条件代理重加密方案由 Setup、KeyGen、Enc、ReKeyGen、ReEnc、Dec1、Dec2 7 个算法组成[15]。在方案的执行过程中,由中央机构执行 Setup 和 KeyGen 算法对整个系统进行初始化,为每个用户根据其身份 ID 生成私钥。发送者执行 Enc 算法加密一条明文,生成可以被指定接收者解密的初始密文,并将初始密文发送给云平台。将接收者集合记为 S_1,S_1 中的一个接收者可以从云平台下载初始密文并执行 Dec1 算法解密出明文。如果 S_1 中的一个接收者想将此数据分享给其他不在 S_1 中的用户,他可以执行 ReKeyGen 算法生成一个重加密密钥并将其发送给云平台。将这些新的接收者记为 S_2,云平台执行 ReEnc 算法将初始密文做重加密计算,生成重加密密文。S_2 中的一个接收者可以从云平台下载重加密密文并执行 Dec2 对其进行解密。

1. 方案定义

(1) 初始化

以安全参数 λ 和 N 为输入,生成主公共参数 PK 和主密钥 MK。其中安全参数 λ 由系统所要求的安全级别来决定,如果系统要求的安全级别高,也就是抗破解能力更强,安全参数 λ 的设置就越高,但是相应地会提高方案执行过程中的运算开销。因为安全参数 λ 直接与椭圆曲线的阶数正相关,如果安全参数 λ 的值比较大,相应地,两个椭圆曲线群阶数就会高,每次群元素参与的计算会花费更多的时间。

单次加密中所允许的最大接收者个数 N 是由系统所要求的总用户个数决定的,如果系统总用户个数不多,则最好将 N 设置为合适的较小数值。因为 N 的值直接决定了主公共参数的长度,而主公共参数存储在系统中的每个用户端,越长则造成的存储开销就越大。主公共参数会参与到初始加密、重加密密钥生成、初始解密和重加密密文解密等多个阶段,短的主公共参数可以提高整个过程的执行效率。

初始化函数由安全参数 λ 和单加密所允许的最大接收者个数 N 为基数决定整个系统的安全级别和系统规模,此阶段生成的主公共参数和主密钥将参与接下来的所有函数的运算过程。

（2）密钥生成

以主密钥和用户的身份 ID 为输入,做计算后为用户生成与其身份相对应的私钥 SK。秘钥生成函数为每一个新加入的用户生成私钥,由中央机构对用户身份 ID 和主密钥进行计算,生成与 ID 相对应的私钥,并将其发送给用户。在接下来的各个函数中,用户身份 ID 将作为用户的公钥,在此函数中生成的私钥作为用户的私钥。因为云平台的安全性问题,云平台并不知道用户的私钥。

（3）初始加密

以主公共参数 PK、所要发送的用户集合 S、所要发送的明文 M 以及为此条数据选择的条件 α 作为输入,经过计算后生成初始密文。初始加密是相对于接下来的重加密所说的,是对明文进行的加密,所以称其为初始加密,生成的密文称为初始密文。这里,初始加密过程由发送者为一群接收者生成一条初始密文,在运算过程中将接收者集合的身份 ID 作为其公钥参与计算,主公共参数 PK 作为输入参数参与计算,为接收者所请求的明文 M 选取一个条件,此条件应用于接下来步骤中的细粒度控制,对明文 M 进行初始加密并生成初始密文。

初始密文由发送者生成,然后发送给云平台,由云平台存储并代为广播。如果由发送者直接广播,那么发送者必须保持一直在线,等待接收者上线并接收,由云平台广播则解决了这个问题,发送者生成初始密文并发送给云平台后,其可以离线,接下来的过程交给云平台,减轻了发送者的负担,而且在整个过程中并不会破坏密文的安全性。接收者在下载初始密文后也可以直接将初始密文存储到自己在云平台的空间里。初始密文直接在云平台进行传输,不需要接收者下载后再上传,整个过程会更加快捷。

（4）重加密密钥生成

以主公共参数 PK、一个用户的身份 ID 及其私钥 SK、所要转发的用户集合 S 和一个条件 α 作为输入,计算后生成重加密密钥。重加密密钥生成的过程由初始密文的所有者发起,为初始密文的请求者生成重加密密钥,并将其发送给云平台。在此步骤中,初始密文的所有者可以是初始密文生成步骤中的发送者,也可以是接收者,只要是能解密此初始密文的用户都可以为此初始密文生成重加密密钥。

初始密文在云平台存放,当有其他用户对此密文有需求时,向云平台发送数据请求,云平台将此请求发送给初始密文的所有者,此初始密文所有者就成为此步骤中的发送者。发送者获取请求此数据的用户群的所有用户的身份 ID,将这些身份 ID 和主公共参数 PK、发送者本身的私钥和公钥、所请求初始密文数据所对应的条件作为输入,由发送者进行计算,并生成重加密密钥。在执行的过程中发送者选取与所请求初始密文相对应的条件生成重加密密钥,云平台只能将此重加密密钥和与此重加密密钥条件完全相同的初始密文进行计算并生成正确的重加密密文。这个过程保证了初始密文所有者对其外包密文数据的细粒度控制。发送者计算生成重加密密钥后将其发送给云平台,由云平台进行接下来的重加密计算。

（5）代理重加密

以主公共参数 PK、重加密密钥、一条初始密文和一个用户身份集合 S 为输入,计算生成一条重加密密文。代理重加密的过程由代理方执行,在执行的过程中代理方不会获得有关初始密文所有者私钥的任何信息,也不会获得有关初始密文的任何信息。代理方收到由初始密文所有者发来的重加密密钥,结合主公共参数,获得所有接收者的公钥（即其身份 ID）,做代理重加密计算,将初始密文转化成重加密密文,并将其广播给接收者。指定的接收者可以用其私钥将其解密,而非指定的接收者无法用其私钥正确解密重加密密文。在代理重加密的过程中,只有与重加密密钥具有相同条件的初始密文才可以由正确的代理重加密计算过程生成正确的重加密密文,条件不相符的初始密文与重加密密钥进行计算后,不能生成正确的重加密密文,生成的数据不可被任何用户的私钥正确解密。

（6）初始密文解密

以主公共参数 PK、一个用户的身份 ID 及其私钥 SK、一条初始密文和一个用户身份集合 S 为输入,做解密计算,得出明文。初始密文的接收者上线后,可以从云平台下载自己所请求的数据,并用其私钥对初始密文进行解密。非指定接收者即使获得初始密文也不可能正确解密。在此过程中,初始密文已由云平台直接转入接收者的个人数据空间,接收者可以重复下载数据,也可以对其进行分享,此时作为初始密文的所有者,为其生成重加密密钥,将其分享给其他用户。

（7）重加密密文解密

以主公共参数 PK、一个用户的身份 ID 及其私钥 SK、一条重加密密文和一个用户身份集合 S 为输入,做解密计算,得出明文。重加密密文的接收者上线后,可以从云平台下载自己所请求的数据,并用其私钥对重加密密文进行解密。非指定接收者即使获得重加密密文也不可能正确解密。在此过程中,重加密密文已由云平台直接转入接收者的个人数据空间,接收者可重复下载,但与初始密文不同的是,重加密密文不可再次进行重加密计算,意味着重加密密文不能再进行重加密转发。

2. 方案构造

（1）系统设置

中央机构运行 Setup 算法,选择安全参数 $\lambda \in Z_p$、数据接收者的最大数目 N。随后,选择阶为素数 p 的双线性群 G_0 和 G_T,以及双线性映射 $e: G_0 \times G_0 \to G_T$。中央机构随机选择 $g, h, u \in G_0$ 和 $\gamma, \beta \in Z_p^*$,以及哈希函数 $H_1: \{0,1\}^* \to Z_p^*$,$H_2: \{0,1\}^* \to G_0$ 和 $H_3: G_T \to G_0$,生成公钥 $PK = (h, h^\gamma, \cdots, h^{\gamma^N}, u, u^\gamma, \cdots, u^{\gamma^N}, t, t^\gamma, \cdots, t^{\gamma^N}, e(g,h), e(g,h)^\gamma, g^\gamma, H_1, H_2)$。系统主密钥设定为 $MK = (g, \gamma)$。

（2）密钥生成

对于身份为 ID 的用户,中央机构运行 KeyGen 算法使用系统主密钥输出的用户的私钥为：

$$SK = g^{\frac{1}{\gamma + H_1(ID)}}$$

（3）数据加密

针对数据 M，数据所有者定义数据的条件 α，运行 Enc 算法加密数据后上传密文至云平台。首先，数据所有者选择数据接收者集合 U（U 的元素个数小于 N），随机选择对称密钥 $DK \in \mathbf{Z}_p$，并使用对称加密算法 SE 加密数据 M。随机选择 $k \in \mathbf{Z}_p^*$，并输出密文：

$$CT = (C_0 = SE_{DK}(M), C_1 = DK \cdot e(g,h)^k,$$

$$C_2 = h^{k \cdot \prod\limits_{ID_i \in U} (\gamma + H_1(ID_i))}, C_3 = ut^{\alpha k \cdot \prod\limits_{ID_i \in U} \frac{\gamma + H_1(ID_i)}{H_1(ID_i)}}, C_4 = g^{-\gamma k})$$

（4）重加密密钥生成

在转发数据所有者的数据时，数据转发者运行 ReKeyGen 算法选择数据接收者集合 U'，并随机选择 $k',s \in \mathbf{Z}_p$，使用私钥 SK 计算如下：

$$R_1 = SK \cdot ut^{\frac{\alpha s}{H_1(ID)}} = g^{\frac{1}{\gamma + H_1(ID)}} \cdot ut^{\frac{\alpha s}{H_1(ID)}}, R_2 = h^{k' \cdot \prod\limits_{ID_i \in U'} (\gamma + H_1(ID_i))}$$

$$R_3 = H_3(e(g,h)^{k'}) \cdot h^s, R_4 = g^{-\gamma k'}$$

最后，输出重加密密钥 $RK = (R_1, R_2, R_3, R_4)$。

（5）数据重加密

基于重加密密钥 RK，云平台运行 ReEnc 算法重加密原始密文，计算：

$$C'_1 = C_1 \cdot [e(C_4, h^{\Delta_\gamma(ID,U)}) \cdot e(R_1, C_2)]^{\frac{-1}{\prod\limits_{ID_i \in U \wedge ID_i \neq ID} H_1(ID_i)}}$$

$$= C_1 \cdot [e(g^{-\gamma k}, h^{\Delta_\gamma(ID,U)}) \cdot e(g^{\frac{1}{\gamma + H_1(ID)}} \cdot u^{\frac{\alpha s}{H_1(ID)}}, h^{k \cdot \prod\limits_{ID_i \in U} [\gamma + H_1(ID_i)]})]^{\frac{-1}{\prod\limits_{ID_i \in U \wedge ID_i \neq ID} H_1(ID_i)}}$$

$$= DK \cdot e(g,h)^k \cdot e(g,h)^{-k} \cdot e(u^{\frac{\alpha s}{H_1(ID)}}, h^{k \cdot \prod\limits_{ID_i \in U} [\gamma + H_1(ID_i)]})^{\frac{-1}{\prod\limits_{ID_i \in U \wedge ID_i \neq ID} H_1(ID_i)}}$$

$$= DK \cdot e(u^{\alpha s}, h^{-k})^{\prod\limits_{ID_i \in U} \frac{\gamma + H_1(ID_i)}{H_1(ID_i)}}$$

其中：

$$\Delta_\gamma(ID,U) = \gamma^{-1} \cdot \left\{ \prod\limits_{ID_i \in U \wedge ID_i \neq ID} [\gamma + H_1(ID_i)] - \prod\limits_{ID_i \in U \wedge ID_i \neq ID} H_1(ID_i) \right\}$$

最后，云平台输出重加密密文：

$$CT' = (C'_0 = C_0 = SE_{DK}(M), C'_1 = DK \cdot e(u^{\alpha s}, h^{-k})^{\prod\limits_{ID_i \in U} \frac{\gamma + H_1(ID_i)}{H_1(ID_i)}},$$

$$C'_2 = R_2 = h^{k' \cdot \prod\limits_{ID_i \in U'} [\gamma + H_1(ID_i)]}, C'_3 = R_3 = H_3(e(g,h)^{k'}) \cdot h^s,$$

$$C'_4 = R_4 = g^{-\gamma k'}, C'_5 = C_3 = ut^{\alpha k \cdot \prod\limits_{ID_i \in U} \frac{\gamma + H_1(ID_i)}{H_1(ID_i)}})$$

（6）数据解密

针对原始的密文，用户运行 Dec1 算法解密。如果用户的身份满足 $ID \in U$，可以计算：

$$K = [e(C_4, h^{\Delta_\gamma(ID,U)}) \cdot e(SK, C_2)]^{\frac{1}{\prod\limits_{ID_i \in U \wedge ID_i \neq ID} H_1(ID_i)}}$$

$$= [e(g^{-\gamma k}, h^{\Delta_\gamma(ID,U)}) \cdot e(g^{\frac{1}{\gamma + H_1(ID)}}, h^{k \cdot \prod\limits_{ID_i \in U} [\gamma + H_1(ID_i)]})]^{\frac{1}{\prod\limits_{ID_i \in U \wedge ID_i \neq ID} H_1(ID_i)}}$$

$$= e(g,h)^k$$

然后,用户解密出对称密钥 DK:

$$DK = \frac{C_1}{K} = \frac{DK \cdot e(g,h)^k}{e(g,h)^k}$$

最后,基于对称解密算法,解密出数据明文 M。

针对重加密的密文,用户运行 Dec2 算法解密。同理,如果用户的身份满足 $ID' \in U'$,可以计算:

$$
\begin{aligned}
K' &= \left[e(C'_4, h^{\Delta_\gamma(ID',U')}) \cdot e(SK', C'_2) \right]^{\frac{1}{\prod_{ID_i \in U' \wedge ID_i \neq ID'} \frac{1}{H_1(ID_i)}}} \\
&= \left[e(g^{-\gamma k'}, h^{\Delta_\gamma(ID',U')}) \cdot e(g^{\frac{1}{\gamma + H_1(ID)}}, h^{k' \cdot \prod_{ID_i \in U'}(\gamma + H_1(ID_i))}) \right]^{\frac{1}{\prod_{ID_i \in U' \wedge ID_i \neq ID'} \frac{1}{H_1(ID_i)}}} \\
&= e(g,h)k'
\end{aligned}
$$

然后,用户计算:

$$Z = \frac{C'_3}{H_3(K')} = \frac{H_3(e(g,h)^{k'}) \cdot h^s}{H_3(e(g,h)^{k'})} = h^s$$

最后,用户解密出 DK,并基于对称解密算法解密出数据明文 M。

$$DK = C'_1 \cdot e(Z, C'_5) = DK \cdot e(u^{as}, h^{-k})^{\prod_{ID_i \in U} \frac{\gamma + H_1(ID_i)}{H_1(ID_i)}} \cdot e(h^s, ut^{ak \cdot \prod_{ID_i \in U} \frac{\gamma + H_1(ID_i)}{H_1(ID_i)}})$$

3. 方案分析

方案的一致性是指经由正确步骤加密生成的密文,包括初始密文和重加密密文,可以被正确的接收者用私钥解密,生成原始明文。方案的一致性由以下定理保证。

定理 1　对任何由正确步骤生成的初始密文,任何由正确步骤生成的私钥 SK,如果 $ID \in S$,那么执行 Dec1 算法可以计算出明文 M。

定理 2　对任何由正确步骤生成的重加密密文:任何由正确步骤生成的私钥 SK,如果 $ID \in S$,$\alpha = \alpha$ 和 ID 同时成立,那么执行 Dec2 算法可以计算出明文 M。

5.4.2　基于访问策略的条件代理重加密方案

1. 方案定义

为了满足细粒度的重加密条件要求,基于访问策略的条件代理重加密方案被提出[16]。以社交云为例,数据所有者上传数据到社交网络后,一般会设置数据的访问控制条件,满足访问控制条件的数据转发者,不仅可以访问该数据,而且可以对该数据进行转发,并根据自己的需求设置新的访问控制条件,以实现数据的安全和快速共享。具体而言,数据所有者负责数据的产生、初始数据的加密,其产生的数据包含数据内容密文、策略条件及重加密密钥生成的所需信息,上述数据分别发送至云平台。用户进行访问请求的提交,生成重加密密钥,云平台对请求进行解析,获取用户在访问时所拥有的属性,判定其是否满足策略条件,若为合法访问,用户在获取反馈的密文数据后通过其所持有的私钥即可实现对数据的解密和使用,否则返回。

方案的模型如图 5-2 所示。

① 中央机构。中央机构是可信的第三方,为系统建立系统公钥和系统主密钥。同时,中央机构为用户生成身份密钥和属性私钥。

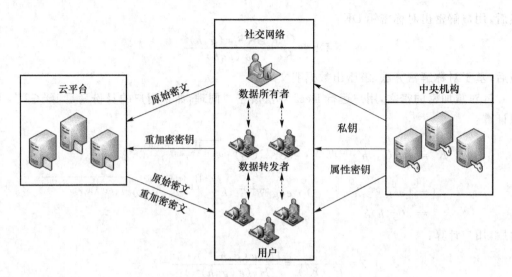

图 5-2　基于访问策略的条件代理重加密

② 云平台。云平台是半可信的第三方,用于存储数据所有者上传的数据。另外,云平台负责为用户重加密密文。

③ 数据所有者。数据所有者拟定接收者用户集合,并制订数据的访问策略,加密后上传密文到云平台。

④ 数据转发者。数据转发者是原始密文的一个接收者,同时也可以拟定新的接收者用户集合,生成重加密密钥并发送给云平台重加密。

⑤ 用户。如果用户是其中的一个接收者,那么可以解密原始加密的密文或者重加密后的密文。

基于以上模型,方案主要包括以下算法,其工作流程如图 5-3 所示。

① Setup(1^λ, N):输入安全参数 λ、最大的数据接收者数目 N,输出系统公钥 PK 和主密钥 MK。

② KeyGen(PK, MK, ID, S):输入系统公钥 PK 和主密钥 MK、用户的身份 ID 和属性集合 S,输出用户的私钥 SK 和属性密钥 AK。

③ Enc(PK, M, U, T):输入系统公钥 PK、数据明文 M、数据接收者集合 U 和访问结构 T,输出原始密文 CT。

④ ReKeyGen(PK, ID, SK, AK, U'):输入系统公钥 PK、用户的身份 ID、用户的私钥 SK 和属性密钥 AK、新的数据接收者集合 U',输出重加密密钥 RK。

⑤ ReEnc(PK, ID, RK, CT):输入系统公钥 PK、用户的身份 ID、重加密密钥 RK、原始密文 CT,如果重加密密钥 RK 中对应的属性集合满足原始密文 CT 的访问结构 T,输出重加密的密文 CT'。

⑥ Dec1(PK, ID, SK, CT):输入系统公钥 PK、用户的身份 ID 和私钥 SK、原始密文 CT,如果该用户是集合 U 的一个接收者,则输出数据明文 M。

⑦ Dec2(PK, ID, SK, CT'):输入系统公钥 PK、用户的身份 ID 和私钥 SK、重加密密文 CT',如果该用户是集合 U' 的一个接收者,则输出数据明文 M。

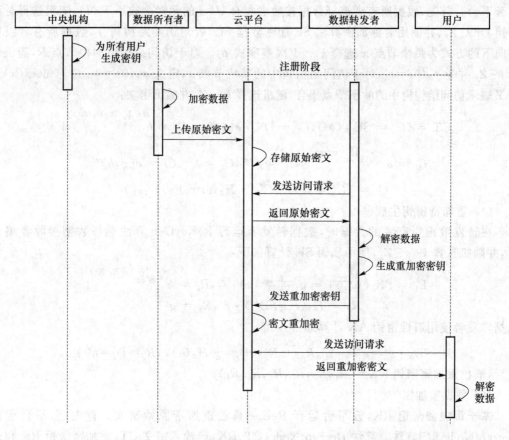

图 5-3　工作流程

2. 方案构造

（1）系统设置

中央机构运行 Setup 算法,选择安全参数 $\lambda \in \mathbf{Z}_p$、数据接收者的最大数目 N。随后,选择阶为素数 p 的双线性群 G_0 和 G_T,以及双线性映射 $e: G_0 \times G_0 \to G_T$。中央机构随机选择 $g, h, u \in G_0$ 和 $\gamma, \beta \in \mathbf{Z}_p^*$,以及哈希函数 $H_1: \{0,1\}^* \to \mathbf{Z}_p^*$, $H_2: \{0,1\}^* \to G_0$ 和 $H_3: G_T \to G_0$,生成公钥 $\mathrm{PK} = (h, h^\gamma, \cdots, h^{\gamma^N}, u, u^\gamma, \cdots, u^{\gamma^N}, h^\beta, u^\beta, e(g, h), e(g, h)^\gamma, g^\gamma, H_1, H_2, H_3)$。系统主密钥设定为 $\mathrm{MK} = (g, \gamma, \beta)$。

（2）密钥生成

对于身份为 ID 的用户,中央机构运行 KeyGen 算法输出用户的私钥为:

$$\mathrm{SK} = g^{\frac{1}{\gamma + H_1(ID)}}$$

对于数据转发者,中央机构随机选择 $r \in \mathbf{Z}_p$,并对数据转发者的属性集合 S 中的每个属性 $j \in S$ 随机选择 $r_j \in \mathbf{Z}_p$。数据转发者的属性密钥为:

$$\mathrm{AK} = (D_0 = g^{\frac{\gamma + r}{\beta}}, \{D_j = g^r H_2(j)^{r_j}, D_j' = h^{r_j}\}_{j \in S})$$

（3）数据加密

针对数据 M,数据所有者定义数据的访问结构 T,运行 Enc 算法加密数据后上传密文至云平台。首先,数据所有者选择数据接收者集合 U(U 的元素个数小于 N),随机选择对称密钥 DK$\in Z_p$,并使用对称加密算法 SE 加密数据 M。针对访问结构树 T,数据所有者以自顶向下的方式为每个节点 x 选择 k_x-1 次多项式 p_x。对于访问结构树的根节点 R,随机选择 $t\in Z_p$ 并令 $p_R(0)=t$。对于访问结构树中的其他节点 x,定义 $p_x(0)=p_{parent(x)}(index(x))$。设 Y 表示访问结构树中的叶子节点集合,随机选择 $k\in Z_p^*$ 并输出密文:

$$CT=(C_0=SE_{DK}(M), C_1=DK \cdot e(g,h)^k, C_2=h^{k \cdot \prod\limits_{ID_i \in U}[\gamma+H_1(ID_i)]},$$

$$C_3=u^{\beta t+k \cdot \prod\limits_{ID_i \in U}\frac{\gamma+H_1(ID_i)}{H_1(ID_i)}}, C_4=g^{-\gamma k}, C_5=h^{\beta t}, C_6=e(g,h)^{\gamma t},$$

$$C_7=\{\widetilde{C}_y=h^{p_y(0)}, \widetilde{C}'_y=H_2(attr_y)^{p_y(0)}\}_{y\in Y})$$

（4）重加密密钥生成

在转发数据所有者的数据时,数据转发者运行 ReKeyGen 算法选择数据接收者集合 U',并随机选择 $k',s\in Z_p$,使用私钥 SK 计算如下:

$$R_1=SK \cdot u^{\frac{s}{H_1(ID)}}=g^{\frac{1}{\gamma+H_1(ID)}} \cdot u^{\frac{s}{H_1(ID)}}, R_2=h^{k' \cdot \prod\limits_{ID_i \in U'}[\gamma+H_1(ID_i)]}$$

$$R_3=H_3(e(g,h)^{k'}) \cdot h^s, R_4=g^{-\gamma k'}$$

数据转发者使用属性密钥 AK 计算如下:

$$R_5=D_0 \cdot u^s=g^{\frac{\gamma+r}{\beta}} \cdot u^s, R_6=\{\widetilde{R}_j=D_j=g^r H_2(j)^{r_j}, \widetilde{R}'_j=D'_j=h^{r_j}\}_{j\in S}$$

最后,输出重加密密钥 RK$=(R_1,R_2,R_3,R_4,R_5,R_6)$。

（5）数据重加密

基于重加密密钥 RK,云平台运行 ReEnc 算法重加密原始密文。首先,云平台运行 DecryptNode 递归算法。算法 DecryptNode(CT,RK,x)输入密文 CT、重加密密钥 RK 和访问结构树 T 中的节点 x。如果该节点是叶子节点,令 $z=attr_x$。如果 $z\in S$ 而且该节点没有未公开的时间陷门,计算:

$$DecryptNode(CT,RK,x)=\frac{e(\widetilde{R}_z,\widetilde{C}_x)}{e(\widetilde{R}'_z,\widetilde{C}'_x)}=\frac{e(g^r H_2(z)^{r_z}, h^{p_x(0)})}{e(h^{r_z}, H_2(z)^{p_x(0)})}=e(g,h)^{r p_x(0)}$$

否则,返回 DecryptNode(CT,RK,x)$=\perp$。

如果 x 是非叶子节点,针对 x 的所有孩子节点 n,计算 DecryptNode(CT,RK,n)并输出结果 F_n。令 S_x 是任意 k_x 个孩子节点 n 的集合,每个节点 n 都满足 $F_n\neq\perp$。如果成立,则计算结果如下:

$$F_x=\prod_{n\in S_x}F_n^{\Delta_{j,S'_x}(0)}$$

$$=\prod_{n\in S_x}(e(g,h)^{r \cdot p_{parent(n)}(index(n))})^{\Delta_{j,S'_x}(0)}$$

$$=\prod_{n\in S_x}e(g,h)^{r \cdot p_x(j) \cdot \Delta_{j,S'_x}(0)}$$

$$=e(g,h)^{r \cdot p_x(0)}$$

其中,$S'_x=\{index(n):n\in S_x\}, j=index(n)$。因此,如果 RK 对应的属性集合 S 满足整个访问结构树,可以计算得到递归计算结果为 $A=DecryptNode(CT,RK,R)=e(g,h)^{r p_R(0)}=e(g,h)^{rt}$。基于此,云平台计算:

$$C'_5 = \frac{e(C_5, R_5)}{C_6 \cdot A} = \frac{e(h^{\beta t}, g^{\frac{\gamma+r}{\beta}} \cdot u^s)}{e(g,h)^{\gamma t} \cdot e(g,h)^{rt}} = e(h^{\beta t}, u^s)$$

然后，云平台计算：

$$C'_1 = C_1 \cdot [e(C_4, h^{\Delta_\gamma(\mathrm{ID},U)}) \cdot e(R_1, C_2)]^{\frac{-1}{\prod_{\mathrm{ID}_i \in U \wedge \mathrm{ID}_i \neq \mathrm{ID}} H_1(\mathrm{ID}_i)}}$$

$$= C_1 \cdot [e(g^{-\gamma k}, h^{\Delta_\gamma(\mathrm{ID},U)}) \cdot e(g^{\frac{1}{\gamma+H_1(\mathrm{ID})}} \cdot u^{\frac{s}{H_1(\mathrm{ID})}}, h^{k \cdot \prod_{\mathrm{ID}_i \in U}[\gamma+H_1(\mathrm{ID}_i)]})]^{\frac{-1}{\prod_{\mathrm{ID}_i \in U \wedge \mathrm{ID}_i \neq \mathrm{ID}} H_1(\mathrm{ID}_i)}}$$

$$= \mathrm{DK} \cdot e(g,h)^k \cdot e(g,h)^{-k} \cdot e(u^{\frac{s}{H_1(\mathrm{ID})}}, h^{k \cdot \prod_{\mathrm{ID}_i \in U}[\gamma+H_1(\mathrm{ID}_i)]})^{\frac{-1}{\prod_{\mathrm{ID}_i \in U \wedge \mathrm{ID}_i \neq \mathrm{ID}} H_1(\mathrm{ID}_i)}}$$

$$= \mathrm{DK} \cdot e(u^s, h^{-k})^{\prod_{\mathrm{ID}_i \in U} \frac{\gamma+H_1(\mathrm{ID}_i)}{H_1(\mathrm{ID}_i)}}$$

其中：

$$\Delta_\gamma(\mathrm{ID}, U) = \gamma^{-1} \cdot \left\{ \prod_{\mathrm{ID}_i \in U \wedge \mathrm{ID}_i \neq \mathrm{ID}}[\gamma + H_1(\mathrm{ID}_i)] - \prod_{\mathrm{ID}_i \in U \wedge \mathrm{ID}_i \neq \mathrm{ID}} H_1(\mathrm{ID}_i) \right\}$$

最后，云平台输出重加密密文：

$$\mathrm{CT}' = (C'_0 = C_0 = \mathrm{SE}_{\mathrm{DK}}(M), C'_1 = \mathrm{DK} \cdot e(u^s, h^{-k})^{\prod_{\mathrm{ID}_i \in U} \frac{\gamma+H_1(\mathrm{ID}_i)}{H_1(\mathrm{ID}_i)}},$$

$$C'_2 = R_2 = h^{k' \cdot \prod_{\mathrm{ID}_i \in U'}[\gamma+H_1(\mathrm{ID}_i)]}, C'_3 = R_3 = H_3(e(g,h)^{k'}) \cdot h^s,$$

$$C'_4 = R_4 = g^{-\gamma k'}, C'_5 = e(h^{\beta t}, u^s), C'_6 = C_3 = u^{\beta t + k \cdot \prod_{\mathrm{ID}_i \in U} \frac{\gamma+H_1(\mathrm{ID}_i)}{H_1(\mathrm{ID}_i)}})$$

（6）数据解密

针对原始密文，用户运行 Dec1 算法解密。如果用户身份满足 $\mathrm{ID} \in U$，可计算：

$$K = [e(C_4, h^{\Delta_\gamma(\mathrm{ID},U)}) \cdot e(\mathrm{SK}, C_2)]^{\frac{1}{\prod_{\mathrm{ID}_i \in U \wedge \mathrm{ID}_i \neq \mathrm{ID}} H_1(\mathrm{ID}_i)}}$$

$$= [e(g^{-\gamma k}, h^{\Delta_\gamma(\mathrm{ID},U)}) \cdot e(g^{\frac{1}{\gamma+H_1(\mathrm{ID})}}, h^{k \cdot \prod_{\mathrm{ID}_i \in U}[\gamma+H_1(\mathrm{ID}_i)]})]^{\frac{1}{\prod_{\mathrm{ID}_i \in U \wedge \mathrm{ID}_i \neq \mathrm{ID}} H_1(\mathrm{ID}_i)}}$$

$$= e(g,h)^k$$

然后，用户解密出对称密钥 DK：

$$\mathrm{DK} = \frac{C_1}{K} = \frac{\mathrm{DK} \cdot e(g,h)^k}{e(g,h)^k}$$

最后，基于对称解密算法，解密出数据明文 M。

针对重加密的密文，用户运行 Dec2 算法解密。同理，如果用户的身份满足 $\mathrm{ID}' \in U'$，可以计算：

$$K' = [e(C'_4, h^{\Delta_\gamma(\mathrm{ID}',U')}) \cdot e(\mathrm{SK}', C'_2)]^{\frac{1}{\prod_{\mathrm{ID}_i \in U' \wedge \mathrm{ID}_i \neq \mathrm{ID}'} H_1(\mathrm{ID}_i)}}$$

$$= [e(g^{-\gamma k'}, h^{\Delta_\gamma(\mathrm{ID}',U')}) \cdot e(g^{\frac{1}{\gamma+H_1(\mathrm{ID})}}, h^{k' \cdot \prod_{\mathrm{ID}_i \in U'}[\gamma+H_1(\mathrm{ID}_i)]})]^{\frac{1}{\prod_{\mathrm{ID}_i \in U' \wedge \mathrm{ID}_i \neq \mathrm{ID}'} H_1(\mathrm{ID}_i)}}$$

$$= e(g,h)^{k'}$$

然后，用户计算：

$$Z = \frac{C'_3}{H_3(K')} = \frac{H_3(e(g,h)^{k'}) \cdot h^s}{H_3(e(g,h)^{k'})} = h^s$$

最后,用户解密出 DK,并基于对称解密算法解密出数据明文 M。

$$DK = \frac{C'_1 \cdot e(Z, C'_6)}{C'_5} = \frac{DK \cdot e(u^s, h^{-k})^{\prod_{ID_i \in U} \frac{\gamma + H_1(ID_i)}{H_1(ID_i)}} \cdot e(h^s, u^{\beta t + k \cdot \prod_{ID_i \in U} \frac{\gamma + H_1(ID_i)}{H_1(ID_i)}})}{e(h^{\beta t}, u^s)}$$

5.4.3 结合时间控制的条件代理重加密方案

1. 方案定义

时间具有唯一性、均衡性、绝对性、可用性等特性,云计算环境下很多问题都具有时间相关性,如电子投标。为保证消息接收者能够及时解密消息,要求发送者提前将密文发给接收者;同时为防止接收者提前解密消息,要求另外一个同时间相关的密钥在特定时间发布给接收者。满足这一应用场景需求的密码学原语就是 TRE(Timed-Release Encryption)。

TRE 是一种具有时间特性的密码原语,在许多具有时间敏感性的现实应用场景中均有着十分重要的应用价值,是目前主要的一种时间控制建模技术[17]。TRE 一般基于一个代理(通常被称为时间服务器),加密的消息需要一个时间陷门才能解密,该时间陷门由代理在加密时指定的解密时间到达之后发布,一旦代理方发布这一时间陷门,就能够对收到的密文进行解密操作。

2010 年,研究人员在代理重加密技术中引入 TRE,提出基于 TRE 的代理重加密概念[18]。发送者使用其公钥与发布时间加密消息生成密文,使用其私钥和各接收者公钥生成各接收者的重加密密钥,并发送给中间代理;代理先使用发送者的公钥验证是否由发送者加密,验证通过后,再使用各接收者的重加密密钥加密生成密文,并发送给相应接收者;接收者使用其私钥和时间陷门解密,得到消息。在此基础上,本节介绍基于 TRE 和访问策略的条件代理重加密方案,如图 5-4 所示,解决大规模用户在指定的未来相同时间到来时或之后的解密问题。

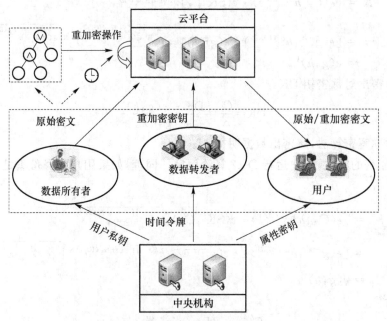

图 5-4 结合 TRE 的条件代理重加密

2. 方案构造

（1）系统设置

中央机构运行 Setup 算法，选择安全参数 $\lambda \in \mathbf{Z}_p$、数据接收者的最大数目 N。随后，选择阶为素数 p 的双线性群 G_0 和 G_T，以及双线性映射 $e: G_0 \times G_0 \to G_T$。中央机构随机选择 $g, h, u \in G_0$ 和 $\alpha, \beta, \gamma \in \mathbf{Z}_p^*$，以及哈希函数 $H_1: \{0,1\}^* \to \mathbf{Z}_p^*$，$H_2: \{0,1\}^* \to G_0$，$H_3: G_T \to G_0$ 和 $H_4: G_T \to \mathbf{Z}_p^*$，生成公钥 $\mathrm{PK} = (h, h^\alpha, \cdots, h^{\alpha^N}, u, u^\alpha, \cdots, u^{\alpha^N}, h^\beta, h^\gamma, u^\beta, e(g,h),$ $e(g,h)^\alpha, g^\alpha, H_1, H_2, H_3, H_4)$，而系统主密钥设定为 $\mathrm{MK} = (g, \alpha, \beta, \gamma)$。

（2）密钥生成

对于身份为 ID 的用户，中央机构运行 KeyGen 算法使用系统主密钥输出的用户的私钥为：

$$\mathrm{SK} = g^{1/[\alpha + H_1(\mathrm{ID})]}$$

对于数据转发者，中央机构随机选择 $r \in \mathbf{Z}_p$，并对数据转发者的属性集合 S 中的每个属性 $j \in S$ 随机选择 $r_j \in \mathbf{Z}_p$。数据转发者的属性密钥为：

$$\mathrm{AK} = (D_0 = g^{(\alpha+r)/\beta}, \{D_j = g^r H_2(j)^{r_j}, D_j' = h^{r_j}\}_{j \in S})$$

（3）数据加密

针对数据 M，数据所有者定义数据的访问结构 T 和时间陷门 TS，运行 Enc 算法加密数据后上传密文至云平台。首先，数据所有者选择数据接收者集合 U（U 的元素个数小于 N），随机选择对称密钥 $\mathrm{DK} \in \mathbf{Z}_p$，并使用对称加密算法 SE 加密数据 M。针对访问结构树 T，数据所有者以自顶向下的方式为每个节点 x 选择 $k_x - 1$ 次多项式 p_x，并随机选择秘密参数 s_x^0 和 s_x^1，以及与时间有关的参数 s_x^τ。对于访问结构树的根节点 R，随机选择 $s \in \mathbf{Z}_p$，并令 $p_R(0) = s_R^0 = s$。对于访问结构树中的每个节点，如果该节点与时间有关，则 $s_x^\tau \in \mathbf{Z}_p$ 和 $s_x^\tau \cdot s_x^1 = s_x^0$，否则 $s_x^\tau = 1$ 和 $s_x^1 = s_x^0$。对于树中的每个非叶子节点 x，定义 $p_x(0) = s_x^1$，并为 x 的每个子节点 y 定义 $s_y^0 = p_x(\mathrm{index}(y))$。

针对每个时间陷门 TS_x，相关的时间是 t，随机选择 $r_t \in \mathbf{Z}_p$，并计算 $T_x = (A_x = h^{r_t}$，$B_x = s_x^\tau + H_4(e(H_2(t), h^\gamma)^{r_t}))$。设 Y 表示访问结构树中的叶子节点集合，随机选择 $k \in \mathbf{Z}_p^*$ 并输出密文：

$$\mathrm{CT} = (C_0 = \mathrm{SE}_{\mathrm{DK}}(M), C_1 = \mathrm{DK} \cdot e(g,h)^k, C_2 = h^{k \cdot \prod\limits_{\mathrm{ID}_i \in U}[\alpha + H_1(\mathrm{ID}_i)]},$$

$$C_3 = u^{\beta s + k \cdot \prod\limits_{\mathrm{ID}_i \in U} \frac{\alpha + H_1(\mathrm{ID}_i)}{H_1(\mathrm{ID}_i)}}, C_4 = g^{-\alpha k}, C_5 = h^{\beta s}, C_6 = e(g,h)^{\alpha s},$$

$$C_7 = \{C_y' = h^{s_y^1}, C_y'' = H_2(\mathrm{attr}_y)^{s_y^1}\}_{y \in Y}, C_8 = \{A_x, b_x\}_{x \in T})$$

（4）重加密密钥生成

在转发数据所有者的数据时，数据转发者运行 ReKeyGen 算法选择数据接收者集合 U'，并随机选择 $k', s' \in \mathbf{Z}_p$，使用私钥 SK 计算如下：

$$R_1 = \mathrm{SK} \cdot u^{s'/H_1(\mathrm{ID})} = g^{1/[\alpha + H_1(\mathrm{ID})]} \cdot u^{s'/H_1(\mathrm{ID})}, R_2 = h^{k' \cdot \prod\limits_{\mathrm{ID}_i \in U'}[\alpha + H_1(\mathrm{ID}_i)]}$$

$$R_3 = H_3(e(g,h)^{k'}) \cdot h^{s'}, R_4 = g^{-\alpha k'}$$

数据转发者使用属性密钥 AK 计算如下：

$$R_5 = D_0 \cdot u^{s'} = g^{(\alpha+r)/\beta} \cdot u^{s'}, R_6 = \{R_j' = D_j, R_j'' = D_j'\}_{j \in S}$$

最后，输出重加密密钥 $RK = (R_1, R_2, R_3, R_4, R_5, R_6)$。

（5）数据重加密

每到时间 t，中央机构运行 TokenGen 算法生成时间令牌 $TK_t = H_2(t)^\gamma$。基于重加密密钥 RK 和时间令牌，云平台运行 ReEnc 算法重加密原始密文。首先，云平台查询所有与时间 t 相关的时间陷门，计算公开的陷门：

$$T_x' = B_x - H_4(e(TK_t, A_x))$$

如果上述等式成立，可以得到 $s_x^\tau = T_x'$。随后，云平台运行 DecryptNode 递归算法。算法 DecryptNode(CT, RK, x) 输入密文 CT、重加密密钥 RK 和访问结构树 T 中的节点 x。如果该节点是叶子节点，令 $z = attr_x$。如果 $z \in S$ 而且该节点没有未公开的时间陷门，计算：

$$\text{DecryptNode}(CT, RK, x) = \left[\frac{e(R_z', C_x)}{e(R_z'', C_x')}\right]^{s_x^\tau}$$
$$= e(g, h)^{r s_x^{\frac{1}{\tau} s_x^\tau}}$$
$$= e(g, h)^{r s_x^0}$$

否则，返回 DecryptNode$(CT, RK, x) = \bot$。

如果 x 是非叶子节点，针对 x 的所有孩子节点 n，计算 DecryptNode(CT, RK, n) 并输出结果 F_n。令 S_x 是任意 k_x 个孩子节点 n 的集合，每个节点 n 都满足 $F_n \neq \bot$。如果成立，则计算结果如下：

$$F_x = \left[\prod_{n \in S_x} F_n^{\Delta_{j, S_x'}(0)}\right]^{s_x^\tau}$$
$$= e(g, h)^{r s_x^0}$$

其中 $S_x' = \{\text{index}(n) : n \in S_x\}$，$j = \text{index}(n)$。因此，如果 RK 对应的属性集合 S 满足整个访问结构树，可以计算得到递归计算结果为 $A = \text{DecryptNode}(CT, RK, R) = e(g, h)^{r s_x^0} = e(g, h)^{rs}$。基于此，云平台计算：

$$C_5' = \frac{e(C_5, R_5)}{C_6 \cdot A} = \frac{e(h^{\beta s}, g^{(\alpha+r)/\beta} \cdot u^{s'})}{e(g, h)^{\alpha s} \cdot e(g, h)^{rs}} = e(h^{\beta s}, u^{s'})$$

然后，云平台计算：

$$C_1' = C_1 \cdot (e(C_4, h^{\Delta_\alpha(ID, U)}) \cdot e(R_1, C_2))^{\frac{-1}{\prod_{ID_i \in U \wedge ID_i \neq ID} H_1(ID_i)}} = DK \cdot e(u^{s'}, h^{-k})^{\prod_{ID_i \in U} \frac{\alpha + H_1(ID_i)}{H_1(ID_i)}}$$

其中：

$$\Delta_\alpha(ID, U) = \alpha^{-1} \cdot \left\{ \prod_{ID_i \in U \wedge ID_i \neq ID} [\alpha + H_1(ID_i)] - \prod_{ID_i \in U \wedge ID_i \neq ID} H_1(ID_i) \right\}$$

最后，云平台输出重加密密文：

$$CT' = (C_0' = C_0, C_1' = DK \cdot e(u^{s'}, h^{-k})^{\prod_{ID_i \in U} \frac{\alpha + H_1(ID_i)}{H_1(ID_i)}},$$
$$C_2' = R_2 = h^{k' \cdot \prod_{ID_i \in U'} (\alpha + H_1(ID_i))}, C_3' = R_3 = H_3(e(g, h)^{k'}) \cdot h^{s'},$$
$$C_4' = R_4 = g^{-\alpha k'}, C_5' = e(h^{\beta s}, u'^s), C_6' = C_3 = u^{\beta s + k \cdot \prod_{ID_i \in U} \frac{\alpha + H_1(ID_i)}{H_1(ID_i)}})$$

（6）数据解密

针对原始的密文，用户运行 Dec1 算法解密。如果用户的身份满足 $ID \in U$，可以计算：

$$K = [e(C_4, h^{\Delta_{\alpha}(ID, U)}) \cdot e(SK, C_2)]^{\frac{1}{\prod_{ID_i \in U \wedge ID_i \neq ID} H_1(ID_i)}} = e(g, h)^k$$

然后，用户解密出对称密钥 DK：

$$DK = \frac{C_1}{K} = \frac{DK \cdot e(g, h)^k}{e(g, h)^k}$$

最后，基于对称解密算法解密出数据明文 M。

针对重加密的密文，用户运行 Dec2 算法解密。同理，如果用户的身份满足 $ID' \in U'$，可以计算：

$$K' = [e(C'_4, h^{\Delta_{\alpha}(ID', U')}) \cdot e(SK', C'_2)]^{\frac{1}{\prod_{ID_i \in U' \wedge ID_i \neq ID'} H_1(ID_i)}} = e(g, h)^{k'}$$

然后，用户计算：

$$Z = \frac{C'_3}{H_3(K')} = \frac{H_3(e(g, h)^{k'}) \cdot h^{s'}}{H_3(e(g, h)^{k'})} = h^{s'}$$

最后，用户解密出 DK，并基于对称解密算法解密出数据明文 M。

$$DK = \frac{C'_1 \cdot e(Z, C'_6)}{C'_5} = \frac{DK \cdot e(u^{s'}, h^{-k})^{\prod_{ID_i \in U} \frac{\alpha + H_1(ID_i)}{H_1(ID_i)}} \cdot e(h^{s'}, u^{\beta s + k \cdot \prod_{ID_i \in U} \frac{\alpha + H_1(ID_i)}{H_1(ID_i)}})}{e(h^{\beta s}, u^{s'})}$$

5.5　代理重加密的综合应用

5.5.1　方案定义

随着体域网技术的快速发展，移动健康社交（Mobile Health Social Network，MHSN）作为一个前景广阔的系统得到了越来越多的广泛关注。然而，MHSN 的快速发展同样引起了人们对个人隐私安全问题的担忧[19]。首先针对 MHSN 场景下的健康数据与社交数据的融合，利用属性加密、身份广播加密机制分别保护健康数据和社交数据，其次基于代理重加密机制，实现数据的授权融合与分析。

移动健康社交数据安全共享如图 5-5 所示，方案的定义如下。

① 中央机构。中央机构是可信的第三方，为系统建立系统公钥和系统主密钥。同时，中央机构为用户分配属性，并生成属性私钥。

② 健康云平台。健康云平台是半可信的第三方，用于存储数据所有者上传的健康数据。另外，健康云平台为用户执行部分解密密文的操作，同时为数据分析者重加密数据。

③ 社交云平台。社交云平台是半可信的第三方，用于存储数据所有者上传的社交数据。另外，社交云平台为数据分析者重加密数据。

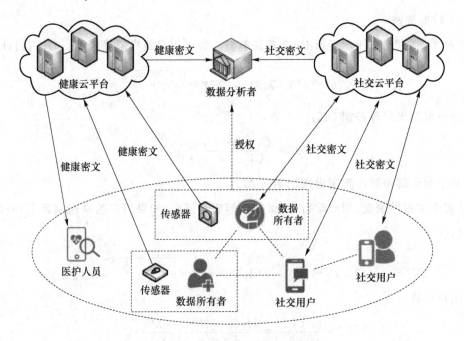

图 5-5 移动健康社交数据安全共享

④ 用户。数据所有者使用访问策略加密健康数据,再上传密文到健康云平台。同时,用户也通过移动社交云平台与家人、同学和朋友分享社交数据。

⑤ 医护人员。医护人员是可以访问健康云平台的健康数据的,如果该人员的属性满足密文的访问策略,则能够解密健康数据明文。

⑥ 数据分析者。数据分析者在用户的授权下,可以同时访问用户的健康数据与社交数据,并进行融合分析。

基于上述模型,设计的算法包括以下几个。

① Setup$(1^\lambda, N)$:输入安全参数 λ 和最大接收者数目 N,输出系统公钥 PK 和主密钥 MK。

② AKeyGen(PK, MK, S):输入系统公钥 PK 和主密钥 MK、用户的属性集合 S,输出属性密钥 AK。

③ SKeyGen(PK, MK, ID):输入系统公钥 PK 和主密钥 MK、用户的身份标识 ID,输出用户的密钥 SK。

④ Cloud. Encrypt(PK, T):输入系统公钥 PK、访问策略 T,输出健康数据密文 CT'。

⑤ Health. Encrypt(PK, m_h, CT'):输入系统公钥 PK、健康数据明文 m_h、外包加密密文 CT',输出完整的健康数据密文 CT_h。

⑥ Cloud. Decrypt(PK, CT_h, AK'):输入系统公钥 PK、完整的健康数据密文 CT_h、外包属性密钥 AK',如果属性密钥中的属性集合满足密文的访问策略,输出外包解密密文 CT_r。

⑦ Health. Decrypt(CT_r, AK):输入外包解密密文 CT_r、属性密钥 AK,输出健康数据明文 m_h。

⑧ Social. Encrypt(PK, m_c, U):输入系统公钥 PK、社交数据 m_c、接收者身份集合 U,输

出社交数据密文 CT_c。

⑨ Social. Decrypt(PK, CT_c, ID, SK)：输入系统公钥 PK、社交数据密文 CT_c、接收者的身份 ID 及私钥 SK，如果该接收者属于集合 U，输出社交数据明文 m_c。

⑩ Health. ReKeyGen(PK, AK, ID′)：输入系统公钥 PK、属性密钥 AK、数据分析者的身份 ID′，输出健康重加密密钥 RK_h。

⑪ Health. ReEnc(CT_h, RK_h)：输入健康数据密文 CT_h、健康重加密密钥 RK_h，输出重加密健康密文 RT_h。

⑫ Social. ReKeyGen(PK, SK, ID′)：输入系统公钥 PK、用户私钥 SK、数据分析者的身份 ID′，输出社交重加密密钥 RK_c。

⑬ Social. ReEnc(CT_c, RK_c)：输入社交数据密文 CT_c、社交重加密密钥 RK_c，输出重加密社交密文 RT_c。

⑭ Analyzer. Decrypt(RT_h, RT_c, SK′)：输入重加密健康密文 RT_h、重加密社交密文 RT_c、数据分析者私钥 SK′，输出健康数据明文 m_h 和社交数据明文 m_c。

5.5.2 方案构造

1. 系统设置

中央机构运行 Setup 算法，选择安全参数 $\lambda \in \mathbf{Z}_p$、数据接收者的最大数目 N。随后，选择阶为素数 p 的双线性群 G_0 和 G_T，以及双线性映射 $e: G_0 \times G_0 \rightarrow G_T$。中央机构随机选择 $g, h, u, v, w \in G_0$ 和 $\alpha, \beta \in \mathbf{Z}_p$，以及哈希函数 $H_1: \{0,1\}^* \rightarrow \mathbf{Z}_p^*$，$H_2: G_T \rightarrow G_0$，生成公钥 $PK = (g, g^\beta, e(g,g)^\alpha, h, u^\alpha, v, v^a, \cdots, v^{a^N}, e(u,v), w)$。系统主密钥设定为 $MK = (u, \alpha, \beta)$。

2. 密钥生成

中央机构运行 AKeyGen 算法随机选择 $\gamma \in \mathbf{Z}_p$，并对用户的属性集合 S 中的每个属性 $j \in S$ 随机选择 $r_j \in \mathbf{Z}_p$，并随机选择 $\varepsilon, \varphi \in \mathbf{Z}_p$，生成用户的属性密钥：

$$AK = (D = g^{(\alpha+\gamma)/\beta}, D_1 = g^\gamma h^\varepsilon, D_2 = g^\varepsilon, D_3 = g^{1/\varphi}, D_4 = g^{\varpi}, D_5 = w^{\varpi},$$

$$\{\tilde{D}_j = g^\gamma H_1(j)^{r_j}, \tilde{D}_j' = g^{r_j}\}_{j \in S})$$

对于身份为 ID 的用户，中央机构运行 SKeyGen 算法随机选择 $\pi \in \mathbf{Z}_p$，使用系统主密钥输出的用户的私钥为：

$$SK = (K = g^{1/[a+H_1(\text{ID})]}, K_1 = u^{1/\pi}, K_2 = v^\pi, K_3 = w^\pi)$$

3. 健康数据安全共享

（1）健康数据加密

移动传感器实时收集健康数据 M（如血压、心跳等），数据所有者定义数据的访问结构 T_a，随机选择对称密钥 $HK \in \mathbf{Z}_p$，并使用对称加密算法 SE 加密数据 m_h，结果为 $C = SE_{HK}(m_h)$。

云平台运行 Cloud. Encrypt 算法，针对访问结构树 T 以自顶向下的方式为每个节点 x 选择 $k_x - 1$ 次多项式 p_x。对于访问结构树的根节点 R，随机选择 $s \in \mathbf{Z}_p$ 并令 $p_R(0) = s$。对于访问结构树中的其他节点 x，定义 $p_x(0) = p_{\text{parent}(x)}(\text{index}(x))$。设 Y 表示访问结构树 T_a 中的叶子节点集合，输出外包加密密文 CT'：

$$CT' = (T, C_3' = g^s, C_4' = h^s, C_7 = \{\widetilde{C}_y = g^{p_y(0)}, \widetilde{C}_y' = H_1(\text{attr}_y)^{p_y(0)}\}_{y \in Y})$$

基于外包加密密文,数据所有者运行 Health. Encrypt 算法,随机选择 $t \in \mathbf{Z}_p$,并基于 DK 计算 $C_1 = \text{HK} \cdot e(g, g)^{\alpha t}$,以及 $C_2 = g^{\beta t}, C_3 = C_3' \cdot g^t, C_4 = C_4' \cdot h^t, C_5 = (D_4)^t, C_6 = (D_5)^t$。最后,输出完整密文 CT_h。

$$CT_h = (T, C = SE_{HK}(m_h), C_1 = \text{HK} \cdot e(g,g)^{\alpha t}, C_2 = g^{\beta t}, C_3 = g^{s+t},$$

$$C_4 = h^{s+t}, C_5 = g^{\varphi \alpha t}, C_6 = w^{\varphi \alpha t}, C_7 = \{\widetilde{C}_y = g^{p_y(0)}, \widetilde{C}_y' = H_1(\text{attr}_y)^{p_y(0)}\}_{y \in Y})$$

(2)健康数据解密

基于用户的外包密钥 $\text{AK}' = (D_1, D_2, \{\widetilde{D}_j, \widetilde{D}_j'\}_{j \in S})$,云平台运行 Cloud. Decrypt 算法解密密文。首先,云平台运行 DecryptNode 递归算法。算法输入密文 CT_h、外包密钥 AK' 和访问结构树 T 中的节点 x。

如果该节点是叶子节点,令 $z = \text{attr}_x$。如果 $z \in S$,计算:

$$\begin{aligned}
\text{DecryptNode}(CT_h, AK', x) &= \frac{e(\widetilde{D}_z, \widetilde{C}_x)}{e(\widetilde{D}_z', \widetilde{C}_x')} \\
&= \frac{e(g^\gamma H_1(z)^{r_z}, g^{p_x(0)})}{e(g^{r_z}, H_1(\text{attr}_x)^{p_x(0)})} \\
&= e(g,g)^{\gamma p_x(0)}
\end{aligned}$$

否则,返回 $\text{DecryptNode}(CT_h, AK', x) = \bot$。

如果 x 是非叶子节点,针对 x 的所有孩子节点 n,计算 $\text{DecryptNode}(CT_h, AK', x)$ 并输出结果 F_n。令 S_x 是任意 k_x 个孩子节点 n 的集合,每个节点 n 都满足 $F_n \neq \bot$。如果成立,则计算结果如下:

$$\begin{aligned}
F_x &= \prod_{n \in S_x} F_n^{\Delta_{j, S_x'}(0)} \\
&= \prod_{n \in S_x} [e(g,g)^{r \cdot p_{\text{parent}(n)}(\text{index}(n))}]^{\Delta_{j, S_x'}(0)} \\
&= \prod_{n \in S_x} e(g,g)^{r \cdot p_x(j) \cdot \Delta_{j, S_x'}(0)} \\
&= e(g,g)^{r p_x(0)}
\end{aligned}$$

其中,$j = \text{index}(n)$,$S_x' = \{\text{index}(n): n \in S_x\}$。因此,如果 AK' 对应的属性集合 S 满足整个访问结构树 T,递归计算结果为 $F = \text{DecryptNode}(CT_h, AK', R) = e(g,g)^{r p_R(0)} = e(g,g)^{rs}$。基于此,健康云平台计算:

$$B = \frac{e(D_1, C_3)}{e(D_2, C_4)} = \frac{e(g^\gamma h^\varepsilon, g^{s+t})}{e(g^\varepsilon, h^{s+t})} = e(g,g)^{\gamma(s+t)}$$

以及

$$A = B/F = e(g,g)^{\gamma(s+t)} / e(g,g)^{rs} = e(g,g)^{rt}$$

最后,健康云平台输出外包解密结果 $\text{CT}_r = (C = SE_{HK}(m_h), C_1 = \text{HK} \cdot e(g,g)^{\alpha t}, C_2 = g^{\beta t}, A = e(g,g)^{rt})$。

医护人员运行 Health. Decrypt 算法,计算出数据加密密钥 HK:

$$\mathrm{HK}=\frac{C_1 \cdot A}{e(C_2,D)}=\frac{\mathrm{HK} \cdot e(g,g)^{\alpha t} \cdot e(g,g)^{\gamma t}}{e(g^{\beta t},g^{(\alpha+\gamma)/\beta})}$$

最后,医护人员基于对称解密算法解密出健康数据明文 m_h。

4. 社交数据安全共享

（1）社交数据加密

针对社交数据 m_c,数据所有者运行 Social. Encrypt 算法加密数据后上传密文至社交云平台。首先,数据所有者选择数据接收者集合 U（U 的元素个数小于 N）,随机选择对称密钥 $\mathrm{CK}\in Z_p$,并使用对称加密算法 SE 加密数据 m_c。随机选择 $k\in Z_p^*$ 并输出社交密文 CT_c。

$$\mathrm{CT}_c=(C=\mathrm{SE}_{\mathrm{CK}}(m_c),C_1=\mathrm{CK} \cdot e(u,v)^k,C_2=v^{k \cdot \prod\limits_{\mathrm{ID}_i\in U}[\alpha+H_1(\mathrm{ID}_i)]},$$
$$C_3=v^{\gamma k},C_4=w^{\gamma k},C_5=u^{-\alpha k})$$

（2）数据解密

针对原始的密文,用户运行 Social. Decrypt 算法解密。如果用户的身份满足 $\mathrm{ID}\in U$,可以计算:

$$I=[e(C_5,v^{A_a(\mathrm{ID},U)}) \cdot e(K,C_2)]^{\frac{1}{\prod\limits_{\mathrm{ID}_i\in U \wedge \mathrm{ID}_i\neq \mathrm{ID}}H_1(\mathrm{ID}_i)}}$$

$$=[e(u^{-\alpha k},v^{A_a(\mathrm{ID},U)}) \cdot e(u^{\frac{1}{\alpha+H_1(\mathrm{ID})}},v^{k \cdot \prod\limits_{\mathrm{ID}_i\in U}[\alpha+H_1(\mathrm{ID}_i)]})]^{\frac{1}{\prod\limits_{\mathrm{ID}_i\in U \wedge \mathrm{ID}_i\neq \mathrm{ID}}H_1(\mathrm{ID}_i)}}$$

$$=[e(u^{-\alpha k},v^{-1 \cdot \{\prod\limits_{\mathrm{ID}_i\in U \wedge \mathrm{ID}_i\neq \mathrm{ID}}[\alpha+H_1(\mathrm{ID}_i)]-\prod\limits_{\mathrm{ID}_i\in U \wedge \mathrm{ID}_i\neq \mathrm{ID}}H_1(\mathrm{ID}_i)\}}) \cdot e(u,v)^{k \cdot \prod\limits_{\mathrm{ID}_i\in U \wedge \mathrm{ID}_i\neq \mathrm{ID}}[\alpha+H_1(\mathrm{ID}_i)]}]^{\frac{1}{\prod\limits_{\mathrm{ID}_i\in U \wedge \mathrm{ID}_i\neq \mathrm{ID}}H_1(\mathrm{ID}_i)}}$$

$$=[e(u^k,v)^{\prod\limits_{\mathrm{ID}_i\in U \wedge \mathrm{ID}_i\neq \mathrm{ID}}H_1(\mathrm{ID}_i)-\prod\limits_{\mathrm{ID}_i\in U \wedge \mathrm{ID}_i\neq \mathrm{ID}}[\alpha+H_1(\mathrm{ID}_i)]+\prod\limits_{\mathrm{ID}_i\in U \wedge \mathrm{ID}_i\neq \mathrm{ID}}[\alpha+H_1(\mathrm{ID}_i)]}]^{\frac{1}{\prod\limits_{\mathrm{ID}_i\in U \wedge \mathrm{ID}_i\neq \mathrm{ID}}H_1(\mathrm{ID}_i)}}$$

$$=e(u,v)^k$$

然后,用户解密出对称密钥 CK:

$$\mathrm{CK}=\frac{C_1}{I}=\frac{\mathrm{CK} \cdot e(u,v)^k}{e(u,v)^k}$$

最后,基于对称解密算法,解密出社交数据明文 m_c。

5. 授权数据分析

（1）健康数据重加密

为了实现健康数据的分析,数据所有者运行 Health. ReKeyGen 算法,选择数据分析者的身份 ID',随机选择 $t',b\in Z_p$,基于属性密钥 AK 计算:

$$R_1=D_3 \cdot w^b=g^{1/\varphi} \cdot w^b,R_2=v^{t' \cdot [\alpha+H_1(\mathrm{ID}')]},R_3=H_2(e(u,v)^{t'}) \cdot g^b$$

数据所有者输出健康数据重加密密钥 $\mathrm{RK}_h=(R_1,R_2,R_3)$。收到重加密密钥后,健康云平台运行 Health. ReEnc 算法重加密原始的健康数据密文,并计算:

$$C_1'=\frac{C_1}{e(R_1,C_5)}=\frac{\mathrm{HK} \cdot e(g,g)^{\alpha t}}{e(g^{1/\varphi} \cdot w^b,g^{\varphi\alpha t})}=\mathrm{HK} \cdot e(w^b,g^{-\varphi\alpha t})$$

最后,健康云平台输出重加密的健康数据密文:

$$\mathrm{RT}_h=(C'=C=\mathrm{SE}_{\mathrm{HK}}(m_h),C_1'=\mathrm{HK} \cdot e(w^b,g^{-\varphi\alpha t}),$$
$$C_2'=R_2=v^{t' \cdot [\alpha+H_1(\mathrm{ID}')]},C_3'=R_3=H_2(e(u,v)^{t'}) \cdot g^b,C_4'=C_6=w^{\varphi\alpha t})$$

（2）社交数据重加密

针对加密的社交数据，数据所有者运行 Social. ReKeyGen 算法，选择数据分析者的身份 ID'，随机选择 $k', l \in \mathbf{Z}_p$，基于用户私钥 SK 计算：

$$R_1 = K_1 \cdot w^l = u^{1/\pi} \cdot w^l, R_2 = v^{k' \cdot [a+H_1(\mathrm{ID}')]}, R_3 = H_2(e(u,v)^{k'}) \cdot v^l$$

数据所有者输出社交数据重加密密钥 $\mathrm{RK_c} = (R_1, R_2, R_3)$。收到重加密密钥后，社交云平台运行 Social. ReEnc 算法重加密原始的社交数据密文，并计算：

$$C_1' = \frac{C_1}{e(R_1, C_3)} = \frac{\mathrm{CK} \cdot e(u,v)^k}{e(u^{1/\pi} \cdot w^l, v^{\pi k})} = \mathrm{CK} \cdot e(w^l, v^{-\pi k})$$

最后，社交云平台输出重加密的社交数据密文：

$$\mathrm{RT_c} = (C' = C = \mathrm{SE_{CK}}(m_c), C_1' = \mathrm{CK} \cdot e(w^l, v^{-\pi k}),$$
$$C_2' = R_2 = v^{k' \cdot [a+H_1(\mathrm{ID}')]}, C_3' = R_3 = H_2(e(u,v)^{k'}) \cdot v^l, C_4' = C_4 = w^{\pi k}$$

（3）授权解密

针对重加密的健康数据和社交数据，数据分析者运行 Analyzer. Decrypt 算法，首先使用私钥计算：

$$K' = e(K, C_2') = e(u^{1/[a+H_1(\mathrm{ID}')]}, v^{k' \cdot [a+H_1(\mathrm{ID}')]}) = e(u,v)^{t'}$$

然后，数据分析者计算：

$$Z = \frac{C_3'}{H_2(K')} = \frac{H_2(e(u,v)^{t'}) \cdot g^b}{H_2(e(u,v)^{t'})} = g^b$$

最后，数据分析者计算出 HK 并恢复出健康数据明文 m_h。

$$\mathrm{HK} = C_1' \cdot e(Z, C_4') = \mathrm{HK} \cdot e(w^b, g^{-\varphi\pi t}) \cdot e(g^b, w^{\varphi\pi t})$$

同理，针对社交数据，数据分析者使用私钥计算出 v^l，以此计算出 CK 并恢复出社交数据明文 m_c。

$$\mathrm{CK} = C_1' \cdot e(v^l, C_4') = \mathrm{CK} \cdot e(w^l, v^{-\pi k}) \cdot e(v^l, w^{\pi k})$$

最后，数据分析者在授权的前提下，可以访问重加密的健康数据和社交数据，以进行进一步的分析。

5.6 小　　结

云计算环境下的数据安全共享不仅要考虑大规模外包密文数据的高效共享，同时还要为合法用户提供灵活高效的可控共享，以适应灵活、快速和大众化的云存储共享场景。

本章介绍了云计算中数据安全共享的基本概念，描述了代理重加密算法的定义和构造。5.3 节重点介绍了属性代理重加密，将属性加密与代理重加密算法结合，实现访问策略在云平台的更新。5.4 节介绍了条件代理重加密的概念和方案，其核心思想是在代理重加密的基础之上增加条件表达式来限制权限。方案中限制代理者只能根据授权者预设的条件表达式生成转换密钥，而且只能用该转换密钥加密满足预设条件表达式的密文，从而充分地限制了代理者的权限。本章还描述了 3 种典型的条件构造方式，包括关键词、访问策略和时间控制等，并介绍了代理重加密的综合应用方案。

本章参考文献

[1] 李凌. 云计算服务中数据安全的若干问题研究[D]. 合肥：中国科学技术大学，2013.

[2] 刘琴. 多用户共享云计算服务环境下安全问题研究[D]. 长沙：中南大学，2012.

[3] Blaze M，Bleumer G，Strauss M. Divertible protocols and atomic proxy cryptogra-phy[C]//Proceedings of EUROCRYPT 1998，LNCS 1403. [S. l. : s. n.]：1998：127-144.

[4] Ateniese G，Fu K，Green M，et al. Improved proxy re-encryption schemes with ap-plications to secure distributed storage[J]. ACM Transactions on Information & System Security，2006，9(1)：1-30.

[5] Green M，Ateniese G. Identity-based proxy re-encryption[C]//Proceedings of 5th International Conference on Applied Cryptography and Network Security. [S. l. : s. n.]：2007：288-306.

[6] Canetti R，Hohenberger S. Chosen-ciphertext secure proxy re-encryption[C]//Pro-ceedings of ACM Conference on Computer & Communications Security. Alexandria：ACM，2007：185-194.

[7] Guo L，Zhang C，Yue H，et al. PSaD：a privacy-preserving social-assisted content dissemination scheme in DTNs[J]. IEEE Transactions on Mobile Computing，2014，13(12)：2301-2309.

[8] Liang K，Au M，Liu J，et al. A secure and efficient ciphertext-policy attribute based proxy re-encryption for cloud data sharing[J]. Future Generation Computer Sys-tems，2015，52(C)：95-108.

[9] 杨洁. 属性基代理重加密算法研究[D]. 西安：西安电子科技大学，2014.

[10] 李婉珺. 基于属性代理重加密方案的研究[D]. 南京：南京邮电大学，2015.

[11] Luo S，Hu J，Chen Z. Ciphertext Policy Attribute-Based Proxy Re-encryption [C]//Proceedings of Information & Communications Security-international Confer-ence. Barcelona：Springer，2010，6476(4)：401-415.

[12] Huang Q，Ma Z，Yang Y，et al. Improving security and efficiency for encrypted data sharing in online social networks[J]. China Communications，2014，11(3)：104-117.

[13] 蓝才会，王彩芬. 一个新的基于秘密共享的条件代理重加密方案[J]. 计算机学报，2013，36(4)：895-902.

[14] Weng J，Deng R H，Ding X，et al. Conditional proxy re-encryption secure against chosen-ciphertext attack[C]//Proceedings of the 4th International Symposium on ACM Symposium on Information，Computer and Communications Security. Syd-ney：ACM，2009：322-332.

[15] 焦腾飞. 带条件的基于身份广播代理重加密及其在云邮件中的应用[D]. 湖北：华中科技大学，2015.

[16] Huang Q，Yang Y，Fu J. PRECISE：Identity-based private data sharing with conditional proxy re-encryption in online social networks[J]. Future Generation Computer Systems，2017.

[17] Rivest R，Shamir A，Wagner D. Time lock puzzles and timed-release crypto[R]. Cambridge：Massachusetts Institute of Technology，1996.

[18] Hong J，Xue K，Li W，et al. TAFC：time and attribute factors combined access control on time-sensitive data in public cloud[C]//Proceedings of 2015 IEEE Global Communications Conference (GLOBECOM 2015). San Diego：IEEE，2015：1-6.

[19] Liang X，Lu R，Chen L，et al. PEC：a privacy-preserving emergency call scheme for mobile healthcare social networks[J]. Journal of Communications & Networks，2012，13(2)：102-112.

第 6 章

云计算加密数据分类

6.1　云计算加密数据分类概述

伴随着人们活动范围和生活节奏的变化与信息技术的发展,我们身边的数据以及数据信息以指数方式在增长。面对如此膨胀且大量的信息,如何从大量数据中获取到有用的信息,如何将巨大的数据量转化为信息和知识资源,这些需求带动了数据挖掘技术的发展。

在数据挖掘的不同应用中,数据分类是一个重要的研究方向[1]。分类算法的应用非常广泛,只要是牵涉到把客户、人群、地区、商品等按照不同属性区分开的场景都可以使用分类算法,例如,我们可以通过客户分类构造一个分类模型来对银行贷款进行风险评估,通过人群分类来评估酒店或饭店如何定价,通过商品分类来考虑市场整体营销策略等。通过对保存的数据对象进行分类,在数据对象上产生分类规则。分类是一种根据不同数据集的特点构造出一个分类器,然后利用分类器对未知类别的样本赋予类别的技术。分类器的构造过程在一般情况下分为训练和测试两个步骤[2]。在训练阶段,根据训练数据集的特点,为每个类别产生一个对相应数据集的准确描述或模型。在测试阶段,利用先前在训练阶段得到的类别的描述或模型对测试进行分类,测试其分类准确度。

通过云存储的方式来处理海量数据并进行分类的优势有以下 3 个方面。

第一,由于数据分类处理的数据是海量的,在云存储系统中能够保存大量的数据,可以用来满足海量数据分类的需求。

第二,基于云存储技术可以实现低成本分布式并行计算环境,从而使得企业的数据处理成本大大降低,同时也不再依存于高性能的机器。

第三,基于云存储技术的数据挖掘、分类开发更为方便,屏蔽了底层。而且在并行化条件下,云存储能够提高对大规模数据的处理能力和速度,既保证了容错性,也增加了节点。

然而,任何事情都有其两面性,数据挖掘也不例外,在数据挖掘产生巨大财富的同时,随之产生的就是隐私泄露的问题[3]。所谓隐私是指个人、组织机构等实体不愿意被外部知晓的信息或数据,如个人的薪资,病人的基本信息、疾病信息及药品购买记录等[4]。如果数据采集机构或数据使用者可以确保其隐私信息得到有效保护,用户是非常乐意提供数据的。另外,对数据挖掘所获知识的外泄而产生的不适当应用同样也会给相关实体带来威胁,如顾客的喜好、公司优质客户的行为特征等,从而导致相关实体不愿提供真实可靠的原始数据[5]。由此可见,如果数据使用者无法保护相关实体的隐私信息或数据,他们所采集到的数据往往和真实的数据之间存在很大的差异,甚至无法完成数据采集工作,如果在这些数据上进行相应的数据挖掘工作,那么所得到的结果必然是不准确的,甚至是完全错误的。

如此,数据挖掘则面临着"巧妇难为无米之炊"的尴尬局面,最好的数据挖掘方法也无济于事。在数据挖掘能够提供益处的面前,只要数据采集机构或使用者采取有效措施来保护相关实体的隐私信息或数据,数据所有者还是非常愿意提供其隐私信息或数据的。隐私数据保护程度的高低将直接关系到是否能够获得足够真实的数据,从而影响到挖掘结果的可靠实用性。另外,随着大数据挖掘和云计算逐渐被越来越多的企业用户所了解,其所带来的数据保护将更加复杂和棘手,数据所有者不可能将其数据在网上随意转存以供数据挖掘算法调用[6]。因而,如何在数据挖掘的过程中做好隐私数据保护已成为数据挖掘研究领域中的一个迫切需要解决的关键问题。

总体而言,现今云存储面临的一个重大问题便是数据的安全性得不到保障,在云存储模式下,一方面,用户将数据上传给云存储服务的提供商,将数据交由他们保管,而现行的很多云存储服务的提供商都将数据进行明文存储,这给用户上传的数据带来了极大的安全威胁;另一方面,用户上传数据并希望交由第三方进行运算,以得到用户自己想要的结果,而若是数据不进行加密,第三方就能收集到大量的用户数据以实现其他目的。

采用基于密码学的隐私保护技术是隐藏敏感数据的解决方法之一[7-9],不仅能保证原始数据的安全性,而且能确保最终结果的准确性。

6.1.1 总体模型

云计算加密数据分类的设计目的是在保护用户隐私的前提下对使用者所提供的数据进行分类预测,使得使用者不必冒着泄露自身隐私的危险去进行分类预测。加密数据分类模型如图 6-1 所示。

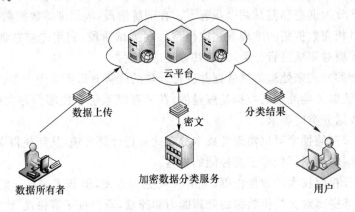

图 6-1 加密数据分类模型

① 可信机构:证书模块是一个独立的模块,被模型中的其他所有模块信任,负责提供整个系统使用的密钥的签发与保管。

② 云存储:云存储模块保存大量的历史数据,这些历史数据可以提供给数据加密分类模块进行训练。

③ 加密数据分类:加密数据分类提供加密数据分类服务和明文数据分类服务,加密数据分类模块本身保存有一定的用于训练的数据,也可以从云存储模块中获取更多的用于分类的数据。

④ 用户：用户向加密数据分类提供自身待分类的数据，如果选择加密数据分类，就提供加密的待分类数据，如果选择明文数据分类，就提供明文的待分类数据。得到加密数据分类模块的加密分类结果后，还需使用用户本身的私钥解密来得到最终的分类结果。同时用户还需要辅助云存储完成乘法同态运算。

6.1.2　工作流程

在加密数据分类算法中一共包括了 6 个步骤[10]：训练、待分类数据加密、待分类数据传输、加密数据分类、分类结果传输、分类结果解密。它们之间的关系如图 6-2 所示。

① 训练：加密数据分类模块根据不同的分类算法对样本数据进行对应的处理，完成训练工作。训练数据可以是由云存储模块提供的，也可以使用自身、本身保存的训练数据。

② 待分类数据加密：用户对待分类数据进行处理，处理方式与选择的分类算法有关，使用自身的公钥对处理后的数据进行加密，得到加密后的待分类数据。

③ 待分类数据传输：将加密后的待分类数据传输给加密数据分类模块。

④ 加密数据分类：云存储平台在得到用户加密后的待分类数据后，根据训练的结果对用户加密后的待分类数据进行分类，并得到分类结果。由于是密文运算，所以分类结果也是加密过的。

⑤ 分类结果传输：将密文的计算结果传输给用户。

⑥ 分类结果解密：用户得到密文的计算结果后，使用自己的密钥解密，得到明文的分类结果。

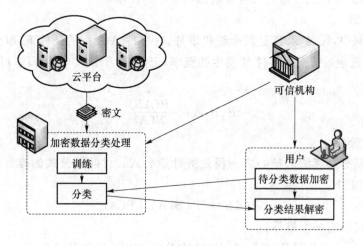

图 6-2　加密数据分类算法流程

6.2　数据分类算法概念

分类是机器学习和数据挖掘中重要的任务，分类的目的是构造一个分类器（分类模型），该分类器能把待分类的数据记录映射到给定的类别中。分类可用于预测，能从历史数据记录中自动推导出对给定数据的推广描述，从而可以对未来数据进行分类预测。分类方法已经广泛地应用在疾病诊断、机器学习、图像模式识别、客户分类、信用卡系统的信用分级、金融服务、债务风险评估、证券投资管理等领域,因为它们可以很容易地转化为分类问题并迎刃而解。分类挖掘的一般步骤如下。

第一步:建立一个模型,描述预定的数据集。为建立模型而被用于分析的数据记录组成了训练数据集,训练数据集中的单个元组称作训练样本,因为每个训练样本都提供了类标号,因此也称为有指导的学习。通过分析训练数据集来构造分类模型,分类模型可以用分类规则或决策树等形式来表示。

第二步:使用模型进行分类。首先评估模型(分类器)的预测准确率,如果认为模型的预测准确率可以接受,那么就可以用它对类标号未知的数据元组或对象进行分类。

从使用的主要技术上看,常见的数据分类算法包括朴素贝叶斯、K 最近邻和支持向量机分类算法等。

6.2.1　朴素贝叶斯分类算法

贝叶斯分类算法是统计学分类方法,它是一类利用概率统计知识进行分类的算法[11]。朴素贝叶斯分类算法属于贝叶斯分类算法这个大家族中最为简单、常用的分类算法,是基于贝叶斯定理和特征条件独立的分类算法[12]。对于给定的训练数据集,首先基于特征条件独立假设计算得到训练数据对应的先验概率,然后基于此模型,对给定的输入计算后验概率,并将最大的后验概率作为分类结果。先验概率是指由以往的数据经过分析计算后得到的概率,后验概率是指在得到信息之后再重新加以修正的概率。

1. 条件概率

在样本空间中,设 A 和 B 是两个随机事件,在事件 A 发生的条件下,事件 B 发生的概率称为事件 A 发生的情况下事件 B 发生的概率,记作 $P(B|A)$。条件概率可以由下面的公式进行计算:

$$P(B|A) = \frac{P(AB)}{P(A)}$$

2. 贝叶斯公式

朴素贝叶斯分类算法的核心之一便是贝叶斯公式。贝叶斯公式的推导需要全概率公式,全概率公式如下:

$$P(AB) = P(B|A) \times P(A)$$

由全概率公式可以有如下推导:

$$P(AB) = P(A|B) \times P(B) = P(B|A) \times P(A)$$

进行乘法的交换运算就得到了贝叶斯公式:

$$P(B|A) = \frac{P(A|B)}{P(A)} \times P(B)$$

3. 事件的独立性

设 A 和 B 是两个随机事件,若 A 和 B 两个事件互相影响,也就是不独立时,$P(B|A) \neq P(B)$,若 A 和 B 两个事件无互相影响,也就是两个事件独立时,$P(B|A) = P(B)$,这时会有:

$$P(AB) = P(B|A) \times P(A) = P(B) \times P(A)$$

同样,对 n 个事件 $A_1, A_2, \cdots, A_n$,若 $A_1, A_2, \cdots, A_n$ 互为独立事件,就有:

$$P(A_1 A_2 \cdots A_n) = P(A_1) \times P(A_2) \times \cdots \times P(A_n)$$

通过上述的知识介绍,可以得到朴素贝叶斯分类算法的正式定义如下。

设 $x = \{a_1, a_2, \cdots, a_m\}$ 为一个待分类项,而每个 a 为 x 的一个特征属性。针对类别集合 $C = \{y_1, y_2, \cdots, y_n\}$,计算 $P(y_1|x)$, $P(y_2|x)$, $\cdots$, $P(y_n|x)$,如果 $P(y_k|x) = \max\{P(y_1|x), P(y_2|x), \cdots, P(y_n|x)\}$,则 $x \in y_k$。

在朴素贝叶斯分类算法中的关键便是如何计算各个条件概率。我们可以这样做:找到一个已知分类的待分类合集,也就是常说的训练集,统计得到在各个类别下各个特征属性的条件概率估计,即:

$$P(a_1|y_1), P(a_2|y_1), \cdots, P(a_m|y_1)$$
$$P(a_1|y_2), P(a_2|y_2), \cdots, P(a_m|y_2)$$
$$\vdots$$
$$P(a_1|y_n), P(a_2|y_n), \cdots, P(a_m|y_n)$$

假定各个特征属性之间是互相独立的,则根据贝叶斯定理有如下推导:

$$P(y_i|x) = \frac{P(x|y_i)P(y_i)}{P(x)}$$

因为分母对于所有类别为常数,我们只要将分子最大化即可,又因为各特征属性是条件独立的,所以有:

$$P(x|y_i)P(y_i) = P(a_1|y_i)P(a_2|y_i)\cdots P(a_m|y_i)P(y_i) = P(y_i)\prod_{j=1}^{m} P(a_j|y_i)$$

6.2.2　K 最近邻分类算法

K 最近邻(KNN)分类算法是各种分类算法中最为简单的方法之一[13],是在 1NN 算法上的继续推广。1NN 算法的基本思想是:在训练样本集中,所有实例都代表一个点,分类时计算 x 到所有样本点的距离,比较距离的大小,距离最小的样本点的类别就是 x 的类别。在 KNN 算法中,所选择的邻居都是已经正确分类的对象,其基本思想和 1NN 是相同的,依据最邻近的 K 个样本点的类别来确定自己的类别。

总体来说,KNN 分类算法包括以下 4 个步骤。

① 准备数据,对数据进行预处理。

② 计算测试样本点(也就是待分类点)到其他每个样本点的距离。

③ 对每个距离进行排序,然后选择出距离最小的 K 个点。

④ 对 K 个点所属的类别进行比较,根据少数服从多数的原则,将测试样本点归入在 K 个点中占比最高的那一类。

在 KNN 分类算法中,最为关键的便是两个点之间距离的计算,一般有以下几种计算方法。

1. 欧氏距离

欧氏距离是一种普遍采用的距离定义,表示在 n 维空间中两个点之间的实际距离或者向量的自然长度。计算方式如下:

$$d_{12} = \left[\sum_{k=1}^{n} (x_{1k} - x_{2k})^2 \right]^{\frac{1}{2}}$$

2. 曼哈顿距离

曼哈顿距离就是在规划为方形建筑区块的城市间最短的行车路线。计算方式如下：

$$d_{12} = \sum_{k=1}^{n} |x_{1k} - x_{2k}|$$

这个公式还有另一种表示方式：

$$d_{12} = \lim_{k \to \infty} \left(\sum_{i=1}^{n} |x_{1i} - x_{2i}|^k \right)^{\frac{1}{k}}$$

3. 切比雪夫距离

切比雪夫距离也称为棋盘距离，表示在国际象棋棋盘上，国王要从一个位置移动到另一个位置所需要走的步数。计算方式如下：

$$d_{12} = \max_k (|x_{1k} - x_{2k}|)$$

4. 闵氏距离

闵氏距离不是一种距离，而是一组距离的定义。计算方式如下：

$$d_{12} = \left(\sum_{k=1}^{n} |x_{1k} - x_{2k}|^p \right)^{\frac{1}{p}}$$

当 $p=1$ 时，就是曼哈顿距离；当 $p=2$ 时，就是欧氏距离；当 $p \to \infty$ 时，就是切比雪夫距离。

5. 标准化欧氏距离

标准化欧氏距离是针对欧氏距离的缺点而做的一种改进方案，将各个分量都标准化到均值，方差相等。计算方式如下：

$$d_{12} = \left[\sum_{k=1}^{n} \left(\frac{x_{1k} - x_{2k}}{s_k} \right)^2 \right]^{\frac{1}{2}}$$

其中，s_k 是分量的标准差。

6. 马氏距离

马氏距离用于度量两个坐标点之间的距离关系，表示数据的协方差距离。有 M 个样本的向量 $X_1 \sim X_M$，协方差矩阵记为 S，则其中向量 X_i 到向量 X_j 的距离为：

$$D(X_i, X_j) = \sqrt{(X_i - X_j)^\mathrm{T} S^{-1} (X_i - X_j)}$$

6.2.3 支持向量机分类算法

支持向量机(SVM)分类算法依据统计学理论中的结构风险最小化原则，其主要思想可以概括为两点：它针对线性可分情况进行分析，对于线性不可分情况，通过使用非线性映射算法将低维输入空间线性不可分的样本转化为高维特征空间，使其线性可分，从而使得高维特征空间采用线性算法对样本的非线性特征进行线性分析成为可能；它基于结构风险最小化理论在特征空间中建构最优分割超平面，使得学习得到全局最优化，并且在整个样本空间的期望风险以某个概率满足一定上界[14]。

假设线性分类面的形式为：

$$g(x) = \omega \times x + b = 0$$

其中，ω 为分类面的权系数向量，b 为分类阈值，可用任一支持向量求得，或者通过两类中任一对支持向量取中值求得。将判别函数归一化，使得所有样本都满足 $|g(x)| = 1$，即 $y_i[(\omega \times x_i) + b] - 1 \geqslant 0, i = 0, 1, 2, \cdots, N, y_i$ 是样本的类别标记，即当样本属于 C 类时，

$y_i = 1$，否则 $y_i = -1$；x_i 是相应的样本。这样样本的分类间隔就等于 $2/\parallel \omega \parallel$，设计的目标就是要使得这个间隔值最小。据此定义 Lagrange 函数：

$$L(\omega, b, \alpha) = \frac{1}{2}(\omega \times \omega) - \sum_{i=1}^{n} \alpha_i \{y_i [(\omega \times x_i) + b] - 1\}$$

其中，$\alpha_i > 0$ 为 Lagrange 乘数，对 ω 和 b 求偏微分并令其为 0，原问题转换成如下对偶问题：

在约束条件 $\sum_{i=1}^{n} y_i \alpha_i = 0, \alpha_i > 0, i = 0, 1, 2, \cdots, n$ 下对 α_i 求解下列函数的最大值：

$$Q(\alpha) = \sum_{i=1}^{n} \alpha_i - \frac{1}{2} \sum_{i,j=1}^{n} \alpha_i \alpha_j y_i y_j (x_i, x_j)$$

如果 α_i^* 为最优解，由公式：

$$\omega^* = \sum_{i=1}^{n} \alpha_i^* \times y_i x$$

得出最优分类面的权系数向量。为了判断某个样本是否属于类，最优分类函数计算如下：

$$f(x) = \text{sign}[(\omega^* \times x) + b^*] = \text{sign}\left[\sum_{i=1}^{n} \alpha_i^* \times y_i (x_i, x) + b^*\right]$$

若 $f(x) = 1$，x 就属于该类；否则就不属于该类。对于线性不可分的情况，可以引入松弛因子，在求最优解的限制条件中加入对松弛因子的惩罚函数。在计算非线性的情况下，则需要使用核函数。核函数可以在特征空间中直接计算内积 (x_i, x_j)，将数据隐式映射到高维空间且不增加参数个数。

一般核函数有以下几种。

① 多项式核：

$$K(x_i, x_j) = (\langle x_i, x_j \rangle + R)^d$$

② 高斯核：

$$K(x_i, x_j) = \exp(-\frac{\parallel x_i - x_j \parallel^2}{2\sigma^2})$$

③ 线性核：

$$K(x_i, x_j) = \langle x_i, x_j \rangle$$

6.3　Paillier 同态加密

6.3.1　基本加密同态

Paillier 加密系统是 1999 年 Paillier 发明的概率公钥加密系统，基于复合剩余类的困难问题[15]，是一种同态加密，满足加法和数乘同态，主要的工作步骤如下。

1. 生成密钥

取两个大素数 p 和 q，计算 $n = p \times q$，$\lambda(n) = lcm(p-1, q-1)$，$G$ 为模 n^2 的乘法群，即 $G = \{w | w \in Z_{n^2}^*\}$，随机选择 $g \in G$，使得 g 满足 $\gcd(L(g^\lambda \bmod n^2), n) = 1$，则该加密算法的公钥为 (g, n)，私钥为 $\lambda(n)$，密文的取值域为 $\mathbf{Z}_n$，即范围为 $0 < m < n$。函数 $L(x)$ 被定义为：

$$\forall\, x \in S, L(x) = \frac{x-1}{n}。$$

2. 加密

待加密的数为 $m \in \mathbf{Z}_n$，选取一个随机数 $r \in \mathbf{Z}_n^*$，计算密文 c：

$$c = g^m r^n \bmod n^2$$

3. 解密

$$m = \frac{L(c^\lambda \bmod n^2)}{L(g^\lambda \bmod n^2)} \bmod n$$

4. 加法同态性

$$\begin{aligned}
E_{PK}(x, r_1) \times E_{PK}(y, r_2) &= g^x r_1^n \bmod n^2 \times g^y r_2^n \bmod n^2 \\
&= g^{x+y}(r_1 \times r_2)^n \bmod n^2 \\
&= E_{PK}(x+y; r_1 \times r_2)
\end{aligned}$$

由于选取的随机数不会影响解密的结果，所以可以得出 Paillier 加密算法具有加法同态的性质。

5. 数乘同态性

选择一个待乘数 $b, b \in \mathbf{Z}_n$，则：

$$(E_{PK}(m))^b = g^{b \times m} r^{b \times n} \bmod n^2 = E_{PK}(b \times m)$$

对于一个常数，Paillier 加密算法能够完成对密文的标量乘法同态运算。

6.3.2 乘法同态运算

一般地，可以将乘法同态运算记作 $\otimes$。由于 Paillier 同态加密算法只适用于加法同态的情况，所以需要进行额外的构造以实现乘法同态的功能[16]。

可知：

$$(x+r_x) \times (y+r_y) = x \times y + x \times r_y + y \times r_x + r_x \times r_y$$

即：

$$x \times y = (x+r_x) \times (y+r_y) - x \times r_y - y \times r_x - r_x \times r_y$$

对等式两边进行加密，得到：

$$E(x \times y) = E((x+r_x) \times (y+r_y) - x \times r_y - y \times r_x - r_x \times r_y)$$

根据加法同态的性质，等式可变成：

$$E(x \times y) = E((x+r_x) \times (y+r_y)) \times E(x)^{N-r_y} \times E(y)^{N-r_x} \times E(r_x \times r_y)^{N-1}$$

由于 r_x、r_y 都是由需要实现乘法同态的模块自行随机产生的，所以 $E(x)^{N-r_y}$、$E(y)^{N-r_x}$、$E(r_x \times r_y)^{N-1}$ 都是可以自行运算得到的，因此实现乘法同态只需要计算出 $E((x+r_x) \times (y+r_y))$。假设需要进行乘法同态运算的人是 Bob，私钥在 Alice 手中，则具体步骤如下。

① Bob 计算 $E(x) \times E(r_x)$ 和 $E(y) \times E(r_y)$，然后将结果交给 Alice。

② Alice 解密后得到 $x+r_x$ 和 $y+r_y$，计算 $(x+r_x) \times (y+r_y)$，再加密得到 $E((x+r_x) \times (y+r_y))$，将 $E((x+r_x) \times (y+r_y))$ 回传给 Bob。

③ Bob 计算得到 $E(x \times y)$。

6.4　基于同态加密的隐私数据分类

6.4.1　基于朴素贝叶斯的隐私数据分类

1. 训练

假设得到的样本数据表示方法如下[17]：

$$\boldsymbol{X}_n^i=(x_1^i,x_2^i,\cdots,x_n^i)$$

$$\boldsymbol{Y}_m^i=(y_1^i,y_2^i,\cdots,y_m^i)$$

i 表示第 i 个样本数据，$\boldsymbol{X}_n^i$ 表示第 i 个样本数据的特征向量，n 表示整个分类系统的特征数量，$\boldsymbol{Y}_m^i$ 表示第 i 个样本数据的类别向量，m 表示整个分类系统的类别数量。如果样本数据 i 具有第 j 种特征，则 $x_j^i=1$；如果样本数据 i 不具有第 j 种特征，则 $x_j^i=0$。如果样本数据 i 属于第 t 种类别，则 $y_t^i=1$；如果样本数据 i 不属于第 t 种类别，则 $y_t^i=0$。当一个特征 x_k 不能使用 0 和 1 两种状态来表示时，就将这个特征转换成 $(x_1'^i,x_2'^i,\cdots,x_{n'}'^i)$ 表示，n' 表示特征 x_k 的范围。例如，特征 k 的取值从 1 到 5，那么就转化成 $(x_1'^i,x_2'^i,x_3'^i,x_4'^i,x_5'^i)$，若 $x_k^i=3$，则 $x_3'^i=1,x_1'^i=x_2'^i=x_4'^i=x_5'^i=0$。同理，若一个类别 y_k^i 不能使用 0 和 1 两种状态来表示时，也采取相同的方法。

将所有的特征向量相加得到 $\boldsymbol{X}_n'=(x_1',x_2',\cdots,x_n')$，同样，将所有的类别向量相加得到 $\boldsymbol{Y}_m'=(y_1',y_2',\cdots,y_m')$。用 l 表示样本数据的总数。计算概率的方式如下：

$$P(A_j=1|C_t=1)=\frac{x_j'}{y_t'}$$

$$P(A_j=1|C_t=0)=\frac{x_j'}{l-y_t'}$$

$$P(C_t=1)=\frac{y_t'}{l}$$

$$P(C_t=0)=\frac{l-y_t'}{l}$$

$$P(A_j=0|C_t=1)=1-P(A_j=1|C_t=1)$$

$$P(A_j=0|C_t=0)=1-P(A_j=1|C_t=0)$$

不过，计算出来的概率都是小数，无法进行加密操作，所以需要将所有的概率乘上一个常数 B 再取整。至此，训练完成。

2. 待分类数据加密

待分类数据加密部分的操作与训练部分有很多的相似之处。待分类数据的表示方法如下：

$$\boldsymbol{X}_n=(x_1,x_2,\cdots,x_n)$$

$\boldsymbol{X}_n$ 表示待分类数据的特征向量，n 表示整个分类系统的特征数量。如果待分类数据具有第 j 种特征，则 $x_j=1$；如果待分类数据不具有第 j 种特征，则 $x_j=0$。当一个特征 x_k 不能使用 0 和 1 两种状态来表示时，就将这个特征转换成 $(x_1',x_2',\cdots,x_{n'}')$ 表示，n' 表示特征 x_k 的范围。例如，特征 k 的取值从 1 到 5，那么就转化成 $(x_1',x_2',x_3',x_4',x_5')$，若 $x_k=3$，则 $x_3'=$

$1, x_1' = x_2' = x_4' = x_5' = 0$。

将待分类数据的特征向量的每一个值分别加密，即 $E(\boldsymbol{X}_n) = \{E(x_1), E(x_2), \cdots, E(x_n)\}$，将加密后的特征向量作为待分类数据加密部分的结果。

3. 加密数据分类

加密数据分类模块得到待分类数据 $E(\boldsymbol{X}_n) = \{E(x_1), E(x_2), \cdots, E(x_n)\}$，在没有用户私钥的情况下是无法解密得到用户的数据的。对每个特征 $E(x_j)$，每个类别 t 计算概率的方式如下：

$$E_{\text{PK}}(P(A_j = x_j \mid C_t = 1)) = E_{\text{PK}}(x_j \times P(A_j = 1 \mid C_t = 1) + (1 - x_j) \times P(A_j = 0 \mid C_t = 1))$$
$$= E_{\text{PK}}(x_j)^{P(A_j = 1 \mid C_t = 1)} \times E_{\text{PK}}(1 - x_j)^{P(A_j = 0 \mid C_t = 1)}$$

同理，可以计算：

$$E_{\text{PK}}(P(A_j = x_j \mid C_t = 0)) = E_{\text{PK}}(x_j \times P(A_j = 1 \mid C_t = 0) + (1 - x_j) \times P(A_j = 0 \mid C_t = 0))$$
$$= E_{\text{PK}}(x_j)^{P(A_j = 1 \mid C_t = 0)} \times E_{\text{PK}}(1 - x_j)^{P(A_j = 0 \mid C_t = 0)}$$

然后，加密数据分类模块计算：

$$E_{j,1} = E_{\text{PK}}\Big(\prod_{i=1}^{n} P(A_i = X_i \mid C_j = 1)\Big) \times P(C_j = 1)$$

$$E_{j,0} = E_{\text{PK}}\Big(\prod_{i=1}^{n} P(A_i = X_i \mid C_j = 0)\Big) \times P(C_j = 0)$$

通过乘法同态运算可以完成上述计算。在计算概率完成后，还无法得到分类的结果，因为计算处理的概率都是用密文表示的，所以我们还需要对密文进行比较，得到较大的那个密文，为此，我们构建了 PMAX 密文比较算法，在不解密计算结果的前提下，比较两个密文结果的大小。

假定待比较大小的为 $E_{\text{PK}}(H_A)$ 和 $E_{\text{PK}}(H_B)$，$E_{\text{PK}}(\text{ID}_A)$ 和 $E_{\text{PK}}(\text{ID}_B)$ 是对应的密文，H_A 对应 ID_A，H_B 对应 ID_B。步骤如下。

① 云存储模块计算 $E_{\text{PK}}(H_A')$ 和 $E_{\text{PK}}(H_B')$：

$$E_{\text{PK}}(H_A') = E_{\text{PK}}(1) \times E_{\text{PK}}(H_A)^2 = E_{\text{PK}}(2H_A + 1)$$
$$E_{\text{PK}}(H_B') = E_{\text{PK}}(H_B)^2 = E_{\text{PK}}(2H_B)$$

这样做是为了防止当 $H_A = H_B$ 时，比较大小为随机值的情况发生，若 $H_A = H_B$ 则将永远返回 H_A，而当 $H_A < H_B$ 或 $H_A > H_B$ 时，H_A' 和 H_B' 的大小情况与 H_A、H_B 相同。选择 3 个随机数 R、r_1、r_2，再从 $(0,1)$ 中选择一个随机数 s。当 $s = 1$ 时，计算 C_1、C_2、C_3：

$$C_1 = E_{\text{PK}}(H_A')^R \times E_{\text{PK}}(H_B')^{N-R} \times E_{\text{PK}}(2^L) \bmod N^2$$
$$= E_{\text{PK}}(R(H_A' - H_B') + 2^L)$$
$$C_2 = E_{\text{PK}}(H_B')^R \times E_{\text{PK}}(H_A')^{N-1} \times E_{\text{PK}}(r_1) \bmod N^2$$
$$= E_{\text{PK}}(H_B' - H_A' + r_1)$$
$$C_3 = E_{\text{PK}}(\text{ID}_B) \times E_{\text{PK}}(\text{ID}_A)^{N-1} \times E_{\text{PK}}(r_2) \bmod N^2$$
$$= E_{\text{PK}}(\text{ID}_B - \text{ID}_A + r_2)$$

当 $s = 0$ 时，H_A' 和 H_B' 互相交换位置，ID_A 和 ID_B 互相交换位置。$L = R \times B$，2^L 是为了保证 $R(H_A' - H_B') + 2^L$ 始终为正整数。将 C_1、C_2、C_3、R 传给用户。

② 用户收到 C_1、C_2、C_3、R 后，将 C_1 解密得到 $M = D_{\text{SK}}(C_1)$。比较 M 和 2^L 的大小：若 $M > 2^L$，则 $a = 0$，$D_2' = E_{\text{PK}}(0)$，$D_3' = E_{\text{PK}}(0)$；若 $M < 2^L$，则 $a = 1$，$D_2' = C_2 \times r_3^N$，$D_3' = C_3 \times r_4^N$。其

中，r_3、r_4 为随机数，计算 $E_{PK}(a)$，并将 $E_{PK}(a)$、D_2'、D_3' 回传给云平台。

③ 云平台收到 $E_{PK}(a)$、D_2'、D_3' 后进行如下计算。若 $s=1$，则：

$$E_{PK}(H)=E_{PK}(H_A)\times D_2'\times E_{PK}(a)^{N-r_1}$$
$$E_{PK}(ID)=E_{PK}(ID_A)\times D_3'\times E_{PK}(a)^{N-r_2}$$

若 $s=0$，则：

$$E_{PK}(H)=E_{PK}(H_B)\times D_2'\times E_{PK}(a)^{N-r_1}$$
$$E_{PK}(ID)=E_{PK}(ID_B)\times D_3'\times E_{PK}(a)^{N-r_2}$$

从而通过密文比较算法 PMAX，可以计算出 $E_{PK}(H_A)$ 和 $E_{PK}(H_B)$ 中较大的那一个，以及所对应的 $E_{PK}(ID)$。

下面证明密文比较算法 PMAX 的正确性。

当 $s=1$，$H_A'>H_B'$ 时：

$$a=0,D_2'=E_{PK}(0),D_3'=E_{PK}(0)$$
$$\begin{aligned}E_{PK}(H)&=E_{PK}(H_A)\times D_2'\times E_{PK}(a)^{N-r_1}\\&=E_{PK}(H_A)\times E_{PK}(0)\times E_{PK}(0)^{N-r_1}\\&=E_{PK}(H_A)\end{aligned}$$
$$\begin{aligned}E_{PK}(ID)&=E_{PK}(ID_A)\times D_3'\times E_{PK}(a)^{N-r_2}\\&=E_{PK}(ID_A)\times E_{PK}(0)\times E_{PK}(0)^{N-r_2}\\&=E_{PK}(ID_A)\end{aligned}$$

当 $s=1$，$H_A'<H_B'$ 时：

$$a=1,D_2'=C_2\times r_3^N,D_3'=C_3\times r_4^N$$
$$\begin{aligned}E_{PK}(H)&=E_{PK}(H_A)\times D_2'\times E_{PK}(a)^{N-r_1}\\&=E_{PK}(H_A)\times E_{PK}(H_B-H_A+r_1)\times E_{PK}(1)^{N-r_1}\\&=E_{PK}(H_B)\end{aligned}$$
$$\begin{aligned}E_{PK}(ID)&=E_{PK}(ID_A)\times D_3'\times E_{PK}(a)^{N-r_2}\\&=E_{PK}(ID_A)\times E_{PK}(ID_B-ID_A+r_2)\times E_{PK}(1)^{N-r_2}\\&=E_{PK}(ID_B)\end{aligned}$$

当 $s=0$ 时，证明与上文相同。

故密文比较算法可以在不知道明文的情况下完成对密文的比较。将得到的 $E_{PK}(ID)$ 作为加密数据分类的结果。

4. 分类结果解密

用户在得到 $E_{PK}(ID)$ 后，使用自己的私钥解密 $D_{SK}(E_{PK}(ID))$，得到明文结果 ID，然后根据 ID 得到分类结果。

6.4.2　基于 KNN 的隐私数据分类

1. 待分类数据加密

用在 n 维空间中的一个点来表示待分类数据：

$$X_n=(x_1,x_2,\cdots,x_n)$$

X_n 表示待分类数据在 n 维特征空间中的坐标，n 表示整个系统的特征数量。如果待分类数

据的第 j 个特征用数字 a 表示,则 $x_j=a$,如果特征采用不同的状态且非数字表示,就将不同的状态对应为不同的数字。例如,特征 k 有 3 种状态 z_1、z_2、z_3,若 $k=z_1$,则 $x_k=1$,若 $k=z_2$,则 $x_k=2$,若 $k=z_3$,则 $x_k=3$,数字的取值需根据实际的情况预先设定好,并且要保证区分度。

将坐标的每一个值分别加密,即 $E(X_n)=\{E(x_1),E(x_2),\cdots,E(x_n)\}$,将加密后的坐标作为待分类数据加密部分的结果。

2. 加密数据分类

因为 KNN 分类算法没有训练过程,所以样本数据的读取就放在了加密数据分类部分。得到的样本数据如下:

$$X_n^i=(x_1^i,x_2^i,\cdots,x_n^i)$$
$$Y_m^i=(y_1^i,y_2^i,\cdots,y_m^i)$$

其中,i 表示第 i 个样本数据,X_n^i 表示第 i 个样本数据在 n 维特征空间中的坐标,n 表示整个分类系统的特征数量;Y_m^i 表示第 i 个样本数据的类别向量,m 表示整个分类系统的类别数量。如果样本数据 i 的第 j 个特征用数字 a 表示,则 $x_j^i=a$。如果样本数据 i 属于第 t 种类别,则 $y_t^i=1$,如果样本数据 i 不属于第 t 种类别,则 $y_t^i=0$。如果特征采用不同的状态且非数字表示,就将不同的状态对应为不同的数字。例如,特征 k 有 3 种状态 z_1、z_2、z_3,若 $k=z_1$,则 $x_k^i=1$,若 $k=z_2$,则 $x_k^i=2$,若 $k=z_3$,则 $x_k^i=3$,数字的取值需根据实际的情况预先设定好,并且要保证区分度与待分类数据加密中的数字同步。

从可信机构得到提供待分类数据的用户的公钥,将样本数据的坐标加密,即 $E(X_n^i)=\{E(x_1^i),E(x_2^i),\cdots,E(x_n^i)\}$,然后计算待分类数据与所有样本数据的距离,在加密数据分类算法中,选用欧氏距离作为距离计算方式,原因是其他的距离计算方式都涉及了绝对值,而在加密的情况下判断明文的值是正是负需要比较大的计算开销,而欧氏距离可以保证结果为非负数,省去了判断的步骤。当然,Paillier 加密算法对于开发也是无可奈何的,但是 $y=\sqrt{x}$ 是单调函数,所以不进行开方操作也不会影响距离大小的判断。具体计算方式如下:

$$d_i=E\left(\sum_{k=1}^{n}(x_k^i-x_k)^2\right)$$
$$=\prod_{k=1}^{n}E((x_k^i-x_k)^2)$$
$$=\prod_{k=1}^{n}(E(x_k^i-x_k)\otimes E(x_k^i-x_k))$$
$$=\prod_{k=1}^{n}((E(x_k^i)\times E(x_k)^{N-1})\otimes(E(x_k^i)\times E(x_k)^{N-1}))$$

得到结算结果 d_i 后,KNN 算法要求对距离进行排序,选择最近的 K 个距离,这样我们就需要 PMAX 密文比较算法,不过 PMAX 密文比较算法只能返回较大的值,且返回后的结果与输入会不同,所以还需要另一个 PMIN 密文比较算法来得到较小的值。

同样假定待比较大小的为 $E_{PK}(H_A)$ 和 $E_{PK}(H_B)$,$E_{PK}(ID_A)$ 和 $E_{PK}(ID_B)$ 是对应的名字,H_A 对应 ID_A,H_B 对应 ID_B。步骤如下。

① 云存储模块计算 $E_{PK}(H_A')$ 和 $E_{PK}(H_B')$:

$$E_{PK}(H_A')=E_{PK}(1)\times E_{PK}(H_A)^2=E_{PK}(2H_A+1)$$

$$E_{PK}(H'_B)=E_{PK}(H_B)^2=E_{PK}(2H_B)$$

这样做是为了防止当 $H_A=H_B$ 时,比较大小为随机值的情况发生,若 $H_A=H_B$ 则将永远返回 H_A,而当 $H_A<H_B$ 或 $H_A>H_B$ 时,H'_A 和 H'_B 的大小情况与 H_A、H_B 相同。选择 3 个随机数 R、r_1、r_2,再从 $(0,1)$ 中选择一个随机数 s。当 $s=1$ 时,计算 C_1、C_2、C_3:

$$C_1=E_{PK}(H'_B)^R \times E_{PK}(H'_A)^{N-R} \times E_{PK}(2^L) \bmod N^2$$
$$=E_{PK}(R(H'_B-H'_A)+2^L)$$
$$C_2=E_{PK}(H'_A)^R \times E_{PK}(H'_B)^{N-1} \times E_{PK}(r_1) \bmod N^2$$
$$=E_{PK}(H'_A-H'_B+r_1)$$
$$C_3=E_{PK}(ID_A) \times E_{PK}(ID_B)^{N-1} \times E_{PK}(r_2) \bmod N^2$$
$$=E_{PK}(ID_A-ID_B+r_2)$$

当 $s=0$ 时,H'_A 和 H'_B 互相交换位置,ID_A 和 ID_B 互相交换位置。$L=R \times B$,2^L 是为了保证 $R(H'_A-H'_B)+2^L$ 始终为正整数。将 C_1、C_2、C_3、R 传给用户。

② 用户收到 C_1、C_2、C_3、R 后,将 C_1 解密得到 $M=D_{SK}(C_1)$。比较 M 和 2^L 的大小:若 $M>2^L$,则 $a=0$,$D'_2=E_{PK}(0)$,$D'_3=E_{PK}(0)$;若 $M<2^L$,则 $a=1$,$D'_2=C_2 \times r_3^N$,$D'_3=C_3 \times r_4^N$。其中,r_3、r_4 为随机数,计算 $E_{PK}(a)$,并将 $E_{PK}(a)$、D'_2、D'_3 回传给云平台。

③ 云平台收到 $E_{PK}(a)$、D'_2、D'_3 后进行如下计算。若 $s=1$,则:

$$E_{PK}(H)=E_{PK}(H_B) \times D'_2 \times E_{PK}(a)^{N-r_1}$$
$$E_{PK}(ID)=E_{PK}(ID_B) \times D'_3 \times E_{PK}(a)^{N-r_2}$$

若 $s=0$,则:

$$E_{PK}(H)=E_{PK}(H_A) \times D'_2 \times E_{PK}(a)^{N-r_1}$$
$$E_{PK}(ID)=E_{PK}(ID_A) \times D'_3 \times E_{PK}(a)^{N-r_2}$$

通过 PMAX 和 PMIN 密文比较算法,我们可以将两个距离进行比较,分别得到较大的值和较小的值,通过一个执行 K 轮的冒泡排序,就选出 K 个最小距离,在比较的时候,将 d_i 加密作为 $E_{PK}(H_A)$,将 d_{i+1} 加密作为 $E_{PK}(H_B)$,将 Y_m^i 加密后作为 $E_{PK}(ID_A)$,将 Y_m^{i+1} 加密后作为 $E_{PK}(ID_B)$。最后得到 K 个经过加密的类别向量 $E(Y_m^{1\prime})$,$E(Y_m^{2\prime})$,$\cdots$,$E(Y_m^{K\prime})$,将所有的类别向量相加得到 $E(Y'_m)$,$E(Y'_m)$ 为加密数据分类的结果。

3. 分类结果解密

得到分类结果 $E(Y'_m)$ 后,用户使用自己的私钥解密得到 $Y'_m=(y'_1,y'_2,\cdots,y'_m)$,然后比较 y'_t 与 $\frac{K}{2}$ 的大小,若 $y'_t>\frac{K}{2}$,则待分类数据属于第 t 种类别,若 $y'_t<\frac{K}{2}$,则待分类数据不属于第 t 种类别。

6.4.3　基于 SVM 的隐私数据分类

基于 SVM 的隐私数据分类规则挖掘是隐私保护数据挖掘中的一个重要研究方向,一般情况下,它将面临着两个方面的问题:一是在最优分类函数的构造过程中如何保护训练样本数据;二是在最优分类函数的使用过程中如何保护支持向量集,确保最优分类函数不会发生改变。我们介绍一种采用同态加密的 SVM 隐私数据分析方法。

1. 训练

得到的样本数据如下:

$$X_n^i = (x_1^i, x_2^i, \cdots, x_n^i)$$

$$Y_m^i = (y_1^i, y_2^i, \cdots, y_m^i)$$

其中，i 表示第 i 个样本数据，X_n^i 表示第 i 个样本数据在 n 维特征空间中的坐标，n 表示整个分类系统的特征数量；Y_m^i 表示第 i 个样本数据的类别向量，m 表示整个分类系统的类别数量。如果样本数据 i 的第 j 个特征用数字 a 表示，则 $x_j^i = a$。如果特征采用不同的状态且非数字表示，就将不同的状态对应为不同的数字。例如，特征 k 有 3 种状态 z_1、z_2、z_3，若 $k = z_1$，则 $x_k^i = 1$，若 $k = z_2$，则 $x_k^i = 2$，若 $k = z_3$，则 $x_k^i = 3$，数字的取值需根据实际的情况预先设定好。

如果样本数据 i 属于当前需要判断的类别，则 $y^i = 1$，如果样本数据 i 不属于当前需要判断的类别，则 $y^i = -1$。由于 SVM 对两类分类的问题效果最好，所以有多少个类别就需要执行多少次 SVM 算法。

然后进行训练，求解出：

$$Q(\alpha) = \sum_{i=1}^{n} \alpha_i - \frac{1}{2} \sum_{i,j=1}^{n} \alpha_i \alpha_j y_i y_j (x_i, x_j)$$

的最大值，并得到对应的 α^* 和 b^* 作为训练结果待用。核函数的选择是选用了多项式核函数。

2. 待分类数据加密

与基于 KNN 的加密分类算法的待分类数据加密部分相同，用在 n 维空间中的一个点来表示待分类数据：

$$X_n = (x_1, x_2, \cdots, x_n)$$

其中，X_n 表示待分类数据在 n 维特征空间中的坐标，n 表示整个系统的特征数量。如果待分类数据的第 j 个特征用数字 a 表示，则 $x_j = a$，如果特征采用不同的状态且非数字表示，就将不同的状态对应为不同数字。例如，特征 k 有 3 种状态 z_1、z_2、z_3，若 $k = z_1$，则 $x_k = 1$，若 $k = z_2$，则 $x_k = 2$，若 $k = z_3$，则 $x_k = 3$，数字的取值需根据实际的情况预先设定好，并且与训练部分的值相同。

将坐标的每一个值分别加密，即 $E(X_n) = \{E(x_1), E(x_2), \cdots, E(x_n)\}$，将加密后的坐标作为待分类数据加密部分的结果。

3. 加密数据分类

加密数据分类模块在得到传递过来的加密的待分类数据 $E(X_n) = \{E(x_1), E(x_2), \cdots, E(x_n)\}$ 后，读取先前在训练部分计算的 α^* 和 b^*，将 α^* 和 b^* 加密后计算：

$$f(x) = E((\omega^* \times x) + b^*)$$

$$= E(\sum_{i=1}^{n} \alpha_i^* \times y_i (x_i, x) + b^*)$$

$$= \prod_{i=1}^{n} E(\alpha_i^*) \otimes E(y_i) \otimes E(x_i, x) \times E(b^*)$$

计算出 $f(x)$ 后，还需要判断 $f(x)$ 是大于 0 还是小于 0，经过实验，PMAX 密文比较算法的比较范围包括负数。所以可以使用 PMAX 密文算法对结果与 0 进行比较，将 0 加密作为 $E_{PK}(H_A)$，将 $f(x)$ 加密作为 $E_{PK}(H_B)$，将常数 a 进行加密，所得的结果作为 $E_{PK}(ID_A)$，将

常数 b 进行加密,所得的结果作为 $E_{PK}(ID_B)$。经过 PMAX 运算后,只取 $E_{PK}(ID)$ 的结果,然后将 $E_{PK}(ID)$ 作为分类结果。

4. 分类结果解密

用户在得到 $E_{PK}(ID)$ 后,使用自己的私钥解密 $D_{SK}(E_{PK}(ID))$,得到明文结果 ID,如果 ID=a,表示 $f(x)<0$,待分类数据属于当前判断的类别,如果 ID=b,表示 $f(x)>0$,待分类数据不属于当前判断的类别。

6.5　实验分析

通过公开的数据集测试分类算法的有效性,选取的数据集共包含 A、B 两个类别。实验将整个数据集分为两个部分,选取 80% 的数据作为样本数据,用于训练,剩下的 20% 数据作为待分类数据。

首先,使用朴素贝叶斯分类、KNN 分类和 SVM 分类算法对数据集进行训练和分类,将分类的结果与待分类数据本身的类别进行比较。然后,采用文中介绍的基于朴素贝叶斯分类、KNN 分类和 SVM 分类的加密数据分类方法,对同样的数据集进行分类,并与待分类数据本身的类别进行比较。比较结果如表 6-1、表 6-2 和表 6-3 所示。虽然不同的分类算法效果有所不同,但对同一种分类算法而言,其明文数据分类和加密数据分类结果一致。

表 6-1　基于朴素贝叶斯的数据分类结果

分 类	期望的结果	分类后的结果	分类正确的结果
A	11	17	8
非 A	14	8	8
B	14	17	10
非 B	11	8	6

表 6-2　基于 KNN 的数据分类结果

分类($k=3$)	期望的结果	分类后的结果	分类正确的结果
A	11	9	5
非 A	14	16	13
B	14	13	11
非 B	11	12	7
分类($k=5$)	期望的结果	分类后的结果	分类正确的结果
A	11	10	4
非 A	14	15	11
B	14	14	11
非 B	11	11	4
分类($k=7$)	期望的结果	分类后的结果	分类正确的结果
A	11	13	7
非 A	14	12	11
B	14	14	12
非 B	11	11	6

表 6-3　基于 SVM 的数据分类结果

分　类	期望的结果	分类后的结果	分类正确的结果
A	11	13	8
非 A	14	12	9
B	14	12	12
非 B	11	13	11

6.6　小　　结

　　随着云计算与大数据时代的到来,人们身边的数据信息在飞速增长,数量已经达到了太字节(TB)级。面对如此大量的数据信息,对大量数据进行分类成了一个重要的需求。在对大量数据进行分类的算法中,比较常用的包括朴素贝叶斯分类算法、KNN 算法和 SVM 算法等。同时,随着云计算技术的迅猛发展,越来越多的人开始使用云计算技术进行数据的计算、存储、传输,得益于云计算技术的计算能力、云存储技术的大规模存储能力,数据分类技术也在快速发展和应用。尽管在云计算技术的帮助下,大规模数据分类的问题得以解决,但是数据的安全问题一直备受关注,如何在保证用户数据隐私的情况下完成对用户数据的分类也被重视。同态加密技术则正好可以在保证用户数据安全的情况下对数据进行计算,符合加密数据分类的要求,因而现在的绝大多数加密分类算法采用的都是同态加密技术。

　　本章介绍了云计算加密数据分类的相关技术,为适应不同的分类需求,在朴素贝叶斯分类算法、KNN 算法、SVM 算法的基础上分别实现了 3 种不同的隐私数据分类算法,对隐私数据分类的模型进行设计,并对实现的算法进行介绍,尽可能地覆盖了各种数据分类的情况。

本章参考文献

[1]　Yu H, Vaidya J, Jiang X Q. Privacy-preserving SVM classification on vertically partitioned data[C]//Proceedings of the 10th Pacific-Asia Conference on Advances in Knowledge Discovery and Data Mining. Berlin:Springer, 2006:647-656.

[2]　Vaidya J, Yu H, Jiang X Q. Privacy-preserving SVM classification[J]. Knowledge and Information Systems, 2008, 14(2):161-178.

[3]　Han J, Kambe R M. Data mining:concepts and techniques[M]. San Francisco:MorganKaufman, 2012.

[4]　Agrawal R, Srikant R. Privacy-preserving data mining[C]//Proceedings of the ACM SIGMOD International Conference on Management of Data. Berlin:Springer, 2000:439-450.

[5]　Fung B C M, Wang K, Chen R, et al. Privacy-preserving data publishing:a survey of recent developments[J]. ACM Computing Surveys, 2010, 42(4):1-53.

[6] Wu X D, Zhu X Q, Wu G Q, et al. Data mining with big data[J]. IEEE Transactions on Knowledge and Data Engineering，2014，26(1)：97-107.

[7] Yao A C. Protocols for secure computations[C]//Proceedings of the 23rd Annual Symposium on Foundations of Computer Science. Chicago：IEEE，1982：160-164.

[8] 王良民，茅冬梅，梁军. 基于 RFID 系统的隐私保护技术[J]. 江苏大学学报（自然科学版），2012，33(6)：690-695.

[9] Atak F. Secure multi-party computation based privacy preserving extreme learning machine algorithm oververtically distributed data[C]//Proceedings of the 22nd International Conference on Neural Information Processing. Istanbul：ACM，2015：337-345.

[10] 胡文军，王士同. 隐私保护的 SVM 快速分类方法[J]. 电子学报，2012，40(2)：280-286.

[11] 杨虎，刘琼荪，钟波. 概率论与数理统计[M]. 重庆：重庆大学出版社，2007.

[12] Pedro D, Michael P. On the optimality of the simple bayesian classifier under zero-one loss[J]. Machine Learning，1997，29：103-130.

[13] Cover T M, Hart P E. Nearest neighbor pattern classification[J]. IEEE Transactions on Information Theory，1967，13(1)：21-27.

[14] Rahulamathavan Y, Phan C W, Veluru S, et al. Privacy-preserving multi-class support vector machine for outsourcing the data classification in cloud[J]. IEEE Transactions on Dependable & Secure Computing，2014，11(5)：467-479.

[15] Paillier P. Public-key cryptosystems based on composite degree residuosity classes[C]//Proceedings of International Conference on Theory & Application of Cryptographic Techniques. Berlin：Springer，1999，223-238.

[16] Elmehdwi Y, Samanthula B K, Jiang W. K-nearest neighbor classification over semantically secure encrypted relational data[J]. IEEE Transactions on Knowledge & Data Engineering，2015，27：1261-1273.

[17] 冯元威. 云存储中加密数据分类算法的研究与实现[D]. 北京：北京邮电大学，2013.

第 7 章

云计算加密数据搜索

7.1 云计算加密数据搜索概述

随着云计算的高速发展,越来越多的用户将自己的数据外包到云服务器中,在用户外包到云服务器的数据中,可能包含某些敏感数据。考虑用户的隐私问题,在将数据存储到云服务器之前对数据进行加密是一个保护数据安全的有效方法,可以防止服务器对用户数据的非授权访问。传统的加密技术虽然可以保证数据的安全性和完整性,却无法支持搜索的功能。如果用户先解密数据再进行搜索,会导致低效率和额外的安全问题,无法满足实际的使用需求。因此,为了保护云计算平台中数据的机密性,同时提高数据的可用性,可搜索加密技术(Searchable Encryption, SE)的概念被提出[1]。

可搜索加密技术允许用户在上传数据之前对数据进行加密处理,使得用户可以在不暴露数据明文的情况下对存储在云计算平台上的加密数据进行检索。可搜索加密技术以加密的形式保存数据到云计算平台中,所以能够保证数据的机密性,使得云服务器和未授权用户无法获取数据明文,即使云计算平台遭遇非法攻击,也能够保护用户的数据不被泄露[2]。此外,云计算平台在对加密数据进行搜索的过程中,所能够获得的仅仅是哪些数据被用户检索,而不会获得与数据明文相关的任何信息。因此,可搜索加密技术的研究具有重要的理论意义和应用价值。

可搜索加密技术首先对数据中的关键词建立索引,然后对数据进行加密,最后上传索引和数据密文到服务器。服务器使用用户的关键词搜索密文中的索引,并将满足条件的密文返回给用户,而不能获得关于明文的信息。传统的可搜索加密技术分为对称可搜索加密和公钥可搜索加密两类[3]。一般地,一个安全的可搜索加密方案包含 3 条性质:

① 密文不会暴露任何明文信息;

② 给定关键词陷门和密文信息后至多可以获得相应的搜索结果;

③ 关键词陷门信息必须使用用户掌握的密钥才能生成。

可搜索加密技术解决了在不解密的情况下,直接对存储在第三方云服务器中的加密文件进行关键词检索,降低了通信开销,提高了计算效率。因此,可搜索加密方案的研究是近年来密码学领域中的一个非常活跃的研究领域。从当前的应用角度可将可搜索加密问题模型分为 4 类。

① 单用户模型。用户加密个人数据并将其存储于不可信赖外部服务器。要求:只有该

用户具备基于关键词检索的能力；服务器无法获取明文数据和待检索关键词的信息。

② 多对一模型。多个发送者加密数据后，将其上传至不可信赖外部服务器，以期达到与单个接收者传送数据的目的。要求：只有接收者具备基于关键词检索的能力；服务器无法获取明文文件信息。需要指出的是，不同于单用户模型，多对一模型要求发送者和接收者不能是同一用户。

③ 一对多模型。与多对一模型类似，但为单个发送者将加密数据上传至不可信赖外部服务器，借此与多个接收者共享数据。该模型遵循着一种广播共享的模式。

④ 多对多模型。在多对一模型的基础上，任意用户都可成为接收者，其通过访问控制和认证策略以后，具备基于关键词的密文检索方式提取共享文件的能力。要求：只有合法用户（如能够满足发送者预先指定的属性或身份要求）具备基于关键词检索的能力；服务器无法获取明文数据信息。

从密码构造角度可将 SE 问题模型的解决策略分为 3 类。

① 对称可搜索加密，适用于单用户模型[4,5]。对称可搜索加密的构造通常基于伪随机函数，具有计算开销小、算法简单、速度快的特点。除了加解密过程采用相同的密钥外，其陷门生成也需密钥的参与。单用户模型的单用户特点使得对称可搜索加密非常适用于该类问题的解决：用户使用密钥加密个人数据并上传至服务器，检索时，用户通过密钥生成待检索关键词陷门，服务器根据陷门执行检索过程后返回目标密文。

② 非对称可搜索加密，适用于多对一模型[6,7]。非对称可搜索加密使用两种密钥：公钥用于明文信息的加密和目标密文的检索，私钥用于解密密文信息和生成关键词陷门。非对称可搜索加密算法通常较为复杂，加解密速度较慢，然而，其公私钥相互分离的特点非常适用于多用户体制下可搜索加密问题的解决：发送者使用接收者的公钥加密文件和相关关键词，检索时，接收者使用私钥生成待检索关键词陷门，服务器根据陷门执行检索算法后返回目标密文。该处理过程避免了在发送者与接收者之间建立安全通道，具有较高的实用性。

③ 对称可搜索加密或非对称可搜索加密可解决一对多和多对多模型中的可搜索加密问题[8]。非对称可搜索加密本身即能有效地支持最基本形式的隐私数据的共享，通过共享密钥，其可被拓展到多对多的应用场景。对称可搜索加密虽然通常适用于单用户模型，但其由于计算开销小、速度快，更适合于大型文件数据的加密和共享，通过混合加密与基于属性加密技术相结合，或与代理重加密结合，也可用于构造共享方案。

7.2　对称可搜索加密

对称可搜索加密系统一共包含 3 个实体，分别是数据所有者、搜索用户与云服务器。数据所有者为数据的所有者，其将自己的数据外包到云平台以提供更加方便可靠的数据访问服务给搜索用户，他首先使用文件加密密钥和陷门生成密钥分别对文件和文件的关键词进行加密，然后将生成的加密文件和加密索引发送到云服务器上。搜索用户首先取得数据所有者提供的文件加密密钥和陷门生成密钥，并利用陷门生成密钥来加密搜索关键词生成陷门发送到云服务器，云服务器通过匹配加密的索引和陷门来返回相应的搜索结果，最后搜索用户使用文件加密密钥对搜索结果进行解密。对称可搜索加密的流程如图 7-1 所示。

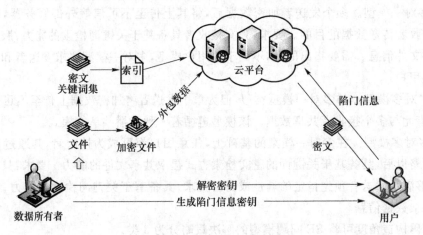

图 7-1 对称可搜索加密的流程

① 数据所有者利用自己的明文数据提取明文关键词集并建立索引,然后利用自己的私钥及明文关键词集生成密文关键词集及密文索引。将自己的明文数据利用自己的私钥进行加密后,连同密文索引一起外包存储在云服务器上。

② 当数据共享者想对存储在云服务器上的数据进行搜索时,需要向数据所有者索取数据解密密钥以及生成陷门信息的密钥(有时两者相同),数据所有者将解密密钥以及生成陷门信息的密钥通过安全信道传输给数据共享者。

③ 数据共享者可以利用生成陷门信息的密钥生成陷门信息,并将陷门信息发送给云服务器。

④ 云服务器接收到陷门信息后,进行相关搜索操作,在此过程中不进行数据解密操作。

⑤ 将搜索到的相关密文数据发送给数据搜索者,数据搜索者利用解密密钥对文档进行解密。

一般而言,对称可搜索加密主要是利用序列生成流密码,然后使用流密码加密数据。服务器将关键词和密文进行异或运算,如果运算的结果满足校验关系,那么返回该密文给用户。

7.2.1 基于线性扫描算法的对称可搜索加密

该方案由 Song 等人最先提出[9],假设每个文档 F 是一个等长关键词(所有关键词长度设置为 n 比特,如不等长可以通过填充的方式让其等长)组成的序列$\{W_i \| i$ 表示出现位置,$1 \leqslant i \leqslant L, L$ 为文档单词个数$\}$。定义 E 为一个确定性的对称加密函数,使用 ECB 方式实现,密钥由用户保密。定义 F 为一个伪随机函数,输出为 m 比特,令 $f: \kappa_F \times \{0,1\}^* \rightarrow \kappa_F$ 表示另一个密钥与 F 互相独立的伪随机函数。同时用户还有一个伪随机发生器 G,即图 7-2 中的流密码,种子由用户保密。方案核心部分框架如图 7-2 所示。

① 利用伪随机发生器 G 生成 L 个 $n - m$ 比特的随机值 $S_1, S_2, \cdots, S_L$。

② 使用确定性的加密函数 E 按顺序对每个关键词 W_i 进行预加密:$E(W_i) = X_i$。并

把加密的密文分成左右两部分$<L_i, R_i>$，L_i 表示前 $n-m$ 比特，R_i 表示后 m 比特。接下来利用 L_i 来产生伪随机函数 F 的密钥 $K_i = f_k(L_i)$，然后使用 G 生成 $n-m$ 比特随机值 S_i，使用 $F_{K_i}(S_i)$ 生成后 m 比特的随机值。

③ 令 $T_i = <S_i, F_{K_i}(S_i)>$，计算出密文 $C_i = X_i T_i$。对整个文档加密完毕后，发送给云存储服务器。

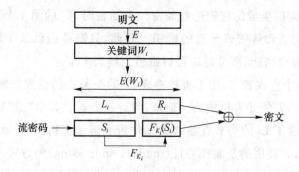

图 7-2　Song 的 SSE 算法框架

如果用户需要对服务器发回的文档解密，那么对于关键词密文 C_i，解密过程为：首先利用伪随机发生器 G 生成 S_i，并得到 $L_i = S_i C_i[0, n-m-1]$，其中 $C_i[0, n-m-1]$ 表示 C_i 的前 $n-m$ 比特。有了 L_i，用户就可以计算出伪随机函数 F 的密钥 K_i，因而计算出 $F_{K_i}(S_i)$，并完全恢复出 T_i，那么直接与密文异或即得到明文。如果用户希望服务器能对关键词 W_i 进行搜索，那么只需要把 X_i 和 K_i 发送给服务器。服务器便可以使用 X_i 与密文异或得到 S_i，并使用 K_i 和 S_i 利用伪随机函数 F 检查结果的后 m 比特是否相同，若相同则表明文档包含所搜索的关键词。在搜索过程中，服务器无法获知具体搜索的关键词。

7.2.2　基于倒排索引算法的对称可搜索加密

安全索引的概念由 Goh 等人提出[10]，Curtmola 等的 SSE 方案具有更高的安全性，可以隐藏访问模式和搜索模式[11]。基于安全索引构建的 SSE 方案由以下 4 个多项式时间的算法组成。

① KeyGen(k)。密钥生成的概率算法，由用户在初始化时运行。其中输入参数 k 为安全参数，返回的密钥 Key 作为输出，它的大小由 k 限定，通常为 k 的多项式。

② BuildIndex(Key, D)。用户运行它来构建索引，使用密钥 Key 和文档集合 D 作为输入，输出索引 I。

③ Trapdoor(Key, w)。用户运行它来产生特定关键词的陷门。使用密钥 Key 和关键词 w 作为输入，输出关键词的陷门。

④ Search(I, T_w)。服务器运行它来实现在搜索文档集合 D 中是否存在关键词 w。输入为索引 I 以及要查找的陷门 T_w，输出所有包含关键词 w 的文档集合 $D(w)$。

在 Curtmola 提出的具有代表性的非自适应的 SSE 方案 SSE-1 的实现中，用户的文档集合 D 中的所有文档都是使用对称加密方案加密的，其索引 I 主要由两个数据结构组成。数组 A：令 $D(w)$ 表示包含关键词 w 的所有文档的 ID 的一个列表。该数据中则保存了所有

关键词的 $D(w)$ 的加密形式。查找表 T：用于查找任意关键词 w 对应的文档列表在数组 A 中的位置。该方案中索引的构建过程如下。

① 首先，初始时系统对文档集合内的所有文档进行分词，抽取了所有唯一关键词 $w_i (1 \leqslant i \leqslant n_D, n_D$ 为文档集合的唯一关键词个数)，并建立了一系列的链表 Li。链表 Li 中存储了包含关键词 w_i 的所有文档的 ID。把 Li 的所有元素存储到数组 A 中，对存储位置随机做一个置换，并使用随机生成的密钥进行加密。未加密时，Li 的第 j 个元素包含了 Li 中下一个元素在 A 中的位置和解密该元素的密钥。因此，只需要提供某个链表 Li 的第一个元素在 A 中的位置和解密密钥，服务器即可解密整个链表 Li。

② 然后，建立一个查找表 T，用于查找链表 Li 的头节点的位置并解密它。T 中每项元素代表一个关键词 w，T 的元素组成为＜地址，值＞的形式。其中"值"被一个伪随机函数生成的密钥加密，它包含了 Li 的头节点在 A 中的位置和解密密钥。而"地址"则仅用于查找 T 中元素的位置，显然，T 使用的是间接寻址(indirect addressing)的方式。

③ 索引建立完成后，用户把它和加密的文档一起发送给服务器。当用户想要搜索关键词 w_i 时，首先计算出它在 T 中对应的位置的解密密钥，然后发送给服务器。服务器则利用该密钥解密 T 中对应的元素，获取 A 中的头节点位置和解密密钥，接下来服务器可以解密整个链表，并返回所有对应的 ID。

SSE-1 对每次问询仅仅需要一轮交互和常数级别的通信代价，显然是非常高效的。在安全性方面，SSE-1 属于非自适应性安全的方案。

7.2.3 基于布隆过滤器的对称可搜索加密

Z-IDX 方案使用布隆过滤器作为文件索引，以高效跟踪文件中的关键词[10]。布隆过滤器由二进制向量 Mem(假设为 m 位)和哈希函数族 $\{h_1(\cdot), h_2(\cdot), \cdots, h_r(\cdot)\} (h_i: \{0,1\}^* \to \{1,2,\cdots,m\}, i=1, 2,\cdots, r)$ 组成，用于判断某元素是否存在于某集合中。例如，对集合 S，初始时刻，Mem 所有比特为 0。以后，对每个元素 $s \in S$，置 Mem$[h_1(s)]$，Mem$[h_2(s)]$，$\cdots$，Mem$[h_r(s)]$ 为 1。因此，为确定待判断元素 a 是否属于 S，只需检查比特位 Mem$[h_1(a)]$，Mem$[h_2(a)]$，$\cdots$，Mem$[h_r(a)]$，如果所有比特位都为 1，则 a 属于 S，否则 a 不属于 S。

构建索引过程如图 7-3 所示，关键词通过两次伪随机函数作用形成码字存储于索引中，第一次伪随机函数以关键词 W_i 为输入，分别在子密钥 K_1，K_2，$\cdots$，K_r 的作用下生成 x_{i1}，x_{i2}，$\cdots$，x_{ir}，第二次伪随机函数以 x_{i1}，x_{i2}，$\cdots$，x_{ir} 为输入，在当前文件标识符 id 的作用下生成码字 y_{i1}，y_{i2}，$\cdots$，y_{ir}，确保了相同关键词在不同文件中形成不同码字。另外，在布隆过滤器中加入混淆措施(随机添加若干个 1)预防了针对关键词数目的攻击。

判断文件 D_{id}(id 为该文件的标识符)中是否包含关键词 W_i，分为 3 步。

① 用户使用密钥 $K = (K_1, K_2, \cdots, K_r)$ 生成 W_i 的陷门 $T_i = (x_{i1}, x_{i2}, \cdots, x_{ir})$，这里 $x_{ij} = f(K_j, W), j = 1, 2, \cdots, r$。

② 服务器基于 T_i 生成 W_i 的码字 $(y_{i1}, y_{i2}, \cdots, y_{ir})$，这里 $y_{ij} = f(\text{id}, x_{ij}), j = 1, 2, \cdots, r$。

③ 服务器判断 D_{id} 的索引 Memid 的 y_{i1}，y_{i2}，$\cdots$，y_{ir} 位是否全为 1，若是，则 $W_i \in D_{id}$，否则 D_{id} 不包含 W_i。

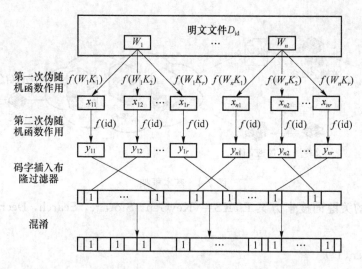

图 7-3　Z-IDX 方案流程

Z-IDX 方案存在一些不足：① 在空间代价上，服务器除存储密文文件本身外，还需记录文件索引，当文件较短时，其索引可能是文件长度的数倍，空间利用率较低；② 在时间代价上，服务器搜索需逐个文件计算和判断，整个关键词查询操作时间消耗为 $O(n)$（n 为服务器上存储的文件数目），效率较低。

7.2.4　基于模糊关键词检索的对称可搜索加密

原有的 SSE 方案由于缺乏对细微文字以及格式错误的容忍，使其无法适用于云计算。鉴于此，学者们提出了模糊关键词检索的方案[12]。和精确关键词相比，一个模糊的关键词搜索方案（又被称为一个容错关键词搜索方案[1]或有噪关键词搜索方案[13]）允许在加密数据之上仅用某个关键词的近似值进行搜索。因此，模糊关键词搜索可以容忍用户输入中含有微小的错误和存在形式不一致，极大地提高了系统的可用性和用户搜索体验。

模糊关键词搜索方案主要包括两方面内容。

① 建立模糊关键词集，不仅可以支持精确关键词查询，而且能够容忍输入有微小错误的模糊查询。

② 基于模糊集设计高效和安全的关键词搜索方案。下面将详细介绍一种基于模糊提取器的模糊关键词搜索方案[14]。

1. 基本框架

首先定义一个在加密数据上的模糊关键词搜索的基本框架，如图 7-4 所示。A 用户拥有一个私有的文档，设置为 $D = \{D_1, \cdots, D_N\}$，以及每个文档都结合了相应的关键词。我们考虑一个诚实但是好奇的服务器，它按照正确的协议规范执行。但它想通过用户的查询和访问模式最大可能地获得更多的信息。

用 $dis(w_i, w_j)$ 表示 w_i 与 w_j 之间的距离。η 表示预定义的距离的陷门值，$\delta(D)$ 表示文档集合 D 中所有的关键词集合。$D(w)$ 表示一系列的标识符，也就是文档所包含的关键词集合。用 id($D_{i,j}$)表示在标识符关键词集合 $D(w_i)$ 中第 j 个标识符。设 SKE1 与 SKE2 为伪随机抵抗选择密文攻击 PCPA 安全的对称加密方案,它们分别用来加密关键词和文件数据。

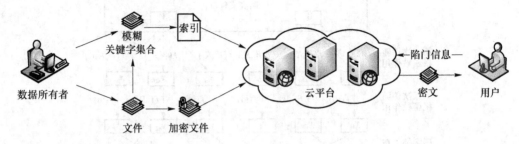

图 7-4　基本框架

一个模糊的关键词搜索方案 ETKS＝(KeyGen，Storage，Search，Decrypt)应包含以下 4 个阶段。

(1) KeyGen(1^k)

输入一个安全参数 k,该算法输出一个密钥 $K＝(K_1，K_2，K_3)$给用户。

(2) Storage($K，D$)

给定一个文档的集合 $D＝\{D_1，\cdots，D_N\}$和一个密钥 K 作为输入,为用户输出一个安全的索引,同时有一系列的密文 $c＝\{c_1，\cdots，c_N\}$统一都按如下步骤存到服务器。

① Init(D):扫描文档集合 D 后,生成所有文档关键词的集合 $\delta(D)$,对于任意的 $w_i \in \delta(D)$,输出 $D(w_i)$。

② BuildIndex($(K_1,K_2),\delta(D),\{D(w_i)|w_i \in \delta(D)\}$):给定一个密钥 $K_1,\delta(D)$ 和 $\{D(w_i)|w_i \in \delta(D)\}$ 作为输入,用户计算每个关键词 $w_i \in \delta(D)$ 对应的陷门 $t_i = f(K_1,w_i)$ (这里的 f 是个单向函数),以及利用 K_2 构建一个安全的索引表单 I,也就是为了以后能有效地检索用户所需要的文档。

③ Encrypt($D，K_3$):用户利用密钥 K_3 加密文档的集合 $D＝\{D_1，\cdots，D_N\}$并获得密文 c。随后将密文 c 与索引表单 I 一并存储到云服务器。

(3) Search($I，(K_1，K_2，w)$)

① 对于任意查询的关键词 w,用户首先计算陷门 $t' = f(K_1,w)$并发送服务器作为查询请求。

② 服务器搜索索引表单 I,并返回结果 $I_{w_i}(w_i \in \delta(D))$给用户。

③ 用户解密 I_{w_i} 后获得文件的标识符 id($D_{i,j}$)($1 \leqslant j \leqslant |D(w_i)|$)。

(4) Decrypt(K_3,id($D_{i,j}$)($1 \leqslant j \leqslant |D(w_i)|$))

① 用户发送 id($D_{i,j}$)($1 \leqslant j \leqslant |D(w_i)|$)至服务器,服务器返回相应的密文 $c_{i,j}$ 给用户,用户解密。

② 用户解密 $c_{i,j}$ 后获得文件 $D_{i,j}$($1 \leqslant j \leqslant |D(w_i)|$),也就是用户所需求的文件。

设任意的 $k \in N，K、I、c$ 分别为算法 KeyGen(1^k)、BuildIndex、Storage 对应的密钥、索

引与密文。对于任意的关键词 w，如果存在一个 $w_i \in \delta(D)$ 且满足 $dis(w, w_i) \leqslant \eta$，那么搜索阶段 $(I, (K_1, K_2, w))$ 与解密阶段 $(K_3, id(D))$ 均返回正确的文件集合：

$$id(D_{i,j})(1 \leqslant j \leqslant |D(w_i)|) \leftarrow Search(I, (K_1, K_2, w))$$
$$Decrypt(K_3, id(D_{i,j})) = D_{i,j}(1 \leqslant j \leqslant |D(w_i)|)$$

这时说明方案是正确的。

2. 算法构造

我们假设可以从文件 D 里提取的关键词最多为 d 位。基本的观点就是：对于每一个关键词 $w_i \in \delta(D)$，用户计算陷门 $t_i = w_i \oplus K_1$，不包括 O 轮的密钥。利用模糊提取器计算索引 $Gen(t_i)$，这里用到陷门 t_i。在搜索阶段，如果查询的关键词 w 和 w' 类似，此时计算 $t' = w \oplus K_1$ 就与 t_i 类似。因此，$Gen(t') = Gen(t_i)$。

具体方案如下。

（1）$KeyGen(1^k)$

用户首先随机选取一个 $K_1 \leftarrow \{0,1\}^d$，产生 $K_2 \leftarrow SKE1.Gen(1^k)$ 和 $K_3 \leftarrow SKE2.Gen(1^k)$，输出 $K = (K_1, K_2, K_3)$。

（2）$Storage(K, D)$

用户执行下列步骤。

① $Init(D)$：扫描文档集合 D 后，生成所有文档关键词的集合 $\delta(D)$，对于任意的 $w_i \in \delta(D)$，输出 $D(w_i)$。

② $BuildIndex((K_1, K_2), \delta(D), \{D(w_i)|w_i \in \delta(D)\})$：对于每一个关键词 $w_i \in \delta(D)$，计算 $t_i = w_i \oplus K_1$ 作为 w_i 的陷门（如果 w_i 的长度比 d 小，$d - |w_i|$ 的位置用"0"来填充这些有效位）。然后计算 $Gen(t_i) = (R_i, P_i) = (R_i, (S_i, x_i))$ 并建立 w_i 的索引如下：

$$I_{w_i} = \{(R_i, P_i), SKE1.Enc_{K_2}(id(D_{i,1})||\cdots id(D_{i,D(w_i)}))\}$$

而索引表单对于 $w_i \in \delta(D)$ 为：

$$I = \{(R_i, P_i), SKE1.Enc_{K_2}(id(D_{i,1})||\cdots id(D_{i,D(w_i)}))\}_{i=1}^{\delta(D)}$$

③ $Encrypt(D, K_3)$：对于 $D_{i,j} \in D(w_i)(1 \leqslant i \leqslant |\delta(D)|, 1 \leqslant j \leqslant |D(w_i)|)$ 关键词标识符，用密钥 K_3 计算并输出密文 $c_{i,j} = SKE2.Enc_{K_3}(D_{i,j})$。

（3）$Search(I, (K_1, K_2, w))$

① 对于任意查询的关键词 w（如果 w 的长度比 d 小，$d - |w|$ 的位置用"0"来填充这些有效位），用户计算陷门 $t' = w \oplus K_1$ 并发送它到服务器作为查询请求。

②服务器搜索索引表单 I，并返回结果 $I_{w_i}(w_i \in \delta(D))$ 给用户。

服务器执行下面的搜索：

```
For i = 1 to |δ(D)| do {
    R'_i = Ext(Rec(t′,s_i),x_i)
    if (R'_i = R_i)
    returns I_{w_i} = {(R_i,P_i),SKE1.Enc_{K_2}(id(D_{i,1})||⋯id(D_{i,D(w_i)}))}
    to the user};
outputs fail;
```

③ 随后用户收到 $I_{w_i} = \{(R_i, P_i), \text{SKE1.Enc}_{K_2}(\text{id}(D_{i,1})||\cdots\text{id}(D_{i,D(w_i)}))\}$。用户检查 $R_i = \text{Ext}(\text{Rec}(t', s_i), x_i)$ 是否通过,如通过,解密 $\text{SKE1.Enc}_{K_2}(\text{id}(D_{i,1})||\cdots\text{id}(D_{i,D(w_i)}))$,获取搜索结果 $\text{id}(D_{i,1})||\cdots\text{id}(D_{i,D(w_i)})$。用户随后发送 $\text{id}(D_{i,1})||\cdots\text{id}(D_{i,D(w_i)})$ 至服务器检索他想要获取的文档。

④ 服务器返回 $c_{i,j}(1\leqslant i\leqslant|\delta(D)|, 1\leqslant j\leqslant|D(w_i)|)$ 给用户。

⑤ 用户输出 $\text{SKE2.Dec}_{K_3}(c_{i,j})(1\leqslant i\leqslant|\delta(D)|, 1\leqslant j\leqslant|D(w_i)|)$。

从以上的构建,我们可以看到方案的构建基于模糊提取器,它适用于所有的类似性度量。因此,我们的方案也就适用于所有的类似性度量。服务器的搜索过程受 $\{(R_i, P_i)\}_{i=1}^{|\delta(D)|}$ 的引导,所以我们可以转换在密文上的模糊关键词搜索为明文上的精确关键词搜索。服务器可以用现存的任意精确关键词搜索方法搜索索引表单。

7.2.5 基于关键词的可验证对称可搜索加密

在当前已存在的方案和本书已提出的两个方案中,一般都假设云存储服务器是不完全可信的,即云存储服务器遵守协议,但会尽量获得明文和关键词的信息,会返回所有符合搜索条件的加密文档。但事实上,云存储服务提供商很可能会因利益问题而发生拒绝服务或其他恶意行为,如为了节省宽带而不返回所有符合条件的加密文档。针对该问题,本章提出了一个可验证的基于关键词的可搜索加密(VKSES)方案。这里的可验证主要是指搜索正确性和搜索完备性,其中搜索正确性是指只有符合搜索条件的加密文档才被返回,搜索完备性是指所有符合搜索条件的加密文档都被返回。搜索正确性是目前所有方案都必须满足的性质,而对于搜索完备性,本书的方案是通过增加关键词的检验和来完成的。根据安全性定义,本书证明了方案的安全性达到了适应性不可区分。

1. 系统模型

系统由 $\{D, \text{CSP}, \Delta, u\}$ 组成,其中 D 为用户 u 要外包存储的文档集合;CSP 是云存储服务器,负责存储与搜索服务;Δ 为关键词词典,包括所有可能的、有意义的关键词,D 为其上的文档集合,即 $D\subseteq 2^\Delta$。

假设用户 u 有 n 个文档 $D=(D_1,\cdots,D_n)$ 要外包到可能会发生恶意行为的云存储服务器 CSP 上,记文档 $D_i(1\leqslant i\leqslant n)$ 的关键词列表 $W_i=(w_{i,1},\cdots,w_{i,m},\cdots)\subset\Delta$,其中 $w_{i,j}(1\leqslant j<|W_i|)$ 为 D_i 的第 j 个关键词,在上下文很清楚的情况下,记 $W_i=(w_1,\cdots,w_m,\cdots)$。令 $\text{SKE}=(\text{Gen},\text{Enc},\text{Dec})$ 表示一个对称加密方案(如 AES),D_i 在密钥 EK 下的加解密算法分别为 $\text{SKE.Enc}_{\text{EK}}()$ 和 $\text{SKE.Dec}_{\text{EK}}()$,$|S|$ 表示集合 S 中元素的个数,$D(w)\subset D$ 表示含有关键词 w 的所有文档,$\text{negl}()$ 表示可忽略的函数,$a||b$ 表示两个字符串 a 和 b 的级联,$b\in_R B$ 表示从集合 B 中随机均匀地选取元素 b。

为了能够让用户 u 验证搜索结果的完备性,u 选择两个秘密的数:一个大素数 p 和一个随机整数 $x(l<x<p)$。u 为每个文档 $D_i(1\leqslant i\leqslant n)$ 随机均匀地选择一个唯一标识符 $\text{id}_i\in_R \mathbf{Z}_p^*$,对于给定的关键词 $w_j\in\Delta(1\leqslant j\leqslant|\Delta|)$,$u$ 存储一个 w_j 的检验和 $c_j = \prod\limits_{\text{id}_i\in\text{IDS}(w_j)}(\text{id}_i+x)\bmod p$,其中 $\text{IDS}(w_j)$ 为包含 w_j 的文档的标识符集合,该检验和使得文档的增加(乘以 id_i+x)和删除(乘以 $(\text{id}_i+x)^{-1}$)都很容易。

为了使得云存储服务器 CSP 能够搜索密文数据,对每个关键词 $w_j \in \Delta (1 \leqslant j \leqslant |\Delta|)$ 都建立一个 n 维数组 A_j,记 A_j 中位置 i 的值为 $A_j[i]$,$A_j[i]$ 的形式为 $<v_1, v_2>$,其中 v_2 是随机均匀选取的 $k\text{-bit}$ 大小的字符串,对文档 D_i,若 D_i 包含关键词 w_j,则 $A_j[i]$ 中的 v_1 由伪随机函数生成,否则随机均匀选取 v_1 的值。将所有的 A_j 根据伪随机置换函数组成一个 $|\Delta| \times n$ 的矩阵,记为索引矩阵 $\boldsymbol{M}$。

2. 算法定义

可验证的基于关键词的可搜索加密方案:位于关键词词典 Δ 上的可验证的基于关键词的可搜索加密方案由 6 个多项式时间算法构成,记作 VKSES＝(Init, Enc, Trapdoor, Search, Verify, Dec),详细介绍如下。

① Init(1^k):是一个概率密钥生成算法,由用户 u 执行以初始化系统。输入安全参数 k 后,输出系统密钥 K 和系统参数 params。

② Enc(D, K):是一个概率算法,由用户 u 执行以加密数据集合、生成索引矩阵及关键词的检验和。输入数据集合 D 和系统密钥 K,输出密文集合 $C＝(C_1, \cdots, C_n)$、索引矩阵 $\boldsymbol{M}$ 和检验和集合 $CS＝(c_1, \cdots, c_{|\Delta|})$。

③ Trapdoor(w, K):是一个确定性算法,由用户 u 执行以获得要搜索的关键词的陷门。输入关键词 w 和系统密钥 K,输出关键词 w 的陷门 T_w。

④ Search(T_w, M):是一个确定性算法,由云存储服务器 CSP 执行以搜索包含关键词 w 的文档标识符。输入陷门 T_w 和索引矩阵 $\boldsymbol{M}$,输出包含关键词 w 的文档标识符集合 IDS(w)。

⑤ Verify(IDS(w), CS, K):是一个确定性算法,由用户 u 执行以验证搜索结果的完备性。输入文档标识符集合 IDS(w)、检验和集合 CS 与系统密钥 K,输出验证结果"1"或"0"。

⑥ Dec(C_i, K):是一个确定性算法,由用户 u 执行以解密密文。输入密文 C_i 和系统密钥 K,输出明文 D_i。

3. 算法构造

方案 VKSES 的具体构造过程如下[12]。

① Init(1^k):该算法由用户 u 执行以初始化系统,输入安全参数 k 后,随机选择大素数 p 及 $x(l < x < p)$;令 $F: \{0,1\}^k \times \{0,1\}^* \to \{0,1\}^k$,$G: \{0,1\}^k \times \{0,1\}^* \to \{0,1\}^{k+\log 2^p}$ 为伪随机函数,$Q: \{0,1\}^k \times \{0,1\}^* \to \{0,1\}^{\log 2^{|\Delta|}}$ 为伪随机置换,随机均匀地选择 3 个 $k\text{-bit}$ 长的字符串 K_1 和 K_2 作为 F 和 Q 的随机种子;为语义安全的对称加密算法随机均匀地选择一个加密密钥 EK←SKE.Gen(1^k),发布 params＝(F, G, Q, SKE) 作为系统参数,系统密钥为 $K＝(K_1, K_2, \text{EK}, x, p)$。

② Enc(D, K):该算法由用户 u 执行以加密数据集合、生成索引矩阵及关键词的检验和,输入文档集合 D 和系统密钥 K,u 按如下步骤计算。a. 为每个文档 $D_i \in D (1 \leqslant i \leqslant n)$ 随机均匀地选择一个唯一的标识符 $\text{id}_i \in_R \boldsymbol{Z}_p^*$,加密文档 D_i 为 $C_i＝\text{SKE.Enc}_{\text{EK}}(D_i)$。b. 为每个关键词 $w_j \in \Delta (1 \leqslant j \leqslant |\Delta|)$ 生成一个 n 维数组 A_j。c. 针对每个数组 A_j 按如下过程执行:对每个文档 $D_i \in D$,随机均匀地选择一个 $k\text{-bit}$ 的字符串 $r_{j,i}$,若 $w_j \in W_i$,计算 $K_{w_j}＝F_{K_1}(w_j)$ 和检验和 $c_j＝c_j \times (x+\text{id}_i) \bmod p$,将 $((\text{flag}||\text{id}_i) \oplus G(K_{w_j}, r_{j,i}), r_{j,i})$ 存储在 $A_j[i]$ 中,其中 flag 为一个固定的 $k\text{-bit}$ 长的字符串,否则随机均匀地选择值 $v_1 \subset \{0,1\}^{k+\log 2^p}$,将

$(v_1, r_{j,i})$ 存储在 $A_j[i]$ 中。d. 将所有数组 A_j 组成一个 $|\Delta| \times n$ 的索引矩阵 $\boldsymbol{M}$，其中 A_j 位于 $\boldsymbol{M}$ 的 $Q_{K_2}(w_j)$ 行。e. 将索引矩阵 $\boldsymbol{M}$ 和密文集合 $C = (C_1, \cdots, C_n)$ 发送给云存储服务器 CSP 存储，检验和集合 $CS = (c_1, \cdots, c_{|\Delta|})$ 由用户保存。

③ Trapdoor(w, K)：该算法由用户 u 执行以获得关键词的陷门，输入要搜索的关键词 $w \in \Delta$ 和系统密钥 K，计算陷门 $T_w = (Q_{K_2}(w), F_{K_1}(w))$，将 T_w 发送给云存储服务器 CSP。

④ Search(T_w, M)：该算法由云存储服务器 CSP 执行以搜索包含关键词 w 的文档标识符，输入陷门 T_w 和索引矩阵 $\boldsymbol{M}$，CSP 首先定位到 $\boldsymbol{M}$ 的第 $Q_{K_2}(w)$ 行，记该行为数组 A_w，若无，则返回 $\perp$，否则初始化一个空集 IDS(w)，对 A_w 中的每个元素的值 $(v_{i,1}, v_{i,2})(1 \leqslant i \leqslant n)$，计算 $v = G(F_{K_1}(w), v_{i,2}) \oplus v_{i,1}$，并判断如下等式是否成立：

$$\text{first\_}k\text{\_bit}(v) = \text{flag}$$

其中，first_k_bit() 为取字符串前 k-bit 的函数，若成立，则 IDS(w) = IDS(w) $\bigcup$ {get_id(v)}，其中 get_id() 为取字符串中的文档标识符函数，即获得 v 的后 $\log_2 p$ bit。最后将 IDS(w) 发送给用户 u。

⑤ Verify(IDS(w), CS, K)：由用户 u 执行以验证搜索结果的完备性，输入 IDS(w)、用户自己保存的 CS 和系统密钥 K，u 首先从 CS 中获得关键词 w 的检验和 c_w，并判断下式是否成立：

$$c_w = \prod_{\text{id}_i \in \text{IDS}(w)} (\text{id}_i + x) \bmod p$$

若成立，则根据 id$_i$ 向 CSP 获得相应的密文 C_i，否则返回 $\perp$。

⑥ Dec(C_i, K)：由用户 u 执行以解密密文数据，输入密文 C_i 和系统密钥 K，用户 u 执行解密算法得明文 $D_i = \text{SKE.Dec}_{EK}(C_i)$。

7.3 公钥可搜索加密

公钥可搜索加密的主要过程是数据所有者用公钥对数据明文进行加密，生成密文，然后用户使用自己的私钥和关键词生成陷门，服务器对比密文和陷门，返回检索的结果给用户。

公钥可搜索加密（PEKS）的搜索流程与对称可搜索加密（SSE）相似，与对称可搜索加密不同的是，数据的加密都利用了共享者的公钥，因此在整个过程中，数据加密者不需要与数据共享者进行交互。大部分的公钥可搜索加密方案如图 7-5 所示。

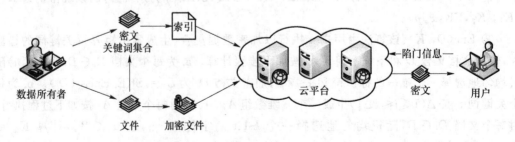

图 7-5　公钥可搜索加密流程

PEKS 方案主要包括的几个实体如下。

① 数据发送者（Sender），可以是任何人，使用数据接收者的公钥来加密数据和建立索引。

② 数据接收者（Receiver），实际上也是数据的所有者，是搜索过程的主动发起者。只有接收者提供关键词的陷门，服务器才能正确地进行搜索。

③ 云存储服务器（Server），数据的存储者，存储数据发送者发来的数据。同时服务器还能利用数据接收者发来的关键词陷门，来完成搜索过程。

如图 7-5 所示，公钥可搜索加密的流程如下。

① 数据所有者利用自己的明文数据提取明文关键词集并建立明文索引，然后利用数据共享者的公钥（为了保证安全性大部分方案中同时利用了云服务器的公钥）及明文关键词集生成密文关键词集及密文索引。将自己的明文数据利用数据共享者的公钥进行加密后，连同密文索引外包存储在云服务器上。

② 当数据共享者想对存储在云服务器上的数据进行搜索时，利用自己的私钥生成陷门信息，并将陷门信息发送给云服务器。

③ 云服务器接收到陷门信息后，进行相关搜索操作，在此过程中不进行数据解密操作。

④ 将搜索到的相关密文数据发送给数据共享者，数据共享者利用自己的私钥对文档进行解密。

7.3.1 单关键词公钥可搜索加密

单一关键词搜索允许用户输入单个关键词来对数据进行搜索，并得到服务器返回的包含该关键词的数据。对单一关键词的可搜索加密通常会建立一个加密的可搜索索引，对服务器隐藏索引内容，除非服务器得到了恰当的由密钥生成的陷门。

1. 安全信道下的公钥可搜索加密

Boneh 等人首次提出了单关键词公钥可搜索加密的概念[15]。该方案的安全性主要依赖于 BDH 问题：给定 $(g, g^a, g^b, g^c) \in G_1$，其中 g 是 G_1 的生成元，并且 $a, b, c \in Z_p^*$，计算 $e(g, g)^{abc}$。下面我们将具体介绍 Boneh 等人提出的公钥可搜索加密方案包含的 4 个算法。

① 接收者密钥生成算法 KenGen(s)：该算法以一个安全的公共参数 s 作为输入信息，输出信息为接收者的公私钥对 (A_{pub}, A_{piv})。

② 密文关键词生成算法 PEKS(A_{pub}, w)：该算法以接收者的公钥 A_{pub} 以及一个明文关键词 w 为输入信息，输出为明文关键词 w 的可搜索的密文关键词 $S = PEKS(A_{pub}, w)$。

③ 陷门信息生成算法 Trapdoor(A_{priv}, w)：该算法以接收者的私钥 A_{priv} 以及一个明文关键词 w 为输入信息，输出信息为查询明文信息 w 的陷门信息 $T_w = Trapdoor(A_{priv}, w)$，该陷门信息用于用户对服务器的访问请求。

④ 检测算法 Test(A_{pub}, S, T_w)：该算法的输入信息为接收者的公钥 A_{pub}，可搜索的密文关键词 $S = PEKS(A_{pub}, w')$，以及陷门信息 $T_w = Trapdoor(A_{priv}, w)$。如果 $w' = w$，输出为 1；否则输出为 0，表示没有搜索到包含关键词 w 的密文。

该方案是基于双线性对 $\hat{e}: G_1 \times G_1 \rightarrow G_2$ 构造的。其中，G_1 和 G_2 的阶均为 p。在该方案中需要两个哈希函数 $H_1: \{0,1\}^* \rightarrow G_1$ 以及 $H_2: G_2 \rightarrow \{0,1\}^{\log p}$，具体构造如下。

① 接收者密钥生成算法 KenGen(s)：该算法以一个安全的公共参数 s 作为输入信息，随机选取 $\alpha \in Z_p^*$ 以及群 G_1 的生成元 g，输出接收者的公钥 $A_{pub} = [g, h = g^{\alpha}]$，私钥为 $A_{priv} = \alpha$。

② 密文关键词生成算法 PEKS(A_{pub}, w)：随机选取 $r \in Z_p^*$，计算 $t = \hat{e}(H_1(w), h^r) \in G_2$，输出明文关键词 w 的满足可搜索的密文关键词 PEKS(A_{pub}, w) = $[g^r, H_2(t)]$。

③ 陷门信息生成算法 Trapdoor(A_{priv}, w)：输出陷门值 $T_w = H_1(w)^{\alpha} \in G_1$。

④ 检测算法 Test(A_{pub}, S, T_w)：令 $S = [A, B]$，检测等式 $H_2(\hat{e}(T_w, A)) = B$ 是否成立，若成立则输出 1，否则输出 0。

在上述方案中，作为服务器使用的检测算法 Test(A_{pub}, S, T_w)，其输入信息仅为接收者的公钥 A_{pub}、可搜索的密文关键词 $S = $ PEKS(A_{pub}, w')、陷门信息 $T_w = $ Trapdoor(A_{priv}, w)。作为一个攻击者，这 3 个信息完全可以获得，进而也进行检测。也就是说如果明文关键词信息的陷门信息 T_w 在公开信道下传输，即使其关键词密文 $C = $ PEKS(A_{pub}, w) 具有不同的数值，由于攻击者可以进行密文搜索算法，利用陷门信息 T_w 对不同数值的密文关键词进行上述检测算法，将很容易判断出不同数值的关键词密文是否由同一个明文信息生成，进而打破关键词密文不可区分性的安全性需求。为了避免该类问题，Boneh 等人的方案是基于安全信道下传输陷门信息 T_w 的，即接收者与邮件服务器之间必须建立一条安全信道，这样才可以避免攻击者获取陷门信息。但建立安全信道的代价非常昂贵。因此，在实际应用中，效率很低。

2. 公开信道下的公钥可搜索加密

正如上面的分析中所述，该方案中信息接收者在发送陷门信息 T_w 给服务器时，必须采用安全信道，否则将泄露很多用户的访问信息，打破原有的安全性。这无疑使得他们的方案效率较低。如果 Boneh 等人的方案在公开信道下传输，那么作为攻击者便可以获取所有服务器所拥有的信息资源，攻击者本身也可以进行检测算法。

Baek 等人首次提出了公开信道下的公钥可搜索加密方案[16]。其主要思想是，用户在创建密文关键词时，不仅仅利用了接收者的公钥，也利用了服务器的公钥。这样的改变使得即使密文关键词以及相关的陷门信息在公开信道下传输，由于获取不了服务器的私钥，外部攻击者将不能执行检测算法，进而满足公开信道下密文关键词的不可区分性，从而使得用户的隐私数据更加安全。

同 Boneh 等人的方案类似，Baek 等人的方案中参与实体仍然为信息接收者、服务器、信息发送者。整个过程同 Dan Boneh 等人的一样，信息发送者创建密文关键词集，接收者创建相关的陷门信息，服务器利用两者进行检测操作。与 Boneh 等人的方案不同之处在于：首先，该方案添加了服务器密钥生成算法，使得服务器的公私钥对参与相关运算；其次，在密文关键词生成算法中，服务器的公钥参与了运算，在检测算法中，服务器的私钥参与了运算，这样的改变使得公钥可搜索加密的安全模型更加切合实际。该方案包括 6 个算法，具体定义如下。

① 参数生成算法 KeyGenParam(k)：该算法以安全参数 $k \in N$ 作为输入，输出公共参数 cp。

② 服务器密钥生成算法 KeyGenServer(cp)：该算法以公共参数 cp 作为输入，生成服务器的公私钥对(SK$_s$, PK$_s$)。

③ 接收者密钥生成算法 KeyGenReceiver(cp)：该算法以公共参数 cp 作为输入，生成接收者的公私钥对 (SK_r, PK_r)。

④ 密文关键词生成算法 SCF-PEKS(cp, PK_r, PK_s, w)：该算法以公共参数 cp、服务器的公钥 PK_s、接收者的公钥 PK_r，以及一个明文关键词 w 作为输入信息，输出 w 的满足可搜索的密文关键词，记为 S=SCF-PEKS(cp, PK_r, PK_s, w)。

⑤ 陷门信息生成算法 Trapdoor(cp, SK_r, w)：该算法以公共参数 cp、接收者的私钥 SK_r，以及明文关键词 w 作为输入信息，输出明文信息 w 的陷门信息 T_w。

⑥ 检测算法 Test(cp, T_w, SK_s, S)：该算法以公共参数 cp、陷门信息 T_w、服务器的私钥 SK_s，以及一个密文关键词 S=SCF-PEKS(PK_r, PK_s, w')作为输入，该算法将检测陷门信息中所含 w 是否等于密文关键词中所含信息 w'，如果相等，则输出 1，否则输出 0。

Baek 等人提出的安全信道下的公钥可搜索加密 SCF-PEKS 案的具体描述：该方案是基于双线性对 $\hat{e}: G_1 \times G_1 \to G_2$ 构造的。其中 G_1 是生成元为 P 的加法群，阶为 $p \geqslant 2^k$，G_2 是乘法群，阶为 p。在该方案中需要两个哈希函数 $H_1: \{0,1\}^* \to G_1$ 以及 $H_2: G_2 \to \{0,1\}^k$。该方案包括 6 个算法，具体描述如下。

① 参数生成算法 KeyGenParam(k)：该算法以安全参数 $k \in N$ 作为输入，生成群 $G_1 = \langle P \rangle$，阶 $p \geqslant 2^k$。生成一个双线性对 $\hat{e}: G_1 \times G_1 \to G_2$，其中 G_2 是乘法群，阶为 p。生成两个哈希函数 $H_1: \{0,1\}^* \to G_1$ 以及 $H_2: G_2 \to \{0,1\}^k$。返回公共参数 cp=$(q, G_1, G_2, e, P, H_1, H_2, d_w)$，其中，$d_w$ 为明文关键词集的词集空间。

② 服务器密钥生成算法 KeyGenServer(cp)：该算法以公共参数 cp 作为输入，生成服务器的公私钥对 (SK_s, PK_s)。随机选取 $x \in Z_p^*$，计算 $X=xP$。随机选取 $Q \in G_1$，服务器的公钥为 $PK_s = (cp, Q, X)$，私钥为 $SK_s = (cp, x)$。

③ 接收者密钥生成算法 KeyGenReceiver(cp)：该算法以公共参数 cp 作为输入，生成接收者的公私钥对 (SK_r, PK_r)。随机选取 $y \in Z_p^*$，计算 $Y=yP$，接收者的公钥为 $PK_r = (PK_s, Y)$，私钥为 $SK_r = (PK_s, y)$。

④ 密文关键词生成算法 SCF-PEKS(cp, PK_s, PK_r, w)：该算法以公共参数 cp、服务器的公钥 PK_s、接收者的公钥 PK_r，以及一个明文关键词 w 作为输入信息，输出 w 的满足可搜索的密文关键词，记为 S=SCF-PEKS(cp, PK_s, PK_r, w)。随机选取 $r \in Z_p^*$，计算 $S = (U, V) = (rP, H_2(k))$，其中，$k = (\hat{e}(Q, X) \hat{e}(H_1(w), Y))r$，S 为可搜索的密文关键词。

⑤ 陷门信息生成算法 Trapdoor(cp, SK_r, w)：该算法以公共参数 cp、接收者的私钥 SK_r，以及明文关键词 w 作为输入信息，计算 $T_w = yH_1(w)$，输出明文信息 w 的陷门信息 T_w。

⑥ 检测算法 Test(cp, T_w, SK_r, S)：该算法以公共参数 cp、陷门信息 T_w、服务器的私钥 SK_r，以及一个密文关键词 S=SCF-PEKS(PK_s, PK_r, w')作为输入，计算等式 $H_2(\hat{e}(xQ + T_w, U)) = V$ 是否成立，如果成立，则输出 1，否则输出 0。

7.3.2　多关键词公钥可搜索加密

相对单一关键词搜索而言，多关键词搜索允许用户输入多个关键词来对数据进行搜索，并得到服务器返回的包含所输入关键词的数据。对多关键词的可搜索加密通常也会提取数据集内的关键词,建立索引后将加密的数据与索引上传至 CSP。当用户需要对数据进行搜索时,可以依据自身需求输入多个(固定多个或任意多个,视具体方案而定)关键词并生成搜索陷门,CSP 按照陷门查询索引,并最终返回包含这些关键词的文档(此处指同时满足全部所查询关键词的文档或至少满足一个所查询关键词的文档,视具体方案而定)。有些多关键词搜索方案还允许 CSP 通过计算所查询关键词与密文的相关系数来对搜索结果进行排名,并返回排名靠前的文档,以此来节约通信成本。

上述技术方案虽支持单一关键词搜索,却无法支持多关键词搜索。尽管可以通过对不同单一关键词多次搜索后取其结果交集来完成多关键词搜索,但这样一来计算与通信的开销将较大,效率低下的同时还易发生数据泄露。多关键词公钥可搜索加密算法主要由以下4 个算法组成[17]。

① 密钥生成算法:输入安全参数 s,输出公私钥对 A_{pub} 和 A_{priv}。

② 可搜索加密算法:输入公钥 PK 和加密数据的 m 个关键词集合 $W = \{w_1, w_2, \cdots, w_m\}$,输出能够用于搜索的关键词加密集合 S,将 S 和密文作为整体保存。

③ 陷门算法:输入用户私钥 SK 和检索的关键词集合 W',输出待检索关键词的陷门 T_w。

④ 搜索算法:检索服务器输入待检索关键词的陷门 T_w、关键词加密集合 S。如果搜索到包含关键词集合 W' 的密文,则输出结果 1,并安全地把检索结果发送给数据检索者,否则输出结果 0,表示没有搜索到包含关键词集合 W' 的密文。

假设 G_1 和 G_2 是阶为 p 的循环群,$\hat{e}: G_1 \times G_1 \to G_2$ 是双线性对,$H:\{0,1\}^* \to Z_p^*$ 是安全无碰撞的哈希函数。PEMKS 方案构造如下。

① KeyGen(s):KGC 随机选取 $g, h \in G_1$ 和 $\alpha \in Z_p^*$,计算 $g_1 = g^\alpha \in G_1$。(g, g_1, h) 为 Alice 的公钥 A_{pub},α 为 Alice 的私钥 A_{priv}。将 α 安全递送给 Alice。

② PEMKS($A_{pub}, W_1, \cdots, W_k$):Bob 为关键词($W_1, \cdots, W_k$)生成多关键词密文 PEMKS,步骤如下:

a. 计算 $H(W_i) = w_i, i = 1, 2, \cdots, k$。

b. 根据 $w_1, \cdots, w_k$ 构造从 G_1^k 到 G_1^k 的映射 $\hat{r}_1$ 和 $\hat{R}_1$,并构造从 G_2^k 到 G_2^k 的映射 $\hat{r}_2$ 和 $\hat{R}_2$。映射 $\hat{r}_1: G_1^k \to G_1^k$ 定义如下:$(r_1, r_2, \cdots, r_k) \to (R_1, R_2, \cdots, R_k)$。其中,$R_j = \prod_{i=1}^{k} r_i^{a_{i,j}}$,$j = 1, 2, \cdots, k$。映射 $\hat{R}_1: G_1^k \to G_1^k$ 定义如下:$(R_1, R_2, \cdots, R_k) \to (r_1, r_2, \cdots, r_k)$。其中,$r_j = \prod_{j=1}^{k} R_j^{x^{j-1}}, i = 1, 2, \cdots, k$。

c. 选取 k 个随机数 $s_i \in Z_p^*, i = 1, 2, \cdots, k$。

d. 为每个 $i = 1, 2, \cdots, k$ 分别计算:$u_i = g_1^{s_i} g^{-s_i w_i}, v_i = e(g, g)^{s_i}, m_i = e(g, h)^{s_i}$。

e. 计算 $(U_1, U_2, \cdots, U_k) = \hat{r}_1(u_1, u_2, \cdots, u_k), (V_1, V_2, \cdots, V_k) = \hat{r}_2(v_1, v_2, \cdots, v_k), (M_1, M_2, \cdots, M_k) = \hat{r}_2(m_1, m_2, \cdots, m_k)$。

f. $S = \langle U_1, U_2, \cdots, U_k, V_1, V_2, \cdots, V_k, M_1, M_2, \cdots, M_k \rangle$ 即为 PEMKS 密文。

③ Trapdoor(A_{priv}, W):Alice 产生随机数 $r_W \in Z_p^*, T_W = (w, r_W, h_W)$。其中 $w =$

$H(W),h_W=(hg^{-r_W})^{1/(a-w)}$。

④ Test(A_{pub}，S，T_W)：邮件服务器匹配关键词，过程如下。

a. 计算 $U=\prod_{j=1}^{k}U_j^{w^{j-1}}$，$V=\prod_{j=1}^{k}V_j^{w^{j-1}}$，$M=\prod_{j=1}^{k}M_j^{w^{j-1}}$。

b. 判断 $e(U,h_W)\cdot V^{r_W}=M$ 是否成立，成立输出 Yes；否则，输出 No。

7.3.3 连接关键词公钥可搜索加密

连接关键词公钥可搜索加密方案支持关键词的布尔组合，该方案的实体包括$\{D,UM,Serv,U\}$，其中，D 为用户要外包存储的数据集合；UM 是授权用户的管理机构，负责管理用户，如用户的增加与撤销；Serv 是外包存储服务器，负责存储与搜索服务；U 是授权用户的身份集合，其中用户的身份唯一，如用户的邮箱地址等。一个基于连接关键词的可搜索加密方案由以下几个多项式时间算法组成[18]。

① Init(1^k)：该算法由 UM 执行以初始化系统，输入安全参数 k，输出系统参数 params、主密钥 MSK、语义安全的对称加密算法 Enc($\cdot$)的加密密钥 EK、两个随机种子 s' 和 s''。

② Enroll(MSK，u_{ID})：该算法由 UM 执行以添加用户，输入 MSK 和用户身份 $u_{ID}\in U$，输出用户 u_{ID} 的密钥和辅助密钥($SK_{u_{ID}}$，$ComK_{u_{ID}}$)，将($SK_{u_{ID}}$，EK，s'，s'')安全地发送给用户 Serv。

③ U-Enc($SK_{u_{ID}}$，EK，s'，D_i，W_i)：用户 u_{ID} 执行的加密算法，输入用户密钥 $SK_{u_{ID}}$、加密密钥 EK、随机种子 s'、文档 D_i 及其关键词列表 W_i，输出密文 $C_i^*=(Enc_{EK}(D_i),I_i^*)$，将($SK_{u_{ID}}$，$C_i^*$)发送给 Serv。

④ S-Enc(u_{ID}，C_i^*)：由 Serv 执行以对 C_i^* 中的 I_i^* 进行重加密，输入用户身份 u_{ID} 和接收到的 C_i^*，Serv 根据 u_{ID} 查找(u_{ID}，$ComK_{u_{ID}}$)，若无，则返回$\perp$；否则重加密 I_i^* 得到索引 I_i，最后将 $C_i=(Enc_{EK}(D_i),I_i)$ 存储在 Serv 上。

⑤ Trapdoor($SK_{u_{ID}}$，s'，s''，$l_1,\cdots,l_d$，$w_1',\cdots,w_d'$)：由用户 u_{ID} 执行以生成连接关键词的陷门，输入 $SK_{u_{ID}}$、s'、s'' 和要检索的关键词位置 $l_1,\cdots,l_d(1\leqslant l_1,\cdots,l_d\leqslant m)$ 及相应的关键词 $w_1',\cdots,w_d'$，输出陷门 T。

⑥ Search(T，C_i)：由 Serv 执行，用于搜索加密文档，输入陷门 T 及密文 C_i，$1\leqslant i\leqslant n$，输出搜索到的密文集合 Ω。最后将 Ω 发送给用户 u_{ID}。

⑦ Dec(EK，Ω)：由用户 u_{ID} 执行以解密文，输入对称密钥 EK 及接收到的 Ω，解密得明文。

⑧ RevokeUser(u_{ID})：由 UM 执行以撤销用户，输入用户身份 u_{ID}，UM 向 Serv 发送撤销用户 u_{ID} 的命令，Serv 删除(u_{ID}，$ComK_{u_{ID}}$)。

下面将详细描述构造的方案：假设用户将文档集合 $D=(D_1,\cdots,D_n)$ 外包到存储服务器 Serv，文档 D_i 的关键词列表为 $W_i=(w_{i,1},\cdots,w_{i,m})$，$1\leqslant i\leqslant n$，其中 $w_{i,j}$ 为 D_i 的第 j 个关键词字段的关键词，$1\leqslant i\leqslant m$，构造的方案包括 8 个多项式时间算法。

① Init(1^k)：该算法由用户管理机构 UM 执行以初始化系统，输入安全参数 k，输出阶为素数 q 的循环群 G，g 为 G 的生成元，并且 G 中的 DDHP 是困难的。随机选择 $x\in Z_p^*$ 作为 UM 的主密钥，记为 $k_{UM}=x$，计算 $h=g^x$；UM 选择两个伪随机函数 $f':\{0,1\}^k\times\{0,1\}^*\to Z_p^*$ 和 $f'':\{0,1\}^k\times Z_p^*\to Z_p^*$，它们的随机种子分别为 $s',s''\in Z_p^*$，并为语义安全的对称

加密算法 Enc(·)选择加密密钥 EK,发布 params$=(G,g,q,f',f'',h,\text{Enc})$作为系统参数。

② Enroll(k_{UM},u_{ID}):该算法由用户管理机构 UM 执行以添加用户,输入 UM 的主密钥 k_{UM} 和用户身份 $u_{ID}\in U$(用户身份是唯一的,如用户的电子邮件地址),输出 u_{ID} 的密钥和辅助密钥$(\text{SK}_{u_{ID}},\text{ComK}_{u_{ID}})=\left(x_{u_{ID}}\in Z_p^*,\dfrac{k_{UM}}{x_{u_{ID}}}\right)=\left(x_{u_{ID}},\dfrac{x}{x_{u_{ID}}}\right)$。将 $(\text{SK}_{u_{ID}},\text{EK},s',s'')$安全地发送给用户 u_{ID},将$(u_{ID},\text{ComK}_{u_{ID}})$安全地发送给 Serv,Serv 在其用户列表 U-ComK 中加入$(u_{ID},\text{ComK}_{u_{ID}})$。

③ U-Enc($\text{SK}_{u_{ID}}$,EK,s',D_i,W_i):用户 u_{ID} 执行加密算法,输入用户密钥 $\text{SK}_{u_{ID}}$、加密密钥 EK、随机种子 s'、文档 D_i 及其关键词列表 $W_i=(w_{i,1},\cdots,w_{i,m})$,$1\leqslant i\leqslant n$,随机选择 $r_i\in Z_p^*$,计算 g^{r_i} 和 h^{r_i},对 $\forall w_{i,j}\in W_i$,计算 $\sigma_{i,j}=f'(s',w_{i,j})$,$w_{i,j}^*=(g^{\text{SK}_{u_{ID}}})^{r_i\sigma_{i,j}}$,$1\leqslant j\leqslant m$,令 $I_i^*=(g^{r_i},h^{r_i},w_{i,1}^*,\cdots,w_{i,m}^*)$,记 $C_i^*=(\text{Enc}_{EK}(D_i),I_i^*)$,将$(u_{ID},C_i^*)$发送给 Serv。

④ S-Enc(u_{ID},C_i^*):Serv 执行对 C_i^* 中的 I_i^* 的重加密,输入用户身份 u_{ID} 和接收到的 C_i^*,Serv 根据 u_{ID} 在 U-ComK 中查找$(u_{ID},\text{ComK}_{u_{ID}})$,若无,则返回$\perp$;否则重新计算 C_i^* 中的 I_i^*,得索引,将 $C_i=(\text{Enc}_{EK}(D_i),I_i)$存储在 Serv 上。

⑤ Trapdoor($\text{SK}_{u_{ID}}$,s',s'',$l_1,\cdots,l_d$,$w_1',\cdots,w_d'$):由用户 u_{ID} 执行以生成连接关键词的陷门,输入 $\text{SK}_{u_{ID}}$、s'、s'' 和要检索的关键词位置 $l_1,\cdots,l_d$($1\leqslant l_1,\cdots,l_d\leqslant m$)及相应的关键词 $w_1',\cdots,w_d'$,随机选择 $t_1,t_2\in Z_p^*$,计算:$T_1=(t_1+f''(s'',t_2)\cdot\sum\limits_{j=1}^{d}f'(s',w_j'))\cdot\text{SK}_{u_{ID}}=$
$(t_1+f''(s'',t_2)\cdot\sum\limits_{j=1}^{d}f'(s',w_j'))\cdot x_{u_{ID}}$;$T_2=t_1$;$T_3=f''(s'',t_2)$。然后,将陷门 $T=(u_{ID},T_1,T_2,T_3,l_1,\cdots,l_d)$发送给 Serv。

⑥ Search(T,C_i):由 Serv 执行,用于搜索加密文档,输入陷门 $T=(u_{ID},T_1,T_2,T_3,l_1,\cdots,l_d)$ 及密文 $C_i=(\text{Enc}_{EK}(D_i),I_i)$,Serv 首先根据 u_{ID} 在 U-ComK 中查找$(u_{ID},\text{ComK}_{u_{ID}})$,若无,则返回$\perp$;否则 Serv 初始化空集 Ω,计算 $v=T_1\cdot\text{ComK}_{u_{ID}}=(t_1+f''(s'',t_2))\cdot\sum\limits_{j=1}^{d}f'(s',w_j'))\cdot x$,对 C_i,$1\leqslant i\leqslant n$,判断如下等式是否成立:

$$\frac{(g^{r_i})^v}{(h^{r_i})^{T_2}}=h^{r_i\left[\sum\limits_{j=1}^{d}f'(s',w_j')\right]f''(s',t_2)}=\left[\prod\limits_{j=1}^{d}h^{r_i\sigma_{i,l_j}}\right]^{T_3}$$

若成立,则 $\Omega=\Omega\bigcup\{C_i\}$。最后将搜索结果 Ω 发送给用户 u_{ID}。

⑦ Dec(EK,Ω):用户 u_{ID} 执行以解密密文,输入对称密钥 EK 及接收到的 Ω,对 $\forall C_i\in\Omega$,计算 $D_i=\text{Dec}_{EK}(\text{Enc}_{EK}(D_i))$。

⑧ RevokeUser(u_{ID}):由 UM 执行,以撤销用户,输入用户身份 u_{ID},UM 向 Serv 发送撤销用户 u_{ID} 的命令,Serv 执行操作 U-ComK$=$U-ComK$\setminus\{u_{ID}\}$。

7.4 小 结

随着云存储技术的发展,越来越多的企业及个人将加密后的私有数据外包给云服务器,因此,对云服务器中加密数据的有效检索成为用户在选择云服务时关注的重点。为了更好地解决云环境下密文数据搜索这个问题,可搜索加密便应运而生,并在近几年中得到了研究者的广泛研究和发展。

　　用户可以首先使用 SE 机制对数据进行加密,并将密文存储在云平台服务器;当用户需要搜索某个关键词时,可以将该关键词的搜索凭证发给云平台服务器;云平台将接收到的搜索凭证对每个文件进行试探匹配,如果匹配成功,则说明该文件中包含该关键词;最后,云平台将所有匹配成功的文件发回给用户。在收到搜索结果之后,用户只需要对返回的文件进行解密。本章针对可搜索加密机制的研究现状进行了较为全面的介绍和讨论,分别对对称和非对称密码体制下的可搜索加密研究成果进行了综述。

本章参考文献

[1]　Curtmola R, Garay J, Kamara S, et al. Searchable symmetric encryption:improved definitions and efficient constructions[C]//Proceedings of the 13th ACM Conf. on Computer and Communications Security. Alexandna:ACM, 2006:79-88.

[2]　杨倚. 云计算中对称可搜索加密方案的研究[D]. 成都:电子科技大学.

[3]　李经纬,贾春福,刘哲理. 可搜索加密技术研究综述[J]. 软件学报,2015,26 (1):109-128.

[4]　Kamara S, Papamanthou C, Roeder T. Dynamic searchable symmetric encryption[C]//Proceedings of the 19th ACM ConL on Computer and Communications Security. Raleigh:ACM,2012:965-976.

[5]　Kamara S, Papamanthou C. Parallel and dynamic searchable symmetric encryption[C]//Proceedings of the Financial Cryptography and Data Security. [S. n.]:Springer,2013:258-274.

[6]　Jeong I R, Kwon J O, Hung D, et al. Constructing PEKS schemes secure against keyword guessing aRacks is possible[J]. Computer Communications, 2009, 32(2):394-396.

[7]　Tang Q, Chen L. Public-key encryption with registered keyword search[C]//Proceedings of the Public Key Infrastructures, Services and Applications. Pisa:Springer, 2010:163-178.

[8]　黄海平,杜建澎,戴华. 一种基于云存储的多服务器多关键词可搜索加密方案[J]. 电子与信息学报,2017,39 (2):389-396.

[9]　Song X D, Wagner D, Perrig A. Practical techniques for searches on encrypted data[C]//Proceedings of the IEEE Symp on Security and Privacy. Berkeley:IEEE, 2000:44-55.

[10]　Goh E J. Secure indexes[R]. [S. l. :s. n.], 2004.

[11]　Curtmola R, Garay J, Kamara S, et al. Searchable symmetric encryption:improved

definitions and efficient constructions[C]//Proceedings of the 13th ACM Conf. on Computer and Communications Security. Alexandria：ACM，2006：79-88.

[12] 杜军强. 云计算中加密数据的模糊关键字搜索方法研究[D]. 陕西：陕西师范大学，2014.

[13] 方黎明. 带关键字搜索公钥加密的研究[D]. 南京：南京航空航天大学，2011.

[14] Dodis Y，Ostrovsky R，Reyzin L，et al. Fuzzy extractors：how to generate string keys from biometrics and other noisy data[J]. SIAM Journal of Computing，2008，38(1)：97-139.

[15] Boneh D，Crescenzo G，Ostrovsky R，et al. Public key encryption with keyword search[C]//Proceedings of Advances in Cryptology-EUROCRYPT 2004. [S. n.]：Springer，2004,506-522.

[16] Baek J，Safiavi-Naini R，Susilo W. Public key encryption with keyword search revisited[C]//Computational Science and Its Applications-ICCSA 2008. [S. n.]：Springer，2008：1249-1259.

[17] Golle P，Staddon J，Waters B. Secure conjunctive keyword search over encrypted data[C]//Proceedings of International Conference on Applied Cryptography and Network Security. [S. n.]：Springer，2004：31-45.

[18] 王尚平，刘利军，张亚玲. 一个高效的基于连接关键词的可搜索加密方案[J]. 电子与信息学报，2013，35(9)：2266-2271.

第 8 章

云计算中数据库安全

8.1 云计算中数据库安全概述

数据库系统是网络时代数据最广泛、最重要的载体[1]，数据安全衍生出的数据库安全的研究就成为未来以云计算为应用背景的基础支撑技术之一。从目前出现的安全事件可以看出数据安全的重要性，各种各样的数据窃取日趋频繁，同时来自内部人员的窃取数据行为也是主要威胁之一，这种非授权访问用户的访问往往会造成数据信息的泄露、用户身份的泄露和授权卡号的丢失，轻则造成大量经济上的损失，重则可造成敏感信息或国家机密信息泄露的严重后果。

数据库系统的安全[2]关系到能否保护数据库系统涉及的数据避免非授权用户获取。这里的非授权用户既包括各种独立黑客或者以团体/国家为支撑的专业攻击者，同时也包括数据库系统的内部管理员。这两类的入侵流程虽然迥异不同，但是造成的后果都是相同的，都是在非授权状态获取数据库数据的信息，从而导致严重的后果，同时还衍生出包括授予权限用户的滥用权限、授予权限的误操作和非授予权限用户的恶意入侵，如对数据进行窃取、篡改和删除等。数据安全是网络空间安全基本的保证，而数据库系统的安全则是保证数据安全的重要手段之一。数据库系统的安全可以从以下几个角度进行阐述[3]。

① 数据库系统承载物理设备的完整性：数据库系统承载数据的物理设备，如计算机、服务器、硬盘等，因为各种原因遭到损坏，导致数据丢失，常见的原因包括供电电压问题、磁盘损毁、设备损坏等。

② 数据库系统软件运行逻辑的完整性：保证存储在数据库中的数据完整性是数据库最重要的指标，数据库系统通过一整套完整的运行逻辑，对存储数据的结构性、可读性和完整性进行保护，如对数据库中某一个或者多个字段的改写不和任何其他数据关联，而导致破坏整个数据原有意义的完整性。

③ 数据库元素的安全性：保证数据库系统中用户存储的每个元素都是正确的，和用户申请存储的信息一致。

④ 数据库系统的可审计性：可追踪和查询用户对存储在数据库中的数据进行的存取和修改。

⑤ 数据库系统的用户访问控制：数据库系统对申请访问的用户进行认证授权，只有通过授权的用户才能对数据库中的数据信息进行访问，同时对不同的用户进行权限设定，不同

权限对应不同的访问方式。

⑥ 授权身份认证：用户申请对数据库系统进行访问或审计追踪，都需要数据库系统授予权限并通过认证。

⑦ 数据库系统的可用性：被授予访问权限的用户随时都能顺利地通过认证，实现对数据库的访问，获取对应授权用户权限的数据操作。

通过对数据库的特性进行分析，其安全威胁可以分为两大类[4]，即来自数据库系统外部的威胁与来自数据库内部的威胁。通常黑客事件或者"棱镜门"事件等来自外部威胁，此类攻击的相同特征为未获授权而非法侵入数据库系统内部，对数据库系统内的数据进行非法获取、篡改和删除等一系列的操作，常规的防护技术能够实现对网络的用户行为进行精细化管控，从而实现防止恶意攻击和非法入侵等行为。另外，随着通信网络高速、广域、多分布的发展趋势，黑客可以通过网络中大量的路由交换节点实现对网络上承载的数据进行截取，对此大都使用 HTTPS、VPN、SSH 等技术对数据信息实现很好的安全保护。

通过大量的事实证明，超过八成的数据库数据泄露事件都是由数据库管理系统的内部人员引起的，这其中有恶意泄露信息，也有因为操作不当或疏忽大意造成的无意泄露，这就是通常我们为数据库系统定义的来自内部的威胁。按照常规使用分析，数据库系统的管理员需要对所有数据、用户、权限等管理信息进行维护，通常都被赋予数据库系统的一级管理权限，也就意味着可以任意地复制和篡改数据库系统中的所有数据。如果管理员恶意地从内部发起攻击，那么整个数据库系统内的所有数据几乎是透明不设防的。另外，大多数数据库系统都具备容灾备份功能，都是将数据定期地复制或者实施同步到其他介质上，如果这些介质被盗取或者入侵，那么所有的信息都将被泄露出去。但是显而易见，数据库系统存在内部威胁的根本原因是存储数据信息问题，明文的存储方式、数据库系统的安全机制被绕过或者是内部管理人员对数据进行处理，存储的敏感数据和机密信息将处于透明状态。所以数据库的加密系统对数据进行加密处理将是最后一道安全防线。

目前，国内外大型互联网公司提供的云数据库产品数量众多，如 Amazon 的 RDS[5]、Google 的 BigTable[6]、MicroSoft 的 Azure[7]，国内的大型互联网公司如腾讯、百度、360、金山、华为等也都陆续推出了各自的云数据库，并且用户数量众多。由于安全意识淡薄，缺乏数据保护的相关措施，常常被曝出数据泄露等安全事件。在云计算环境中，要解决数据传输、计算、存储安全问题，数据库作为数据最为广泛、最为通用的载体，数据库的安全是网络空间安全最为主要的基础支撑技术之一。未来数据的处理和存储基本上是在云数据库中进行的，用户将失去对自身数据的控制权。由于数据大量集中，会将数据的安全问题聚焦在云数据库内。为了保护数据的安全，最为有效的手段就是对数据进行加密。传统加密技术解决不了密文计算问题，完成云服务时，必须解密数据，以明文进行处理。如果云服务器被攻击，可能会导致数据库中的数据被窃取，或是内部云管理员查看云服务器的数据。这都存在严重的隐私数据泄露危险，常规的数据库操作会在操作过程中出现明文，从而带来严重的安全隐患。

同态加密体制能够在不解密的情况下实现对密文的计算，在全同态加密体制不能满足使用需求的前提下，采用已经存在的成熟且具有单一同态性质的密码算法（如 RSA、El Gamal、Paillier 等），我们可以利用这些单一同态算法根据安全多方计算中所需的结果构造一个综合的加密模型,从而在不泄露任何隐私信息的情况下得到想要的计算结果,满足数据库加密系统的场景应用。利用同态加密运算技术,用户把数据加密传输给数据库服务器端,用户端发起一个服务请求,数据库服务器根据这些请求,对数据库内存储的对应密文数据进行计算,返回计算结果,该计算的结果也是密文[8]。数据库服务器端并不知道这个密文结果代表什么。把该密文返回给用户,用户通过解密就能够得到他想要的请求结果。在整个过程中,数据都是加密的,数据库服务器无法获取隐私信息,同时也保证了数据库服务器的内部管理员不能了解存储的信息,从而最大限度地确保了数据库数据的安全。

2011 年,美国麻省理工学院(MIT)计算机科学和人工智能实验室(CSAIL)的 Popa 等人提出了 CryptDB[9],使用洋葱加密模型对数据进行加密,允许用户查询加密的 SQL 数据库,并且可以在不解密储存信息的基础上返回结果,对于云存储而言,这一点极具意义。2013 年,该实验室的 Stephen Tu 等人又提出了一种新的解决方案 Monomi[10],将 SQL 请求分离成两个阶段,分别在客户端和服务端执行,使得能够在加密后的数据库上支持更多更复杂的 SQL 请求,包括预计算、预过滤、高效加密、分组同态运算等。2015 年,Sarfraz 等人提出了 DBMask[11],运用属性加密等方法对云数据库进行细粒度的访问控制,并将数据库中的信息加密存储,采用和 CryptDB 类似的方式将同一列信息扩展成适用于不同 SQL 请求类型的列。

8.2　同态加密概念

同态加密是一类具有特殊自然属性的加密方法。Rivest 等人首先提出同态加密概念[12],与其他加密算法相比,同态加密除了能够实现基本的加密操作之外,还可以实现密文间的多种运算,即先解密密文再计算得到的结果与在密文上计算后再解密得到的结果一致。这一特性使得数据所有者能够最大限度地保护数据,无密钥的一方只能得到运算的结果,而不能知道参与运算的值的真实情况。这种方式可以将计算任务转移,以减少通信和计算代价。

在公钥密码体制下的同态加密算法可用下列方式表述。设 M 是明文空间,C 是密文空间,K 是公私钥对集合,E 是加密算法集合($E:M{\rightarrow}C$),D 是解密算法集合($D:C{\rightarrow}M$),$\oplus$是同态运算符。

① 对任意公私钥对$(\mathrm{pk},\mathrm{sk})\in K$,有一个加密算法 $E_{\mathrm{pk}}\in E$ 和解密算法 $D_{\mathrm{sk}}\in D$,且对任意 $m\in M$,满足 $c=E_{\mathrm{pk}}(m)$,$m=D_{\mathrm{sk}}(c)=D_{\mathrm{sk}}(E_{\mathrm{pk}}(m))$。

② 对于所有$(\mathrm{pk},\mathrm{sk})\in K$,由 E_{pk} 推导出 D_{sk} 是不可行的。

③ 对于任意 $x,y\in M$,$E_{\mathrm{pk}}(x)\oplus E_{\mathrm{pk}}(y)=E_{\mathrm{pk}}(x\oplus y)$。

对于不同的运算符,可以将同态加密算法分为加同态和乘同态。满足加同态性的算法可以表述为 $E_{\mathrm{pk}}(x)\oplus E_{\mathrm{pk}}(y)=E_{\mathrm{py}}(x+y)$;满足乘同态性的算法则表述为 $E_{\mathrm{pk}}(x)\oplus E_{\mathrm{pk}}(y)=E_{\mathrm{pk}}(xy)$。

所以,同态加密算法分为半同态加密和全同态加密。

① 半同态加密。加密算法只能满足部分运算操作时具备同态性,例如,Paillier 算法只能满足加法同态,RSA 算法只能满足乘法同态。

② 全同态加密。加密算法能够在加法和乘法时都具备同态性。不过,许多满足全同态的算法常常因为工作效率低而未实际使用。

8.3　保序加密概念

保序加密(Order Preserving Encryption)是一种能够保持明文大小关系的随机映射算法。如果算法 E 满足对于任意 $x<y,E(x)<E(y)$,则算法 E 可以称为保序加密算法。这种算法除了明文的大小关系之外,不会泄露任何其他信息,同时能够满足在密文上进行大小比较、求最值等操作,在云环境半可信的情况下,对于数据保护有重要作用。

现有研究将保序加密算法分为两类[13]。

① 密文不变的保序加密方案。这类算法的主要思想是,同一加密算法对相同数据得到的密文是相同的,利用一些确定性算法让明文映射到密文。

② 密文可变的保序加密方案。这类方案的主要思想是,同一加密算法对相同数据得到的密文可能不同,这类算法通常引入了随机数。

保序加密算法能够支持在密文数据上进行最大值查询、最小值查询、范围查询,同时可以支持对密文数据执行 Group By、Order By 操作。常用的保序加密算法是由 Boldyreva 等人提出的 BCYO 算法[14],该算法基于超几何分布(HG)、负超几何分布(NHG)和折半查找,实现了保持明文大小关系的情况下对信息进行加密的功能,工作步骤为:

① 确定输入域 $D\{1,\cdots,M\}$ 和输出域 $R\{1,\cdots,N\}$,$|D|\leqslant|R|$;

② 求输入域 D 的长度 M、最小值 d 和输出域 R 的长度 N、最小值 r,输出域的中值 y;

③ 获取随机值 cc;

④ 求超几何分布 HGD(D,R,y,cc),从中随机选出一个数 x;

⑤ 利用折半查找,递归缩小输入域和输出域的范围,当 $m\leqslant x$ 时,在下半区递归,反之在上半区递归;

⑥ 当输入域 D 的长度为 1 时,终止递归;

⑦ 获取随机值 cc;

⑧ 从输出域 R 中取随机数 c,该值即为保序加密的结果。

8.4　云数据库加密分析

8.4.1　加密粒度分析

数据库系统主要包括文件(表)、字段、记录等在内的多个层次的内涵,所以对数据库数据的加密方案可以以文件(表)、字段、记录等层次作为加密基础单位。

① 数据库文件粒度的加密是把数据库内存储的文件当作一个整体,利用常规的传统加密技术对文件整体进行加密,从而达到对整个数据库加密的目标。从这个角度分析,文件中

所有数据都将要被加密,不对文件中的各个字段进行细粒度的概念区分。假如用户根据需求要读取表中某条记录或者其中的某一个字段,数据库加密系统需要对整个文件进行解密,然后从文件中提取相应的数据信息返回给用户请求;同样的道理,如果需要对文件中的某个字段进行更新操作,也需要先对整个文件进行解密,然后对文件进行更改,最后还要将更改后的文件加密进行存储。由此可见这样的数据库加密方案的效率极其低下,用户很小的一个请求都需要对整个文件进行加密/解密操作和 I/O 读写的操作,只有某些完全不对效率做要求的特殊领域,才能采用这样的数据库加密方案[15]。

② 数据库记录粒度的加密是把写入数据库中的记录作为整体,然后通过常规的加密技术将整条的记录加密,从而达到数据库加密的目标。相比数据库文件粒度的加密,记录粒度的加密要更为灵活,其能够将每条记录进行对应操作。用户需要对某条记录进行操作时,只需要对该条记录进行解密,就能轻松地达到访问的目的;同样的道理,插入和更改操作也是同样的流程。但是这样的加密方式依然是不够灵活的,其加密效率取决于记录的细粒度。总体来说,以记录为基础单位进行加解密操作还是稍微显得庞大与繁琐。

③ 数据库字段粒度的加密是把数据库中的字段作为基本单位,然后通过常规的加密技术将基本字段加密,从而达到数据库加密的目标。和前面两种加密的粒度相比,字段粒度的加密更加高效和灵活,也更加安全。但是字段粒度的加密也带来了新的问题,不同的字段需要分配不同的加密密钥进行加密,数据库数据细粒度地划分数据字段,随之而来的管理加密密钥将是一大难题。

以数据库字段为基本粒度的加密技术可以提高加解密效率,最大限度实现数据安全的同时,还具有最广意义上的灵活性。从效率的角度分析,可以根据字段特性的不同选择最高效率与最小开销的加密算法;从安全的角度分析,恶意用户即使入侵数据库,因为不同字段选择的加密算法可能不同,即使加密算法相同,也会因为加密密钥的不同,不能对其构成威胁,从而极大地提升了数据库加密后的安全性。

8.4.2 加密层次分析

加密层次是指数据库加密系统具体在哪一个层次上提供加解密的操作。针对当前的通信网络和计算机系统体系结构,可选择的层次分为 3 种:基于操作系统层、基于数据库内核层和基于数据库外层[16]。三重层次的划分对应的加密操作侧重在 3 个对应的位置:在操作系统层面上实现加解密的操作、在数据库内核层面实现加解密的操作和在数据库外部实现加解密的操作。这样 3 种方式具有各自的优缺点,以下将分别进行分析。

① 基于操作系统层次的加密。此种方法的优点在于最大化地简化了数据库加密系统的设计和实现,其本质是加解密与密钥管理都交由操作系统与文件管理系统来进行操作,对于数据库系统而言几乎是完全透明的。这种方法虽然适用于大多数的数据库,但是其安全性和工作效率大大降低。从安全性的角度分析,操作系统不能对数据库中的数据按照表结构或者字段结构进行区分,对应地,也不能对各个表或者字段提供不同的加密算法或者加密密钥;从工作效率的角度分析,需要对存储的所有数据进行加密和解密,极大地降低了数据库处理能力,因此基于操作系统层次的加密对设计高效实用性数据库加密系统而言是不可取的。

② 基于数据库内核层的加密。此种方法的优点在于所有的操作和数据库的内核进行交互,能最大限度地实现数据库所有的管理功能,并且不会影响数据库运行时的其他部分的逻辑操作,如索引等功能。这种方法是数据库加密系统最完美的解决方案,但是其带来的不足也十分明显。从系统的实现角度分析,基于数据库内核层的开发首先需要获取数据库内核的源码,通常这些源码在各大数据库公司手中,需要花费极大的代价才能获取,即便获取了源代码也需要理解其中的逻辑,同时在此基础上完成开发和调试,这将是非常巨大的工作量且不能百分之百保证开发效果;从工作效率的角度分析,数据库内核层的加解密需要全部在数据库承载的服务器上完成操作,这会给数据库承载服务器带来极大的开销,从而大大地降低工作效率;从推广应用的角度分析,数据库内核层的加密只能针对某种特定的数据库推广应用,不能实现大规模的推广应用,同时数据库升级问题也将是一大难题。

③ 基于数据库外层的加密。此种方法的优点在于对数据进行的所有加解密操作都在数据库的外层,对数据库而言,正常地接收请求、完成操作并返回应答,采用标准的 SQL 语句,不对数据库进行定制性的开发。从效率的角度分析,加解密运算不在数据库承载服务器上增加额外的开销;从推广应用的角度分析,数据库外层加密系统能最大限度地适用于多种类型的数据库。

基于数据库外层的加密方案,将数据库加密系统以代理的形式实现,从而支持多种类型的数据库产品,而不对数据库后端进行更改[17]。

8.4.3 加密密钥管理

数据库数据进行加密通常是对加密单元使用不同的密钥,加密单元随着选择的加密粒度的不同而不同。以字段级加密粒度为例,假设需要对数据库中各个字段配置加密密钥,加密密钥的管理直接决定了数据库的安全等级。例如,一条加密密钥对应的 N 个加密字段,如果这条密钥被破译,对应的 N 个加密字段就会被泄露,N 的大小对应泄密的等级。但是这也会带来一个问题,N 越小对应的加密密钥数量就会越多,管理难度将会增加。

目前就常规而言,数据库的密钥管理主要有:集中式的密钥管理方式和多级分布式的密钥管理方式[18]。

① 集中式的密钥管理方式本质上就是把所有的加密密钥都集中存放在加密字典里面,每次进行加解密运算都要从加密字典里面读取对应的密钥。这样的方式存在两个弱点:首先是字典的存在本身会占据一定的资源;其次就是字典的安全问题,一旦字典被攻破,那么整个数据库将会被完全泄露。

② 多级分布式的密钥管理方式就是把整个数据库系统的密钥分为如下几个部分:一个主密钥、N 个功能属性表的表密钥、每个表内基本属性的密钥[19]。对应的关系是主密钥加密表密钥,表密钥生成各个基本加密字段对应的密钥,在这个过程中只有表密钥被主密钥加密以后存放在加密字典里面。这样的方式使需要管理的密钥大大减少,数据库加密效率大大提高,但存在的弱点也很明显,主密钥是整个数据库加密体系的信任根,主密钥的安全将直接威胁到整个加密体系的安全。

8.5　云数据库透明加密

云平台环境类似于一个或者多个数据库所组成的一个共同体,和数据库具有相同的特性,可以说解决了数据库加密实用化问题就能解决云平台数据加密实用化问题。数据库加密系统是当前解决云平台等应用环境密文存储、运算和操作行之有效的方法之一。因此,设计一种不对数据库做任何改变,基于数据库外层的并以数据库字段为基本粒度的数据库加密系统,是新的需求。采用数据库加密系统,能够对数据库存储密文进行标准的 SQL 语句询问,并保持数据一直处密文状态下,即使攻击者获得对隐私信息和敏感数据的访问,或是内部管理员查看数据库服务器信息,由于获取的是密文,无解密密钥,无法得到信息的具体内容。

8.5.1　方案总体模型

基于数据库加密系统不能更改数据库本身的结构和应用,将整个数据库加密系统与数据库服务器保持独立,数据库加密系统将最主要的通信管理、数据加/解密和密钥管理独立出来,组成数据库加密代理,形成数据库加密系统代理架构。在本架构设计中将整个数据库加密系统分为两个主要的部分:第一个部分是数据库代理;第二个部分是一个未修改的数据库管理系统(DBMS),如图 8-1 所示。

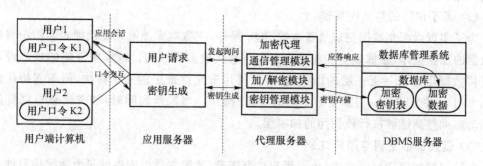

图 8-1　云数据库透明加密模型

整个运行结构包含应用服务器、代理服务器、数据库管理系统服务器和用户端计算机[20]。单个用户或多个用户从用户端计算机发起一个应用会话,应用服务器根据用户端的行为,发起向数据库管理系统服务器的询问(该询问已经被加密),加密代理根据询问内容,对询问进行重写,并调整数据库的数据加密层,然后发起对密态数据库数据的询问,DBMS按照正常的 SQL 标准操作完成相应操作。

① 应用服务器:运行应用代码,发起关于用户行为的数据库管理系统询问;提供给数据库代理服务器加密密钥,通过用户口令派生生成。

② 代理服务器:加密来自应用的询问,并把被加密的询问发送给 DBMS;重写询问操作,但是保持询问的语义;解密 DBMS 返回的结果,并将结果发送给应用;存储主密钥和应用模式的注释版本(验证访问权限,跟踪每一列当前的加密层);决定被用于数据加密/解密

的密钥。

③ DBMS 服务器:所有的数据都被加密存储(包括表和列名);处理加密数据,就像处理明文数据一样;具有用户定义的函数 UDF,使得其能够在密文上进行操作;具有某些被 DB 代理所使用的辅助表(如被加密的密钥)。

在数据库加密系统代理式架构中,数据库加密系统代理服务器需要完成对询问的处理,以及密钥的管理工作。在代理服务器与数据库管理服务器之间所传送的信息都是密文数据。这样既保证了数据的机密性,又保证了对数据的各种 SQL 操作。这样的架构设计所解决的数据库威胁主要有两点:第一点,好奇或是恶意的内部数据库管理员偷看 DBMS 服务器中的数据;第二点,取得应用和 DBMS 服务器控制权限的攻击者窃取隐私信息。

数据库加密系统代理式架构模型设计的主要思想包括以下 3 个方面。

(1) 支持 SQL 操作的加密策略

所有的 SQL 查询都是由最基本的操作所组成:等值查询、大小比较、平均数(求和)、连接查询。那么只要能找到各自支持这些本原操作的加密算法,就可以在数据库数据加密状态下完成所有的 SQL 操作。例如,对称密码 AES 可以支持数据加密状态的等值查询,保序加密算法可以支持数据加密状态大小比较的查询,同态加密算法 Paillier 加密系统[21]可对加密数据进行求和,Song 算法[22]可以支持数据加密状态的搜索查询等,至于加密数据的连接查询可以使用 ECC 加密。

本策略是数据库加密系统代理式架构设计的核心思想之一,即通过不同功能侧重的实用化的加密算法组合,实现对数据库加密数据明文和密文间的同态操作。

(2) 基于询问的自适应加密

为了实现对密文数据完成最基本的 SQL 操作,在数据库加密系统代理式架构中将数据库数据的加密策略,根据数据功能设计为类洋葱式的多层结构。该加密策略的核心设计思想是将数据项进行一层一层的加密,最外层使用安全性最强的加密算法,但不支持任何的 SQL 操作。往里的每一层都支持不同的 SQL 操作。当执行询问时,加密代理根据询问将数据动态调整到能够执行该询问的加密层。

(3) 链接加密密钥与用户口令

在数据的加密密钥派生中,加入用户口令变量,使得在数据库中的每个数据项只能通过由用户口令等变量派生的连锁密钥才能被解密。当用户不在线时,如果攻击者不知道用户口令,是不能解密出用户的数据的。

8.5.2 洋葱加密模型

数据库加密系统代理式架构能够实现在密文上执行各种 SQL 操作的核心技术就是"洋葱式加密结构"。从字面上可以看出,该技术就是把数据像洋葱一样"一层一层"地加密,使得数据看起来就像一个洋葱一样。而且洋葱的每一层所对应的 SQL 操作都不一样[23]。最外层使用安全性最强的加密算法,保证整个数据库数据的安全。在 SQL 操作中始终保持数据以密文形式存在,只是密文所对应的加密算法不一样。

洋葱式加密结构安全模型的设计主要根据 SQL 操作分类,设计出满足 SQL 操作的安全模型,通过这 4 个模型完成 SQL 对应的操作,实现对数据库数据的密态操作。如图 8-2

所示,一共设计了 4 个洋葱,即搜索洋葱、加洋葱、等值洋葱和比较洋葱。

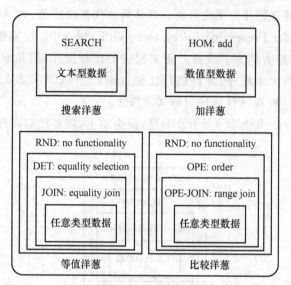

图 8-2　洋葱加密模型

4 个加密洋葱由 7 个不同的密码系统嵌套成洋葱式加密,7 个密码系统包括 RND、HOM、SEARCH、DET、JOIN、OPE-JOIN、OPE,7 个密码系统中 RND 为加密性能最强的加密系统,不能进行同态计算,最大限度地确保数据安全。在洋葱模型的设计中,搜索洋葱和加洋葱是纯粹的功能型洋葱,层数为两层;等值洋葱和比较洋葱都是完整性能洋葱,其设计为四层,外层加密是安全性强的加密方案,用以确保不泄露信息,内层加密是安全性逐渐降低的加密方案,当需要进行相应的询问时才能被访问,具体如下。

① 搜索洋葱:对加密数据的关键词进行检索(文本类型的数据)。

② 加洋葱:对加密数据进行加操作。

③ 等值洋葱:对加密数据进行等值查询。

④ 比较洋葱:完成加密数据比较型的查询操作。

由于用户发起的询问不同,不同询问需要访问的洋葱类型、洋葱层都不相同,数据库加密系统代理式架构中数据加密代理根据询问映射到不同的加密层。此外,数据库管理服务器需要动态记录数据库中各个数据项每个洋葱所处的状态。然后根据询问将数据解密到或加密到相应的洋葱层。

8.5.3　方案设计

洋葱式加密结构从外层到内层,加密强度逐次递减,最外层洋葱加密决定整个数据库数据的安全。

1. 比较洋葱(Onion Ord)结构分析

比较洋葱针对任何形式的数据提供所有的 SQL 操作,如图 8-3 所示。

对其结构中设计的加密层次进行分析。

第一层,称为 Random(RND)层,提供了最强的安全性,可以达到 IND-CPA 安全。所使用的算法是概率的,相同明文产生的密文是不同的。不支持任何的 SQL 操作。其特性为:不泄露信息,但是不能进行任何密文计算。具体所使用算法举例,如 AES-CBC。

第二层,称为 Order-Preserving Encryption (OPE)层,OPE 层能够将明文间的大小关系保持到密文中。该算法是为了维持对密文数据的比较操作,但是泄露数据的大小信息。其特性为:泄露数据的大小顺序;允许进行比较查询,如 ORDER BY、MIN、MAX、SORT。具体所使用算法举例,如 BCYO 保序对称加密算法。

第三层,称为 Range-Join (OPE-JOIN)层,很少发生,需要提前宣称所需比较的列,并匹配密钥。

图 8-3　比较洋葱

2. 等值洋葱(Onion Eq)结构分析

等值洋葱针对任何形式的数据提供所有的 SQL 操作,如图 8-4 所示。

对其结构中设计的加密层次进行分析。

第一层,称为 Random (RND)层,提供了最强的安全性,可以达到 IND-CPA 安全。所使用的算法是概率的,相同明文产生的密文是不同的。不支持任何的 SQL 操作。其特性为:不泄露信息,但是不能进行任何密文计算。具体所使用算法举例,如 AES-CBC。

第二层,称为 Deterministic (DET)层,该层所提供的安全性较 RND 弱,由于要求 DET 加密下的密文具有等值查询的功能,要求其相同的明文产生相同的密文,该算法应该是确定性加密。其特性为:泄露了相同密文所对应的明文是相同;允许进行等值查询、等值连接、GROUP BY、COUNT、DISTINCT。具体所使用算法举例,如 AES-CMC (iv=0)。

第三层,称为 Equi-Join (JOIN)层,由于不同列所使用的密钥不同,当进行连接操作时,必须把密钥调整到相同,即相同密钥的 DET 加密方案。其特性为:当未对两列进行连接查询时,由于加密密钥不同,不会泄露两列的关系;将被查询列的密钥调整到相同,允许等值连接。具体所使用算法举例,如 ECC 加密、AES-CMC。

3. 搜索洋葱(Onion Search)结构分析

搜索洋葱只支持对 TXT 文本数据的查询,属于功能型洋葱,只有一个搜索层称为 Wordsearch (SEARCH)。该层能够在加密文本数据上执行关键词搜索操作,如 MySQL 的 LIKE 操作。当执行该密文搜索时首先提取文本中所有的关键词(去掉重复的),然后使用具有检索功能的加密方案对关键词进行加密。其特性为:泄露文本中关键词数量,但可以保证信息的机密性;允许对文本进行关键词搜索(密态)。具体所使用算法举例,如 Song 等人的密码协议。

图 8-4 等值洋葱

4. 加洋葱(Onion Add)结构分析

加洋葱只支持对 int 型数据进行加运算,属于功能型洋葱,只有一个加密层称为 Homo-morphic Encryption (HOM)。该层所使用的同态算法 HOM 为单同态,只能支持"加法同态",用于在密文上对数据进行求和运算,支持 SQL 上数据的 SUM、求平均数等操作,其特性为:IND-CPA 安全的方案,基本不泄露信息;允许进行 SUM、+、AVG 运算。具体所使用算法举例,如 Paillier 加密系统。

8.5.4 方案实现

数据库加密系统的核心设计目标是达到保护用户数据隐私的要求[20],一个完整的 SQL 询问从用户端发起,详细流程如图 8-5 所示。

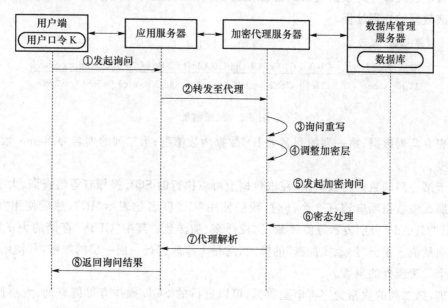

图 8-5 工作流程

处理询问的过程如下。

① 用户端用户在经过身份认证和权限审计后,取得数据库的使用权限,在权限内根据实际需求向数据库发起自身应用需要的请求,这个请求通常不是一个标准的 SQL 询问。

② 应用端服务器根据用户端发起的请求,生成一个标准的 SQL 数据库询问,同时将这

个标准的询问发送给数据库加密代理服务器,整个处理过程可以看作透明的转换转发。

③ 数据库代理接收来自用户端的询问,同时对询问进行分析和判断,再对询问进行重写,以便完成询问。

④ 数据库代理在对询问进行重写的同时,核对执行该询问,是否需要调整数据项的加密层,如果需要调整加密层,则按照对应的加密洋葱对加密层进行调整,确保对数据库数据的密态询问。

⑤ 数据库代理将加密询问发送给数据库管理服务器。

⑥ 数据库管理服务器执行标准的 SQL 询问,通过洋葱加密后的数据,对应的请求调整到对应的洋葱层数据进行密态查询、比较等数据库数据操作,最终得到密态数据的处理结果,并将处理结果返回到数据库代理。

⑦ 数据库代理得到数据库管理服务器返回的密态处理结果,并对处理结果进行解密和重写,返回给应用端服务器。

⑧ 应用端服务器接收到来自代理服务器的解密后的返回结果,并将结果返回给用户,从而完成用户的一个询问请求。

洋葱式加密结构不仅需要对数据进行加密处理,还需要对数据记录的列名进行匿名化处理,这就涉及两个层面:对数据的加密、对列名的匿名化。通过以上这两个步骤的操作,可以把一个数据表完成一个匿名化的加密数据表。即使攻击者或内部管理员取得这样的表,也无法知道这表每一列数据代表的意思是什么,无法知道每一列数据的具体内容。图 8-6 说明了该数据的处理过程。

ID	Name		C1-IV	C1-Eq	C1-Ord	C1-Add	C2-IV	C2-Eq	C2-Ord	C2-Search
23	Alice	→	x27c3	x2b82	xcb94	xc2e4	x8a13	xd1e3	x7eb1	x29b0

Employees / Table 1

图 8-6 加密结果

该表有两列数据,第一列的列名为 ID,数据为数值型;第二列的列名为 Name,数据为字符串类型。

由于第一列的数据为数值型,在该数据上可以执行的 SQL 操作有等值查询、大小比较、求和。那么该数据项应该有 3 个洋葱,我们使用"C1"匿名化表示"ID",然后使用"C1-Eq""C1-Ord""C1-Add"分别表示等值洋葱、比较洋葱、加洋葱。其中"C1-IV"存储的为 AES-CBC 的初始向量值。根据"洋葱式加密"的模式,对每个洋葱进行一层一层的加密,并使用一个表记录每个洋葱所处的层数。

同理,第二列的数据为字符串型数据,可以进行的 SQL 操作有等值查询、大小比较、检索。那么该数据项应该有 3 个洋葱,我们使用"C2"匿名化表示"Name",然后使用"C2-Eq""C2-Ord""C2-Search"分别表示等值洋葱、比较洋葱、搜索洋葱。根据"洋葱式加密"的模式,对每个洋葱进行一层一层的加密,并使用一个表记录每个洋葱所处的层数。

每个列被扩展成多个列(有几个洋葱就扩展成几个列),每一个列使用最外层加密,列名使用洋葱名匿名化,唯一的缺点是导致所需要的存储空间增加。执行相应询问时,数据库代理将动态调整加密层,以支持相应的操作所存储的密文发生改变,但所对应的明文未改变。

8.6　云数据库密文访问控制

数据库的访问控制机制是数据库系统最为重要的安全性设计之一,当用户群体庞大的时候,访问控制机制尤为重要。数据库权限系统的主要功能是验证连接到一台数据库服务器主机的一个用户是否合法,并且赋予该用户在一个数据库表上读取、插入、更新、删除记录的权限;另外,还有是否允许匿名访问数据库,以及是否允许从外部文件批量向数据表中追加记录等操作的能力。

在数据库透明加密的基础上,结合属性加密机制,实现对数据库的内容进行细粒度的访问控制。

8.6.1　方案模型

方案在接收用户提交的 SQL 请求,进行相应转换、加密、改写之后,将密文 SQL 提交给云数据库执行,在不修改云数据库 DBMS 的情况下,实现对数据的保护,并通过属性加密进行细粒度的访问控制,利用对称加密、保序加密、同态加密支持密文下执行多种基本类型的 SQL 请求[24]。

如图 8-7 所示,云数据库访问控制模型包含下列组成部分。

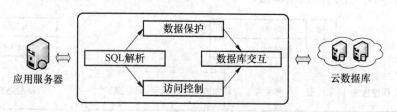

图 8-7　云数据库访问控制模型

① SQL 解析。解析用户提交的 SQL 请求,根据不同 SQL 类别为后续加密方式的选择提供依据。

② 数据库交互。使用数据库提供的编程接口,将改写后的 SQL 提交给云数据库处理,并获得处理结果。

③ 数据保护。包括对称加密、保序加密、同态加密 3 个环节,针对不同类型的 SQL 请求,选择不同的加密方式对 SQL 请求的内容进行改写,并将执行结果进行解密。

④ 访问控制。按照属性策略对数据库内容进行属性加密,当用户执行数据库操作时,生成用户的属性私钥,并依据属性策略向用户返回其有权限得到的内容。

1. SQL 感知加密模型

SQL 感知加密是一种可以被数据库系统识别的 SQL 改写方式,这种方式能将明文 SQL 中的表名、列名、字段值等进行加密之后替换掉原有内容,从而实现在数据库上操作密文,起到保护数据作用的同时,能在不解密数据的情况下完成部分 SQL 操作。SQL 感知加密模型作为 SQL 解析模块的核心思想,分为如下 3 个步骤。

① 通过字符串解析,对 SQL 请求进行分析,得出 SQL 请求类型(如 INSERT、DE-LETE、UPDATE、SELECT)。

② 通过参数解析,得出 SQL 请求的条件类型(判等、大小比较)。

③ 将明文 SQL 语句中的部分信息进行加密、替换(表名、列名替换,数据字段加密)。

2. 密文列扩充模型

密文列扩充是根据明文列的数据类型,将其扩充成支持该类型特定操作的密文列,从而实现在密文的基础上执行 SQL,如图 8-8 所示。通常而言,数据库的字段有数字类型和字符串类型。

针对数字类型的字段(如年龄)往往会执行判等、大小比较、求最值、求平均、求和运算等操作。

针对文本类型的字段(如姓名)往往会执行判等、关键词搜索等操作。

因此,密文列扩充有以下两个扩充原则。

① 针对数字型的字段,扩充成 EQ 列、ORD 列、CAL 列,对应支持涉及判等、大小比较、数学运算的 SQL 请求。

② 针对文本型的字段,替换成 EQ 列,支持涉及判等的 SQL 请求。

例如,不同的密文列采用不同的加密方式以支持不同的 SQL 请求。

① EQ 列,采用 128 位 CBC 模式的 AES 对称加密算法。

② ORD 列,采用保序加密算法。

③ CAL 列,采用同态加密算法。

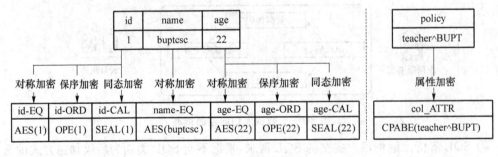

图 8-8　密文列扩充模型

3. 访问控制模型

属性加密算法将属性策略作为参数的一部分引入到加密环节中,并将用户拥有的属性作为参数生成私钥,当用户需要解密信息的时候,需要提供能够满足属性策略的私钥才可以解密成功。

因此,可以基于属性加密实现访问控制,给需要访问控制的字段或行增加标志列 AT-TR,用于存放属性加密的结果。在操作该字段的数据时,先验证当前用户能否解密这个标志列,解密成功才能够完成操作,否则拒绝执行该 SQL 请求。

8.6.2　方案设计

1. SQL 解析

SQL 解析负责对输入的 SQL 请求进行分析,得到请求类型和请求条件等相关信息,进而选择不同的分支,调用对应的处理函数来完成后续工作。

具体可以描述为如下步骤：

① 获取 SQL 请求；

② 判断 SQL 类型；

③ 根据类型调用对应处理函数。

2. 数据保护

数据保护负责将明文数据（如表名、列名、字段值）进行对应的加密，流程如图 8-9 所示。数据保护模块中有 3 类用于支持不同 SQL 请求的加密方式，根据 SQL 解析模块对请求的分析，选择相应的一个或多个加密算法。

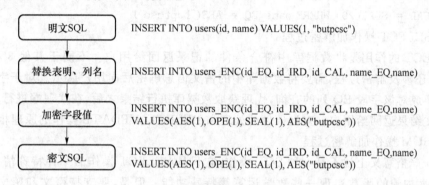

明文SQL	INSERT INTO users(id, name) VALUES(1, "butpcsc")
替换表明、列名	INSERT INTO users_ENC(id_EQ, id_IRD, id_CAL, name_EQ,name)
加密字段值	INSERT INTO users_ENC(id_EQ, id_IRD, id_CAL, name_EQ,name) VALUES(AES(1), OPE(1), SEAL(1), AES("butpcsc"))
密文SQL	INSERT INTO users_ENC(id_EQ, id_IRD, id_CAL, name_EQ,name) VALUES(AES(1), OPE(1), SEAL(1), AES("butpcsc"))

图 8-9　数据保护工作流程

（1）数据库的准备工作

为了配合本系统的使用，只需要在创建数据表时做相应的调整。具体的调整工作为表名加上后缀 _ENC，列名根据密文列扩充原则进行改写。例如，数字型的列 id 替换成 id_EQ、id_ORD、id_CAL，文本型的列 name 替换成 name_EQ，并增加 col_ATTR 列用于存放访问控制标记。

（2）INSERT 操作加密过程

INSERT 的作用是向数据库插入信息，由于数据库的内容均是密文，因此 INSERT 之前需要将待插入的信息根据密文列扩充的原则进行扩展并加密。例如：

```
INSERT INTO users (id, name) VALUES (1, "buptcsc")
```

将被改写为：

```
INSERT INTO users_ENC (id_EQ, id_ORD, id_CAL, name_EQ)
VALUES (AES(1), OPE(1), SEAL(1), AES("buptcsc"))
```

（3）DELETE 操作加密过程

DELETE 的作用是将数据库中符合给定条件的记录删除。由于数据库内容均是密文，因此需要将 DELETE 的条件进行加密，再交由数据库执行。常见的请求条件有判等条件、范围条件等。例如：

```
DELETE FROM users WHERE id = 1
```

将被改写为：

```
DELETE FROM users_ENC WHERE id_EQ = AES(1)
```

```
DELETE FROM users WHERE id < 1
```

将被改写为：

```
DELETE FROM users_ENC WHERE id_ORD < OPE(1)
```

（4）UPDATE 操作加密过程

UPDATE 的作用是将数据库中某些符合给定条件的字段替换成给定的值。因此 UP-DATE 操作需要兼有两部分功能：一是根据要修改的字段类型进行不同的密文列扩展；二是根据请求条件类型进行不同的条件改写。例如：

```
UPDATE users SET age = 20 WHERE name = "buptcsc"
```

将被改写为：

```
UPDATE users_ENC SET age_EQ = AES(20), age_ORD = OPE(20),
age_CAL = SEAL(20) WHERE name_EQ = AES("buptcsc")
```

（5）SELECT 操作加解密过程

SELECT 的作用是将数据库中符合条件的记录返回给用户。不同于其他 3 种操作，SELECT 还涉及解密过程，需要将数据库中的密文信息解密后向用户展示。对于字段的查询，就转换成对该字段 EQ 列的查询，代理获取数据库执行结果之后，在代理端进行 AES 解密，将明文结果返回给用户。查询条件的处理和 DELETE、UPDATE 操作的原理相同。

（6）SUM 操作加解密过程

SUM 严格意义上说不是一种 SQL 操作，它只是 SELECT 操作的一种特殊情况，通过调用数据库内建的函数实现一些数学运算等特殊功能。但是，要支持密文和密文之间的 SUM 操作，就需要特殊处理这类请求。通过同态加密的方法，首先使用 SELECT 操作获得所请求字段的 CAL 列数据（数据都是密文），其次在代理端进行同态运算（结果仍是密文），最后进行同态解密，将得到的明文结果反馈给用户，实现在不解密密文的情况下完成相关计算。

3. 访问控制

访问控制模块是安全管控系统的另一个核心，负责对数据库的记录进行权限控制，只有满足访问控制策略的用户才有权限操作数据，如图 8-10 所示。访问控制策略为"admin ∨ (teacher ∧ BUPT)"，意为当用户属性满足"admin"或是同时满足"BUPT"和"teacher"时，可以访问云数据库中的内容。user1 的属性为"BUPT"和"student"，不满足属性，因此代理拒绝其访问请求；user2 的属性为"BUPT"和"teacher"，满足条件，因此可以访问云数据库。

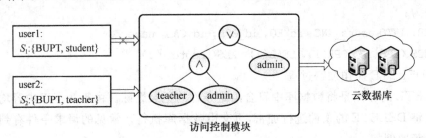

图 8-10　访问控制模块示意图

4. 数据库交互

本质上数据库密文访问控制是一个代理，其输入是用户提交的明文 SQL，通过一系列的加密、改写，最后拼接各个加密结果，输出密文 SQL，并将 SQL 请求提交给云数据库执行。

8.6.3 方案实现

例如，数据集 USERS 表的结构如表 8-1 所示。

表 8-1 测试 USERS 表

id	name	age
1	andy	20
2	bob	23
3	cindy	22

1. 数据插入

将表 8-1 的数据插入数据库时，代理按照模型自动加密相应字段，包括 EQ、ORD、CAL 等，加密后的结果如图 8-11 所示。

#	col_ATTR	id_EQ	id_ORD	id_CAL	name_EQ	age_EQ	age_ORD	age_CAL
1	BLOB	BLOB	-1048575	BLOB	BLOB	BLOB	-1041933	BLOB
2	BLOB	BLOB	-1048487	BLOB	BLOB	BLOB	-1041558	BLOB
3	BLOB	BLOB	-1048357	BLOB	BLOB	BLOB	-1041905	BLOB

Offset	0	1	2	3	4	5	6	7	8	9	A	B	C	D	E	F
0x00000000	59	ad	0f	73	49	03	58	c4	c1	b1	01	81	cd	7f	17	c8

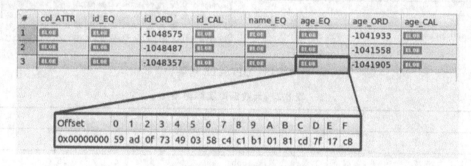

图 8-11 INSERT 结果

首先，通过删除 id=3 的记录，验证 DELETE 功能的正确性，图 8-12 是执行了 DELETE FROM USERSWHERE id = 3 命令的对比结果。

#	col_ATTR	id_EQ	id_ORD	id_CAL	name_EQ	age_EQ	age_ORD	age_CAL
1	BLOB	BLOB	-1048575	BLOB	BLOB	BLOB	-1041933	BLOB
2	BLOB	BLOB	-1048487	BLOB	BLOB	BLOB	-1041558	BLOB
3	BLOB	BLOB	-1048357	BLOB	BLOB	BLOB	-1041905	BLOB

#	col_ATTR	id_EQ	id_ORD	id_CAL	name_EQ	age_EQ	age_ORD	age_CAL
1	BLOB	BLOB	-1048575	BLOB	BLOB	BLOB	-1041933	BLOB
2	BLOB	BLOB	-1048487	BLOB	BLOB	BLOB	-1041558	BLOB

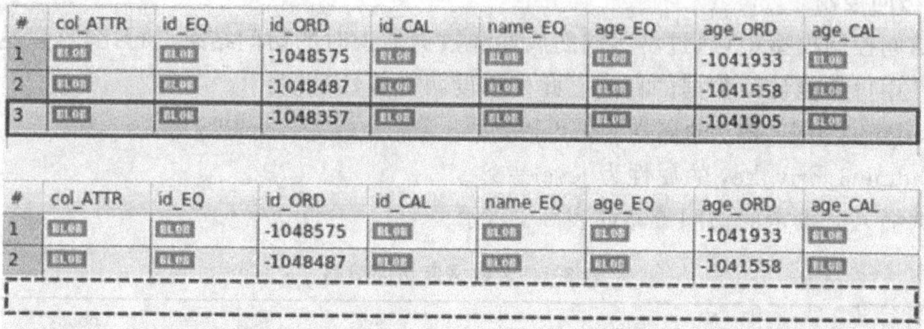

图 8-12 DELETE 结果

其次，命令执行 UPDATE USERSSET age = 28 WHERE id = 2，图 8-13 展示了 UPDATE 前后数据库内容的变化，可以看到，age_EQ、age_ORD、age_CAL 的值都发生了变化。

经过之前的 DELETE 和 UPDATE 操作，云数据库中实际的存储内容如表 8-2 所示。

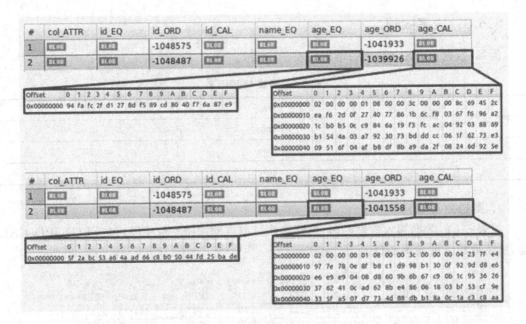

图 8-13 UPDATE 结果

表 8-2 云数据库实际结果

id	name	age
1	andy	20
2	bob	28

执行 SELECT SUM(age) FROM USERS,其返回结果为 48,与表 8-2 的内容一致,证明了 SUM 功能的正确性。

2. 访问控制

在访问控制模型中,通过将不同的属性和数据插入时的访问结果进行比较,以达到控制满足条件用户才能访问数据的目的。此处预设两个属性私钥:

① admin2_priv_key 的属性为 level=2;

② admin3_priv_key 的属性为 level=3。

数据插入时指定的访问策略如表 8-3 所示。

表 8-3 云数据库访问策略

id	name	age	policy
1	andy	20	level>2
2	bob	23	level>1
3	cindy	22	level>2

由于 admin3 满足所有的属性策略,因此可以查看全部数据;而 admin2 的属性不满足 level>2,所以只能访问 id=2 的记录。

8.7 小 结

云数据库系统面临着来自黑客、商业对手的外部攻击和来自云平台的内部攻击,以及误操作带来的安全隐患。数据库的安全性直接影响到数据的机密性、完整性和可用性,解决数据机密性的最有效的方法就是对存储于数据库中的数据进行加密。

CryptDB 是目前研究领域较为成熟的云数据库保护系统,本章介绍了其中的洋葱加密模型,综合使用了对称加密、同态加密、保序加密等技术实现对数据库内容的安全保护,并且因各类加密算法的特点可以实现在密文情况下完成判等、大小比较、数学运算等操作,不用解密即可执行 SQL 请求,非常适合半可信的云环境。本章基于 CP-ABE 属性加密算法,介绍了云数据库中行级和字段级的细粒度访问控制,为云数据库的权限管理提供了保障。

本章参考文献

[1] Kamra A, Bertino E, Lebanon G. Mechanisms for database intrusion detection and response[C]//Proceedings of the Second SIGMOD Ph. D Workshop on Innovative Database Research (IDAR 2008). [S. n. :s. l.],2008:292-302.

[2] Fred D, Mark S. Automated fix generator for SQL injection attacks[C]//Proceedings of 19th International Symposium on Software Reliability Engineering. Seattle: IEEE,2008:234-239.

[3] 田秀霞,王晓玲,高明. 数据库服务——安全与隐私保护[J],软件学报,2010, 21(5):991-1006.

[4] 谭峻楠. 数字时代的数据库安全威胁与应对措施[J]. 信息安全与通信保密,2016 (7):41-41.

[5] Amazon RDS[EB/OL]. [2017-06-01]. https://aws. amazon. com/cn/rds.

[6] Google BigTable[EB/OL]. [2017-06-01]. https://en. wikipedia. org/wiki/Bigtable.

[7] Azure 产品介绍[EB/OL]. [2017-06-01]. https://www. azure. cn/.

[8] Popa R A, Redfield C M S, Zeldovich N, et al. CryptDB: protecting confidentiality with encrypted query processing[C]//Proceedings of ACM Symposium on Operating Systems Principles 2011. New York:ACM, 2011:85-100.

[9] Tu S, Kaashoek M F, Madden S, et al. Processing analytical queries over encrypted data[C]//Proceedings of International Conference on Very Large Data Bases. [S. n.]:VLDB, 2013:289-300.

[10] Sarfraz M I, Nabeel M, Cao J, et al. DBMask: fine-grained access control on encrypted relational databases[C]//Proceedings of ACM Conference on Data and Application Security and Privacy. New York:ACM, 2015:1-11.

[11] 夏超. 同态加密技术及其应用研究[D]. 合肥:安徽大学,2013.

[12]   Rivest R L，Adleman L，Dertouzos M L. On data banks and privacy homomor-
        phisms[J]. Foundations of Secure Computation，1978：169-179.

[13]   周雄，李陶深，黄汝维. 云环境下基于随机间隔的保序加密算法[J]. 太原理工大学
        学报，2015(6)：741-748.

[14]   Boldyreva A，Chenette N，Lee Y，et al. Order-preserving symmetric encryption
        [C]//Proceedings of the 28th Annual International Conference on Advances in
        Cryptology：the Theory and Applications of Cryptographic Techniques. Cologne：
        Springer，2009：224-241.

[15]   王正飞. 数据库加密技术及其应用研究[D]. 上海：复旦大学，2005.

[16]   糜玉林，朱爱红. 一个用于数据库加密分组加密算法的研究与实现[J]. 计算机工
        程，2005，31(8)：46-48.

[17]   何国平. 数据库透明加密中间件的研究[D]. 武汉：武汉理工大学，2012.

[18]   赵宝献，秦小麟. 数据库访问控制研究综述[J]. 计算机科学，2005，32(1)：88-91.

[19]   马勺布，胡磊. 一种动态安全的密文数据库检索方法[J]. 计算机工程，2005，
        31(6)：132-133.

[20]   吴开均. 数据库加密系统的设计与实现[D]. 成都：电子科技大学，2014.

[21]   Paillier P. Public-key cryptosystems based on composite degree residuosity classes
        [C]//Proceedings of International Conference on Theory & Application of Crypto-
        graphic Techniques. Prague：Springer，1999：223-238.

[22]   Song X D，Wagner D，Perrig A. Practical techniques for searches on encrypted da-
        ta[C]//IEEE Symposium on Security & Privacy. Washington：IEEE，2002：14-17.

[23]   陈鹤，田秀霞，袁培森，等. Crypt-JDBC 模型：洋葱加密算法的优化改进[J]. 计算机
        科学与探索，2017，11(8)：1246-1257.

[24]   刘越毅. 云环境下应用数据库安全管控系统设计与实现[D]. 北京：北京邮电大
        学，2017.

第 9 章

云计算数据安全的发展

9.1 云计算数据安全发展概述

在云存储系统中,用户数据经加密后存放至云存储服务器,但其中许多数据可能用户在存放至服务器后极少访问,如归档存储等。在这种应用场景下,即使云存储丢失了用户数据,用户也很难察觉到,因此用户有必要每隔一段时间就对自己的数据进行持有性证明检测,以检查自己的数据是否完整地存放在云存储中。目前的数据持有性证明主要有可证明数据持有(Provable Data Possession,PDP)和数据证明与恢复(Proof of Retrievability,POR)两种方案[1]。PDP 方案通过采用云存储计算数据某部分散列值等方式来验证云平台是否丢失或删除数据。POR 方案在 PDP 方案的基础上添加了数据恢复机制,使得系统在云平台丢失数据的情况下仍然有可能恢复数据。这两类方案都通过向云平台发出完整性验证挑战,接收云平台返回的应答证据,依据证据验证并判断存储数据的完整与否。它们的不同之处在于,PDP 方案能快速判断云存储服务器中数据是否损坏,而 POR 方案不仅能识别数据是否已损坏,而且在一定程度上能恢复已损坏的数据。现有的数据持有性证明在加密效率、存储效率、通信效率、检测概率和精确度以及恢复技术方面仍然有加强的空间[2]。此外,由于不同安全云存储系统的安全模型和信任体系并不相同,数据持有性证明应该考虑不同的威胁模型,提出符合相应要求的持有性证明方案,以彻底消除安全云存储系统中用户数据在存储过程中是否完整的担忧。

在一般的云存储系统中,为了节省存储空间,系统或多或少会采用一些重复数据删除(Data Deduplication)技术[3]来删除系统中的大量重复数据。但是在云存储加密系统中,与数据搜索问题一样,相同内容的明文会被加密成不同的密文,因此无法根据数据内容对其进行重复数据删除操作。比密文搜索更困难的是,即使将系统设计成服务器可对重复数据进行识别,由于加密密钥的不同,服务器不能删除掉其中任意一个版本的数据密文,否则有可能出现合法用户无法解密数据的情况。目前对数据密文删冗的研究仍然停留在使用特殊的加密方式,相同的内容使用相同的密钥加密成相同的密文阶段,并没有取得实质性的进展。Stoter 等人在 2008 年提出了一种基于密文的重复数据删除的方法[4],该方法采用收敛加密技术,使得相同的数据明文的加密密钥相同,因此在相同的加密模式下生成的数据密文也相同,这样就可以使用传统的重复数据删除技术对数据进行删冗操作。除此之外,近年来并无真正基于相同明文生产不同的密文的问题提出合适的解决办法。重复数据的删除是安全云存储系统中很重要的部分,但目前的研究成果仅限于采用收敛加密方式,将相同的数据加密成相同的密文才能在云存储中进行数据删冗操作。因此,如何在加密方式一般化的情况下对云存储中的数据进行删冗是云存储安全系统中的一个很有意义的研究课题。

云存储中另一个关注的数据安全问题是存储数据的确定性删除问题。数据存储在云存储中,当数据所有者向云存储下达删除指令时,云存储可能会恶意地保留此文件,或者由于技术原因并未删除所有副本。一旦云存储通过某种非法途径获得数据密钥,数据也就面临着被泄露的风险[5]。为了解决这个问题,2007 年 Perlman 等人首次提出了数据确定性删除(Assured Delete)的机制[6],通过建立第三方可信机制,以时间或者用户操作作为删除条件,在超过规定的时间后自动删除数据密钥,从而使得任何人都无法解密出数据明文。云存储不可控的特性产生了用户对数据的确定性删除机制的需求,目前在数据确定性删除方面的研究还停留在初始阶段,需要通过第三方机构删除密钥的方式保证数据的确定性删除。因此在实际的安全云存储系统中,如何引入第三方机构让用户相信数据真的已经被确定性删除,或是采用新的架构来保证数据的确定性删除都是很值得研究的内容。

9.2　数据持有性证明

数据持有性证明是指用户将数据存储在不可信的服务器端后,为了避免云存储服务提供商对用户存储数据进行删除或者篡改,在不恢复数据的情况下对云平台服务器端的数据是否完整保存进行验证,从而确定云平台持有数据的正确性。

数据完整是数据安全的核心要求之一,数据持有性的主要威胁来自于传输过程中遭到恶意破坏、突发灾难所造成的存储数据介质的破坏,云服务提供商内部人员恶意篡改等所造成的数据不一致。针对这一问题,需要采用一些有效的技术手段来保证从云平台获取的数据是完好无损的,有两种方法:第一种方法是把数据全部从云平台下载来进行验证;第二种方法主要是利用哈希函数和数据签名等技术来对数据进行校验,以此判断数据是否完整[7]。由于第一种方法需要太多的计算、带宽和时间资源,不具有可行性,目前主要采用的是第二种方法。哈希函数给每一个数据单元计算出一个唯一的哈希值,该值是由用户端生成的,当需要对相应的云平台存储数据进行数据持有性校验时,只需下载部分相应的数据,然后利用相同的哈希函数对要验证的数据进行计算,然后将刚计算出来的值与本地存储的相对应的之前计算的哈希值进行比对,如果两者的值是一样的,则证明用户存储在云上的文件是完整的,没有被损坏。

针对云存储的相关特性,云存储系统对应的数据持有性校验需要特定的数据结构和算法来满足验证需求,主要从以下 3 个方面来考虑[8]。

① 验证的可信性。在数据持有性验证过程中,需要通过采取一个合理的方案使得数据持有性验证的整个过程具有可信性。在本书假定的云服务提供商的行为并不是完全可信任的前提下,云服务提供商有可能会因为利益或者黑客攻击等因素欺骗云存储用户。这需要设计一个符合云存储实际环境的可信数据持有性校验。

② 验证的高效性。云存储提供的在线存储服务,一般的云存储用户存储的数据量比较大,在进行数据持有性校验时,也就要求验证必须具有高效性,这会降低用户的体验度。因此在设计数据持有性验证时,需要考虑以下 3 个方面:第一,数据持有性验证算法验证的效

率必须高效;第二,验证的计算资源必须有较低的开销;第三,验证过程当中的通信量要小。

③ 验证的动态性。云存储用户对于云平台存储数据会有动态的更新操作,主要包括数据插入、修改、删除,这就要求验证方案必须对数据的动态性操作进行支持。第一,针对云存储数据的特性,需要保证对数据存储位置的动态性支持以及数据信息的有序性,这需要采用一个好的校验数据结构,同时,也需要高效率的更新算法;第二,用户对数据进行更新操作的算法,不影响用户云平台存储数据的持有性验证。

Ateniese 等人首次明确定义了可证明数据持有的概念,并提出了具有代表性的基于同态标签进行数据持有性证明的方案[9],很多之后提出的模型与方案都一定程度地借鉴了其核心技术和思想,如抽样检测概率型证明、同态特性等。该模型在对数据进行上传之前,对文件拆分后的每个数据块利用同态验证技术计算一个对应的数据块验证标签。然后把文件及验证标签都上传到云平台服务器。当用户想对云平台存储文件进行完整性验证时,发送一个随机的验证请求给云平台服务器。云平台服务器根据验证请求找出对应的数据块,并利用同样的同态验证技术对数据块进行计算,并得出标签,然后把计算得出的结果发送给用户。核心工作内容分为两个阶段。

① 初始化阶段。用户事先对文件的每一块进行标签计算,然后将这些文件与相对应的标签一同存储在云服务商,用户端仅仅存储常量级的原始密钥。在这个阶段,用户端利用 KeyGen 算法生成文件密钥对,然后将文件拆分成多个小的文件数据块。然后,用户利用 TagBlock 算法对拆分后的文件数据块生成对应的用于完整性验证的验证标签,并将文件以及验证标签发送到云服务器端进行存储。

② 挑战阶段。用户可以针对一组随机抽取的文件块发起挑战,服务器端通过计算被挑战的文件块和其相应的标签产生持有性证明,并提交给用户。最后,用户根据服务器端提交的证明进行数据持有性判断。客户端随机生成挑战 chal,然后发送给服务器端。服务器端根据 chal 利用 GenProof 生成对应的挑战证明,然后将生成的证明发送给客户端。客户端最后利用 CheckProof 对服务器端发送过来的证明进行验证。如果该算法输出 success,则说明存储在服务器端的数据文件是完整的;如果输出 failure,则说明服务器端存储的数据被损坏,是不完整的。

在该模型中,使用的最重要的技术是同态标签技术和抽样检测技术。同态性是指两个群或者环之间有着一种不变的映射关系。在 PDP 方案中,客户端利用同态函数对数据块进行计算,得到一个与数据块具有同态特性的同态标签,然后存储到服务器端。当用户对服务器端存储的数据发起完整性验证请求时,服务器端根据验证请求内容计算一个证明值发送给客户端。服务器端无须访问数据块具体内容即可通过计算得到数据持有性证明。抽样检测技术基于概率来对数据的持有性做出评判。利用此技术可以大大减少服务器端的工作量。虽然基于抽样检测技术是不能得到一个完全确定的结果的,但是这种确定性是可以通过数学公式推导出的,挑战的数据块越多,验证的结果的可信度也就越大,假设有 1% 的块被损坏或丢失,如果想要验证结果的可信度达到 95%,则需要随机对 300 个数据块进行挑战。而如果可信度想要达到 99%,则只需挑战 460 块即可。文件越大,块数越多,对于服务器端来说,可以极大地减少产生证明所需的资源。但是,该方案只支持对于数据的静态验证,不支持对于服务器端存储数据的动态更新操作。

Ateniese 等人还提出了一种基于哈希运算的 PDP 方案 S-PDP[1]。该方案的基本思想是用户将文件划分成固定大小的块,将文件块随机分成若干个组,每组计算一个哈希值。进行文件的完整性校验时,抽查某个文件块组,要求服务商对其计算一个证明,将证明与原哈希值进行比较,以确定文件是否完整。该方案每次校验都会消耗一个哈希值,所以它只支持有限次的文件完整性校验。它还支持 3 种以块为单位的更新操作:修改、删除和追加。但更新文件块的同时需要修改所有的哈希值,所以计算过程比较繁琐,通信开销也较大。

针对数据持有性验证的这些问题,目前主要的研究在计算、传输、存储等方面来考虑怎样才能使得验证高效、可靠。这就需要设计一些特殊的数据结构以及一些高效的完整性检测算法来对数据的持有性进行验证。为了解决动态文件的可证明数据持有问题,Erway 等人提出了基于认证跳表的支持动态可证明数据持有方案[10]。

认证跳表数据结构是由一系列的链表 S_0,S_1,$\cdots$,S_t 来存储集合 S 中的元素。S 是由可交换的哈希函数产生的数据块标签组成的有序集合。认证跳表的构建过程如下:首先,最底层链表 S_0 中的每一个节点存储着对应的数据块标签;然后,在 S_1 链表中存储 S_0 链表中的一部分数据块标签,其中,S_1 中的元素是随机从 S_0 中选取的,S_1 中任意两个元素之间存在 1~3 个 S_0 中的元素;最后把各层的链表链接起来即为所生成的认证跳表。S_2 到 S_t 的构建依次如上所述。其构建完整的结构如图 9-1 所示,其中节点中的数字为节点的 rank 值,左上角节点 w_7 为跳表起始节点,v 表示当前节点。假设客户端需要对 v_3 节点进行完整性验证,寻找 v_3 节点的路径称为访问路径,与访问路径相反的路径称为认证路径。则 v_3 的搜索路径为 $(w_7,w_6,w_5,w_4,w_3,v_5,v_4,v_3)$,认证路径为 $(v_3,v_4,v_5,w_3,w_4,w_5,w_6,w_7)$。

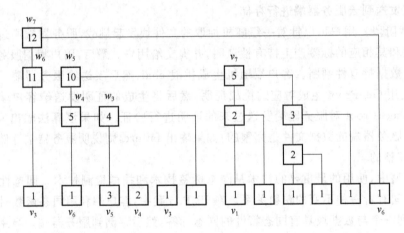

图 9-1　认证跳表的数据结构

该方案的基本思想是用一个认证跳表使文件脱离文件块序号的束缚,从而可进行动态的新增和删除,并将根节点保存在客户手中以抵抗重放攻击。这样,客户在将文件存储到服务器上之后,还可以对文件进行部分修改,在修改的过程中不需要下载整个文件,只需下载需要更新的部分,更新操作包括以块为单位的新增、修改、删除。

另外,针对云环境下数据的多副本持有性证明问题,Curtmola 首先提出了一种称为 MR-PDP 的多副本持有性证明方案[11],该方案是对 Ateniese 等提出的 PDP 方案的扩展。它通过将加密后的文件与随机掩码求和以得到多个不同的文件副本,并对文件密文计算验证标签,该标签将用于对所有副本的持有性证明。MR-PDP 的优点在于只需要对文件进行一次加密,并且只需要计算一次验证标签即可对所有副本进行检查。但它也存在一些不足,例如,不具有公开可验证性,以及需要对每个副本单独进行持有性检查,不支持批量检查等。基于此方案,后续不少学者进行了改进,以实现云环境中更高效、安全的多副本数据持有性证明。

9.3 数据可恢复性证明

可恢复性证明(Proof of Retrievability,POR)是一种存储提供者向数据使用者证明所存储数据仍保持完整性的密码证明技术,保证使用者能够完全地恢复出这些被存储的数据,并可安全地使用这些数据。与通常的完整性认证技术不同,可恢复性证明技术能够在不下载数据的情况下对数据是否已被篡改或删除进行检验,这一特点对于大数据量的外包数据和文档存储是极其重要的。随着云计算的广泛应用,云存储服务通过提供相对低廉的、可扩展的、地域无关的数据管理平台,正逐渐变成一个新的信息技术利润增长点;但是由于这种服务将用户的数据和文档存储于企业以外的不确定存储池中,如果这样一个重要的服务易于受到各种恶意攻击的危害,那么它会给客户带来不可挽回的损失。然而,POR 技术所提供的认证能力为解决这一外包存储问题提供了技术支持,因此,云服务提供商使用 POR 技术实现安全数据管理是完全必要的。

Juels 和 Kaliski 最先提出了可恢复性证明[12],并提出基于哨兵的方案。其基本思想是先对原文件 F 进行加密,再用纠错码对加密后的文件 F' 进行编码,形成文件 F'',然后在 F'' 中随机选取若干哨兵,每一个哨兵可监测一部分数据,并将这些哨兵的值存储在客户端,然后把文件 F'' 存储在云平台。客户可以利用哨兵质询服务器,验证文件的可恢复性。近几年一些实用方案陆续被提出,在这些方案中,由 Shacham 和 Waters 所提出的紧凑可恢复性证明(CPOR)方案[13]是一个具有代表性的工作。该方案具有如下的一般框架和特征:

① 文件被分割成块并且每块生成一个签名标签;

② 验证者能够通过随机采样的方式来检验文件的完整性,这一特点对于大或特大文件是极其有效的;

③ 同态性质被用来聚合全部采样标签以生成一个固定长度的响应,这有利于最小化网络通信带宽。

此外,还有一些 POR 方案和模式也已经被提出,例如,Dodis 等人[14]讨论了几个变种的问题(如有界使用和无界使用的对比、知识稳健和信息稳健的对比),并给出了在这些变种方案中最优的 POR 方案。Wang 等人通过整合上述 CPOR 方案[15]和 Merkle 哈希树,提出了代价为 $O(\log n)$ 的动态方案。Bowers 等人在 Juels-Kaliski 和 Shacham-Waters 工作的基础上提出了 POR 方案的理论设计框架[16],该框架支持对噪声通道下的完全拜占庭敌手模型和纠错编码方法。

9.4 数据密文去重

随着云存储的快速发展,用户数据呈现出爆发式的增长。如今,计算和存储能力强大的服务器受到持续膨胀的数据所带来的巨大压力。更重要的是,据统计,在这些高速增长的数据之中,有大概75%的数据是重复的冗余数据,它们可能来自于相同的源头,在传输过程中,被不断地复制、分发,从而在云存储的各个角落不断集聚,占据了极大一部分空间。重复数据的不断增长不仅降低了云服务器对数据处理的效率,而且给云存储服务器带来了巨大的开销。如果这种状况不得以解决,重复数据问题将成为制约云存储服务发展的瓶颈。为此,大量的云服务器运营商开始采用重复数据删除技术,该技术因为给运营商带来了客观的直接经济效益,受到云服务器运营商的极大欢迎,成为不可逆转的潮流。如今,重复数据删除技术被广大存储服务商采用。重复数据删除又称为去重复。

按照去重复处理的数据单元,重复数据删除技术可以分为两类:文件级去重复和块级去重复。

① 文件级去重复的去重复机制建立在文件上,即具有相同哈希值的文件被识别为重复的文件。

② 块级去重复机制建立在文件块上,即将文件分为多个块分别存放,具有相同哈希值的文件块被识别为重复的块。

按照去重复的方式,重复数据删除技术可以分为两类:基于目标的去重复和基于来源的去重复。

① 基于目标的去重复又称为服务器端去重复(SS-Dedup),是传统的重复数据删除技术。在收到上传的数据之后,由服务器删除内部相同的文件。用户无法获知自己上传的数据是否是重复的,当且仅当数据被上传至服务器后再进行去重复的相关操作。

② 基于来源的去重复发生在用户端,又称为客户端重复数据删除(CS-Dedup)。通过识别来自相同文件的存储请求,授予用户对相同文件的拥有权并且避免用户上传重复数据,这样一来同时节省了服务器存储空间、用户网络带宽和存储时间。

服务器端与用户端重复数据删除的区别在于:前者在可信服务器的环境下执行,后者在不可信服务器和潜在不可信的用户之间执行。

虽然重复数据删除给用户和服务器带来了极大的好处,但是重复数据删除技术赋予了用户或服务器对数据的比较能力,如果服务器或用户知道文件的很大一部分内容,便可以反复修改文件的内容,从而构造出实际存储的数据并且通过服务器的持有权证明。任何通过持有权证明的用户,可以随时访问远程存储在服务器上的数据。重复数据删除技术的实施使得用户数据遭受到来自外部和内部的威胁:用户数据不仅容易受到来自外部恶意用户的攻击,而且内部的云服务器是不可信的,它会对用户存储的数据好奇。特别是在如今的大数据时代,对于海量用户信息的数据挖掘能够为云服务器带来关键的决策信息和经济利益。由于用户数据涉及个人隐私和商业机密等,谨慎的用户希望服务器无法访问用户信息的具体内容。

然而,重复数据删除和加密技术是相互矛盾的。加密使得数据呈现随机性,它隐藏了数据的相似性。而重复数据删除的实施恰恰依赖于数据的相似性。如何在实现重复数据删除的同时,保护用户的数据隐私性,成为一个需要研究的课题。在云环境中,数据往往是被加密成密文存储的,且相同的数据会被加密成不同的密文。因此,很难根据数据内容对重复的安全数据进行删除。

Douceur 等开创性地提出了收敛加密的概念[17],计算数据的散列值作为密钥,利用传统的对称加密算法对数据进行加密,这就保证了不同用户共享的相同数据文件必将产生相同的密文。Storer 等提出了一种基于收敛加密方式的重复密文数据删除技术[4]。该技术通过使用相同的加密模式来生产相同的密文数据,以达到使用传统重复数据删除技术来删除冗余数据的目的。收敛加密去重主要是以使用收敛加密来实现数据去重[18-20]。收敛加密算法首先根据用户的明文使用摘要生成算法生成摘要,然后再以该摘要作对称加密的密钥对原来的明文进行加密。从而只有拥有相同明文的用户才可以生成相同的对称密钥,收敛加密算法巧妙地避开了加密与去重的冲突。

收敛加密算法的描述如下[21-23]。

① GenKey(D)→Key:Key 是收敛密钥产生算法通过计算数据 D 的哈希值所得的。

② Encrypt(Key, D)→C:由 Key 与 D 作为输入,通过对称性与确定性加密算法计算出 D 对应的密文 C。

③ Decrypt(Key, C)→D:由 Key 与 C 作为输入,通过对称解密算法计算出密文 C 对应的原文 D。

④ GenTag(D)→T:GenTag 是标记产生算法,将数据 D 作为输入,计算出 D 对应的标记 T,即由密文 C 产生数据 D 的标记。

Bellare 等提出了消息锁定加密(Message-Locked Encryption,MLE)[24],其本质是收敛加密的一般化描述,并给出了 MLE 的严格安全定义和安全模型。然而,为了解决消息可预测的明文空间易遭受密钥暴力破击攻击的问题,Bellare 等提出了一个服务器辅助的 MLE 方案[25],通过引入一个可信的密钥服务器,利用其私钥来帮助用户生成收敛密钥,从而达到扩大密钥空间的作用。Li 等提出了支持数据块级去重的密钥外包存储方案[26],有效地降低了用户端的密钥存储开销。Zhou 等提出了支持多级密钥管理的细粒度安全去重方案[27],对文件级和数据块级去重采用不同策略,有效地降低了密钥开销带来的效率瓶颈。

9.5　数据确定性删除

数据确定性删除是近几年大数据安全保护技术的研究热点。当数据存储在云平台时,当用户发出删除指令后,可能不会被云服务提供商真正地销毁,而是被恶意地保留,从而使其面临被泄露的风险。云数据的确定性删除是云数据安全存储领域的核心技术,已经得到学术界和产业界的广泛关注。关于数据的安全删除问题,可以从数据管理的角度进行研究,因为数据存储在服务器的数据库或文件中,删除的可能仅仅是数据库中的某些链接、指针索引数据,并非底层的整个文件。然而,这种方式可以通过数据恢复相关技术对被删数据进行恢复,无法实现对数据的确定性删除。

Perlman 等人于 2005 年提出了一种数据销毁的模型 Ephemerizer[6],其基本思想是利用数据密钥加密原始数据,用基于时间(time-based)的控制密钥去进一步加密数据密钥。由第三方密钥管理机构管理控制密钥,到达数据过期时间,销毁控制密钥即实现了数据的确定性删除。基于 Ephemerizer 模型,美国华盛顿大学的几位学者实现了基于时间的数据确定性删除(time-based file assured deletion)的原型系统 Vanish[28],该系统采用分布式密钥管理的方法,将数据密钥经门限秘密共享算法处理得到多份密钥共享,然后随机分发至采用分布式哈希表(Distributed Hash Table,DHT)[29]技术的 P2P 网络中。由于 DHT 网络的动态和定期清理数据的特性,使得当用户指定的授权时间到达后,保存在网络节点中的密钥缓存信息将在指定的授权时间到达后被网络自动清除,任何一方无法恢复密钥,最终导致密文数据不能被解密,这样即实现了数据的确定性删除。这两种方案都存在以下缺点。

① 密钥管理方法不够细粒度。仅仅依赖于时间的有效期来实现数据的确定性删除,没有引入更加细粒度的控制。

② 无法实现数据的即时删除。密钥的销毁高度依赖于 P2P 网络的动态特性,无法获得对网络节点的绝对控制权。

Tang 等对上述方案进行了扩展和延伸[30],基于已有云计算基础设施构建了一个云覆盖系统,并提出了基于策略的文件确定性删除(FADE)方案,该方案的系统模型包含 3 个实体,分别为数据所有者、可信密钥管理者和云存储服务器。FADE 方案的基本思想为:一个文件与一个访问策略或者多个访问策略的布尔组合相关联,每个访问策略与一个控制密钥 CK 相关联,系统中所有的 CK 由一个密钥管理者负责管理和维护;需要保护的文件由 DK 加密,DK 进一步依据访问策略由相应的 CK 加密。如果某个文件需要确定性删除,只需要撤销相应的文件访问策略,则与之关联的 CK 将被密钥管理者删除,从而无法恢复出 DK,进而不能恢复和读取原文件以实现对文件的确定性删除。FADE 方案在实现访问控制策略的同时,利用盲加密与盲解密技术增强了系统的安全性。此外,该方案能够无缝地集成到现有云存储平台和设备上,部署方便,无须额外的安全服务和专用安全设备。FADE 方案的主要局限性在于其删除策略被限制在一层或二层的布尔表达式,不能实现多样化、细粒度的确定性删除,且需要使用复杂的公钥密码系统。

以上这些云端数据确定性删除方案都将数据删除问题等价为密钥的管理问题,对数据的删除都仅仅只是销毁了密钥,而存储在云端的完整密文数据能被轻松地获得。由于密钥能被轻易保存副本或者被窃取,所以,云端保留的完整数据依旧面临极大的安全威胁,也就是说,数据并没有"真正"地确定性删除。所以,我们解决的问题是,如何在密钥被泄露的情况下,依旧保证过期数据及其备份的确定性删除,提高数据的隐私性。

基于密文采样分片的云端数据确定性删除方法为近年提出的密文彻底删除方案[31,32],其系统架构如图 9-2 所示,包含 5 种角色:可信授权机构、云服务提供商、第三方可信机构、数据所有者和授权用户。

方案借鉴文件采样分片的思想,对原始密文进行采样分片,拆分成采样密文和剩余密文两部分,剩余密文上传至云端,使得不可信的云存储服务商无法获得完整密文数据,并且引入可信第三方来保存采样密文部分,通过销毁剩余密文,可即时地实现云端的确定性删除。这样,即使云服务商未删除全部的数据及其备份,而且即使用户保留了密钥副本,也无法获得完整的密文,有效地保证了机密数据的安全。此方法使得确定性删除的数据不可访问或不可恢复,有效地防止了用户对过期数据的持续访问,保障了数据的安全性,实现了数据的确定性删除。其算法描述如下。

① 系统初始化 Setup()→PK,MK:为了加密原始外包数据,可信授权机构需要先根据系统安全系数进行初始化,生成公钥 PK 以及主密钥 MK。

② 数据加密 Encrypt(PK,M,T)→CT:数据所有者利用 CP-ABE 机制加密原始文件 M,生成文件密文 CT。

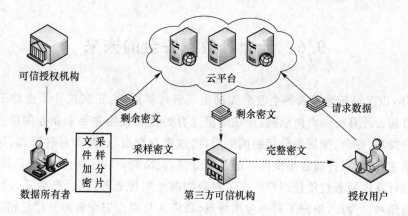

图 9-2　确定性删除方案

③ 密文的采样分片：为保护数据的机密性，数据拥有者先在本地对数据进行加密。为进一步保障数据的隐私性，不能将完整的密文数据外包给云平台，需首先对密文进行采样分片处理，然后将完整密文拆分成剩余密文和采样密文两个部分。具体方法如图 9-3 所示。该方法对加密后的密文数据的比特流信息进行随机采样，抽离出采样密文，包括采样获得的比特数据以及各比特在原始密文中所对应的位置信息。考虑文件流 I/O 操作的效率偏低，因此并未真正意义上对原始密文实行拆分操作，而是对原始密文相应位置上的比特信息做混淆处理，这样就实现了密文的采样分片过程，从而避免了云服务提供商获得完整的密文数据。同理，完整密文的合成过程需要根据采样密文 ED 中的比特信息以及位置信息，复原剩余密文中相应位置的比特数据，即实现了密文的合成。

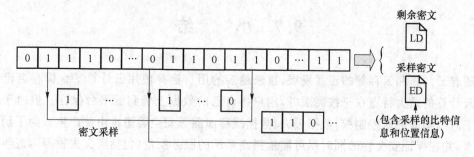

图 9-3　密文采样分片

④ 私钥分发 KeyGen(MK, S)→SK$_u$：为保证云端数据在多用户之间的共享，可信授权机构根据授权用户 U 的属性集 S 生成该用户的私钥 SK$_u$。

⑤ 完整密文的合成 Recover(ED, LD)→CT：授权用户访问云端数据时，云服务提供商将剩余密文发送至第三方可信机构，由其进行完整密文的合成。

⑥ 数据解密 Decrypt(PK, CT, SK$_u$)→M：授权用户接收第三方可信机构的完整密文，利用私钥 SK$_u$ 解密恢复文件明文 M。

⑦ 云端数据的确定性删除：云端数据的确定性删除操作由第三方可信机构 TTP 来实施，第三方可信机构删除密文的采样部分，使完成的密文无法合成，授权用户无法利用私钥解密出明文数据，最终实现了云端数据的即时确定性删除。

9.6 云计算数据安全的未来

2006年,以亚马逊为代表的企业率先推出了云计算服务,正式拉开了全球云计算产业的大幕。目前云计算已经走向成熟,正在颠覆固有的传统架构并带来业务创新。云计算技术为数据的共享、整合、挖掘和分析提供可能,通过整合交通、医疗等各种资源,建立起公共云计算数据中心,可以打破各系统原有的条块分割,提高资源利用率,达成信息共享。

由于云计算的服务性质让用户失去了对数据的绝对控制权,从而产生了云计算环境中特有的安全隐患。为此,根据不同的应用场景,研究人员提出安全假设并建立相应的安全模型与信任体系,采用合适的关键技术,设计并实现了各式各样的云计算数据安全方案。从总体上看,未来云计算数据安全的研究方向是在保证用户数据安全和访问权限的前提下,尽可能地提高系统效率。

目前在云计算数据的访问控制、密文安全共享、密文分类和搜索、数据持有性证明、加密数据去重和确定性删除等方面的研究仍有待加强。云计算数据安全是云计算发展和应用上最具关注性的热点问题,未来云计算所有的重点都将是在行业业务上,云服务将大面积渗透到社交、健康、交通等各行各业。随着移动云、社交云、健康云、物联云、车联云等云计算场景的广泛应用,以及轻量级密码、区块链、SDN 等新技术的深入研究,更多高效安全的方案将被提出。

9.7 小　　结

随着云计算和云存储的迅猛发展,越来越多的用户选择使用云计算平台保存自己的数据。云计算的最大特点在于按需服务,用户将自己的数据上传到云平台保存。但由于用户丧失了对数据的绝对控制权,数据丢失、数据缓存泄露等安全隐患也由此产生。为了消除安全隐患,并在保证安全性的同时尽可能地提高系统的服务质量(包括密文去重等),近年来国内外机构做了大量研究。

本章首先对云计算数据安全的发展进行了全面的阐述,并总结了现有云存储中的一些关键技术的现状与不足之处。然后详细介绍了云计算中数据的持有性证明、数据可恢复证明、加密数据去重机制和数据确定性删除技术,以及这些技术的特点、核心思想和典型的实现方案等。

本章参考文献

[1]　Ateniese G，Burns R，Curtmola R，et al. Provable data possession at untrusted stores[C]//Proceedings of the 14th ACM Conference on Computer and Communica-

tions Security. Alexandria：ACM，2007：598-609.

[2] Bowers K D, Juels A, Oprea A. Proofs of retrievability：theory and implementation [C]//Proceedings of ACM Cloud Computing Security Workshop. Chicago：ACM，2009：43-54.

[3] Eshghi K, Lillibridge M D, Falkinder D M. Data deduplication[EB/OL]. [2012-05-10]. http：//en. wikipedia. org/wiki/ Data_deduplication.

[4] Storer M W, Greenan K, Long D D, et al. Secure data deduplication[C]//Proceedings of the 4th ACM Int Workshop on Storage Security and Survivability. [S. l.]：ACM，2008：1-10.

[5] 王丽娜，任正伟，余荣伟. 一种适于云存储的数据确定性删除方法[J]. 电子学报，2012，40(2)：266-272.

[6] Perlman R. File system design with assured delete[C]//Proceedings of Third IEEE International Security in Storage Workshop (SISW). San Francisco：IEEE，2005：83-88.

[7] 谭霜，贾焰，韩伟红. 云存储中的数据持有性证明研究及进展[J]. 计算机学报，2015，38(1)：164-177.

[8] 柳妃妃. 云计算环境下可证明数据持有技术研究[D]. 上海：上海交通大学，2011.

[9] Ateniese G, Pietro R D, Mancini L V, et al. Scalable and efficient provable data possession[C]//Proceedings of International Conference on Security & Privacy in Communication Netowrks. Istanbul：ACM，2008：1-10.

[10] Erway C, Kupcu A, Papamanthou C, et al. Dynamic provable data possession [C]//Proceedings of ACM Conference on Computer and Communications Security (CCS'09). Chicago：ACM，2009：213-222.

[11] Curtmola R, Khan O, Burns R, et al. MR-PDP：multiple-replica provable data possession[C]//Proceedings of International Conference on Distributed Computing Systems. Beijing，IEEE，2008：411-420.

[12] Juels A, Kaliski B S. Pors：proofs of retrievability for large files[C]//Proceedings of the 2007 ACM Conference on Computer and Communications Security. Aleandria：ACM，2007：584-597.

[13] Shacham H, Waters B. Compact proofs of retrievability[C]//Proceedings of Advances in Cryptology—ASIACRYPT 2008，14th International Conference on the Theory and Application of Cryptology and Information Security. [S. l.]：Springer，2008：90-107.

[14] Dodis Y, Vadhan S P, Wichs D. Proofs of retrievability via hardness amplication [C]//Proceedings of the 6th Theory of Cryptography Conference on Theory of Cryptography. San Francisco：Springer，2009：109-127.

[15] Wang Q, Wang C, Li J, et al. Enabling public veriability and data dynamics for

storage security in cloud computing[C]//Proceedings of the 14th European Symposium on Research in Computer Security. [S. l.]:IEEE, 2009. 355-370.

[16] Bowers K D, Juels A, Oprea A. Hail: a high-availability and integrity layer for cloud storage[C]//Proceedings of ACM Conference on Computer and Communications Security. Chicago:ACM,2009:187-198.

[17] Douceur J R, Adya A, Bolosky W J, et al. Reclaiming space from duplicate files in a serverless distributed file system[C]//Proceedings of the 22nd International Conference on Distributed Computing Systems. Piscataway:IEEE, 2002:617-624.

[18] 黄种教,雷俊智,龚靖. 云存储系统"数据去重"如何实现[J]. 通信世界,2012, 2(30):33-34.

[19] 付印金. 面向云环境的重复数据删除关键技术研究[D]. 湖南:国防科学技术大学,2013.

[20] Meyer D T, Bolosky W J. A study of practical deduplication[J]. ACM Transactions on Storage, 2012, 7(4):14-14.

[21] Parakh A, Kak S. Space efficient secret sharing for implicit data security[J]. Information Sciences, 2011, 181(2):335-341.

[22] 吕晓霞,王俪璇,张燕. 元数据和数据分离的安全云存储体系结构的设计[J]. 计算机安全,2014,11(4):33-37.

[23] Mesnier M, Ganger G R, Riedel E. Object-based storage[J]. Communications Magazine IEEE, 2003, 41(8):84-90.

[24] Bellare M, Keelveedhi S, Ristenpart T. Message-locked encryption and secure deduplication[C]//Proceedings of International Conference on the Theory & Applications of Cryptographic Techniques. [S. l.]:Springer, 2013:296-312.

[25] Bellare M, Keelveedhi S, Ristenpart T. DupLESS:server-aided encryption for deduplicated storage[C]//Proceedings of the USENIX on Security (SEC). Washington:USENIX Association, 2013:179-194.

[26] Li J, Chen X, Li M, et al. Secure deduplication with efficient and reliable convergent key management[J]. IEEE Transactions on Parallel and Distributed Systems, 2014,25(6):1615-1625.

[27] Zhou Y, Feng D, Xia W, et al. SecDep:a user-aware efficient fine-grained secure deduplication scheme with multi-level key management[C]//Proceedings of IEEE MASS Storage Systems and Technologies. Santa:IEEE,2015:1-14.

[28] Geambasu R, Kohno T, Levy A, et al. Vanish:increasing data privacy with self-destructing data[C]//Proceedings of the 18th USENIX Security Symposium. Montreal:USENIX Association,2009:299-315.

[29] Stoica I, Morris R, Karger D, et al. Chord:a scalable peer-to-peer lookup service for internet applications[J]. ACM SIGCOMM Computer Communication Review,

2001，31(4)：149-160.

[30] Tang Y，Lee P P，Lui J C，et al. FADE：secure overlay cloud storage with file as-sured deletion[C]//Proceedings of the Security and Privacy in Communication Net-works (SecureComm).[S. l.]：Springer，2010：380-397.

[31] 张坤，杨超，马建峰. 基于密文采样分片的云端数据确定性删除方法[J]. 通信学报，2015，36(11)：108-117.

[32] 熊金波，李凤华，王彦超. 基于密码学的云数据确定性删除研究进展[J]. 通信学报，2016，37(8)：167-184.